核反应堆物理基础
Fundamentals of Nuclear Reactor Physics

〔美〕埃尔默·E.刘易斯 (Elmer E. Lewis) 著

栾秀春 张 田 译

科学出版社

北京

图字：01-2021-0956 号

内 容 简 介

核能是当今世界上最有效和最可靠的可获得能源形式之一。在世界范围内，随着越来越多的机组被投入运行或被改进，运营人员、维护人员、技术人员和学生越来越需要了解一些反应堆物理基础知识。

全书共 10 章，主要内容包括：裂变反应堆如何工作、核反应堆设计的各种方法，以及核反应堆的安全有效运行。本书为读者提供了学习反应堆物理基础知识的渐进指导，使读者能够深入了解核反应堆行为如何影响设施部件和系统的安全可靠运行，为将工程概念应用于实际工作夯实基础。同时，本书还配有 100 多个章末习题和强化学习的实例。

本书可供核科学与技术相关专业本科生和研究生学习使用，也可作为从事相关专业的教学、科研人员的参考用书。

图书在版编目 (CIP) 数据

核反应堆物理基础/(美) 埃尔默·E. 刘易斯 (Elmer E. Lewis) 著；栾秀春，张田译. —北京：科学出版社，2024.5

书名原文: Fundamentals of Nuclear Reactor Physics

ISBN 978-7-03-078496-4

Ⅰ. ①核… Ⅱ. ①埃… ②栾… ③张… Ⅲ. ①反应堆物理学 Ⅳ. ①TL32

中国国家版本馆 CIP 数据核字（2024）第 092715 号

责任编辑：罗 吉 赵 颖／责任校对：杨聪敏
责任印制：师艳茹／封面设计：蓝正设计

科 学 出 版 社 出版

北京东黄城根北街 16 号
邮政编码：100717
http://www.sciencep.com

涿州市般润文化传播有限公司印刷
科学出版社发行 各地新华书店经销

*

2024 年 5 月第 一 版 开本：787×1092 1/16
2024 年 5 月第一次印刷 印张：13 3/4
字数：326 000

定价：**89.00** 元
(如有印装质量问题，我社负责调换)

译者序

核反应堆物理是核工程专业重要的专业基础课之一，目前国内已出版多部教材，国外教材也有多部被引进并翻译出版。那为什么我们还要翻译此书呢？这就要说到此书在编写安排上的独到之处。

早期的教材通常以相关的核物理学以及与中子相互作用的知识来开篇，接着详细讨论在均匀材料混合物中的中子慢化和扩散，只有在讨论这些内容之后，才会分析可裂变体系的所有重要的时间依赖行为。也就是，先讨论核反应堆静态学问题，后分析核反应堆动态学问题。国内的教材，也大多采用这样的安排。

刘易斯教授在核电行业拥有超过 38 年的工作经验，他提出了与众不同的编写理念，来突出现代核反应堆的特点。因此，本书具有下列特点：

(1) 为了强化读者对链式反应的时间依赖行为的理解，本书把关于反应堆动力学的讨论提前，安排在空间功率分布、反射层节省和其他依赖于求解中子扩散方程的问题之前；

(2) 为了强调中子学和热工设计的跨学科性质，在教材的前部就讨论了动力反应堆堆芯的组成；

(3) 强调物理现象，而不是获得高精度结果所需的数值模拟技术。

刘易斯教授的工作为我们打开了一个学习并理解核反应堆物理科学本质的新视角。

栾秀春、张田主要负责本书的翻译工作，最后由栾秀春对全书进行统稿。译者希望本书的出版，能够将这本在内容编排上特色鲜明的教材介绍给国内读者，尤其是那些更关注核反应堆动态学问题的核工程科技工作者。

感谢研究生兰林、陈伟斌、卢佳鑫、孙贺涛、吴凯、党爱然、蒋琪莲同学，以及 2018 届本科的黎婧、王泽坤同学，为本书的翻译所做的艰苦细致的基础工作。感谢哈尔滨工程大学 2020 年度本科教材立项的资助。

鉴于译者的水平有限，虽经反复修改校正，然书中不妥之处仍在所难免，恳请各位读者不吝指正。

译　者

2021 年 9 月于哈尔滨

前言

　　本书旨在成为核反应堆物理学的第一门课程的教材,既可以作为核工程专业的本科生教材,也可以作为不具备核能背景的机械、电子以及其他工程领域的本科生的独立课程教材。同时,对于来自不同学科,或其专业职责需要熟悉核反应堆物理的工程技术人员,本书亦有参考价值。

　　关于核反应堆物理,已经出版了很多教材,为什么还要写这本新书?那些教材已经写得很好了,因为在它们出版时,这个学科的基础知识体系已经建立起来了。所以,直到今天那些教材仍然很有用。然而,我相信通过重新分析和组织先前教材的内容,可以更好地向今天的大学生和工程技术人员介绍核反应堆物理,并且可以突出现代动力反应堆的特点。

　　早期的教材通常以相关的核物理学和与中子相互作用的知识来开篇,然后详细讨论在均匀材料混合物中的中子慢化和扩散。只有在讨论这些内容之后,才会分析可裂变体系的所有重要的时间依赖行为,通常很晚才涉及反应堆堆芯栅格结构对临界性的影响。在某种程度上,这种逻辑编排是必要的。然而,无论是在本科生教学中,还是在为工程技术人员提供的继续教育中,我发现了一个更有利的编排:在教材的前部,虽然也定量介绍但更侧重于一般的整体性介绍,而后续再给出可能的详细分析以及相伴而来的更高级的数学处理。因此,为了强化对链式反应的时间依赖行为的理解,本书把对反应堆动力学的讨论提前,安排在空间功率分布、反射层节省和其他依赖于求解中子扩散方程的问题之前。同样,为了强调中子学和热工设计的跨学科性质,在教材的前部就讨论了动力反应堆堆芯的组成。

　　本书主要强调物理现象,关注点不在于通过先进数值模拟获得高精度结果所需的技术。在现有教材出现的时候,计算机正在成为反应堆分析的有力工具。因此,在反应堆理论的教学中,在进行反应堆物理行为分析的同时,经常强调有限差分技术、矩阵求解算法和其他数值方法的编程 (这样一来,仅用纸和笔就无法实现解决方案)。然而,现在的高级编程语言,比如 Mathcad® 或者 MATLAB®,能够让学生求解超越方程、线性方程组、微分方程以及进行其他必要的运算,这样就能够解决入门课程中遇到的大多数问题,而不需要对算法本身进行编程。同时,反应堆行为的数值模拟已成为一个高度复杂的工作;我也为之投入了很多心血。但是我认为,数值方法最好留到更高阶的课程中学习,放在对反应堆物理行为有了基本了解之后进行。否则,在反应堆设计中采用数值方法所做的努力,反而会削弱原本首先需要重视的对物理现象的理解。

　　基于这些考虑,通过重新分析和组织材料,我希望本书对更多读者有用,特别是对那些在大学中没有正式学习过反应堆物理课程的读者,能够通过阅读本书来促进其职业发展。我的目标是,对于更多的数学处理部分,即使读者没有按部就班地阅读并掌握,或者没有时间去这样做，通过阅读本书，读者也能够获得对物理本质的理解。考虑到这一点，书中许多结果都以图形化和分析的形式呈现，并且在可能的情况下囊括了主要类别动力堆的代表性参数，以便为读者提供一些直观的数量认知。

本书的论述中加入了示例，并在每章末尾提供了一些精选的习题。这些习题既强化了已经涵盖的概念，又在某些案例中扩展了材料的范围，大部分问题都可以通过分析或者使用计算器解决。在某些情况下，如果需要多种解决方案或图形化结果，那么使用电子表格程序 (如 Excel^{TM}) 的公式菜单就可以处理一些单调枯燥且烦琐的工作。一些题目标有星号，需要使用前面提到的高级计算语言之一来求解超越方程或微分方程。

如果没有朋友、同事和学生的帮助和鼓励，编写这本教材将是极其困难的，甚至是不可能的。在本书的编写过程中，阿贡国家实验室核工程部的工作人员给予的建议和协助发挥的作用是无法估量的。尤其是，Won Sik Yang 提出了宝贵的建议，提供了反应堆参数和图解说明，并且花费时间对整个初稿全文进行了校对。Roger N. Blomquist、Taek K. Kim、Chang-ho Lee、Giuseppe Palmiotti、Micheal A. Smith、Temitope Taiwo，以及其他几位同事也参与其中。Bruce M. Bingman 和他在海军反应堆计划中的同事也提供了很多帮助。西北大学 (美国) 学生的反馈非常有益，一批课堂笔记最终演变成为本书的一部分。尤为重要的，我的妻子 Ann，用她的贤惠和鼓励，助我完成了本书和另外一本书，在此期间，她承担了太多本该由我承担的家庭责任。

目录

第1章

核 反 应

1.1　引言

阿尔伯特·爱因斯坦的质能方程 $E = mc^2$ 把能量与质量、光速联系起来，可以说是当今世界上最受推崇的公式。而本书的主题——核动力反应堆，是这个公式应用最广泛的经济衍生物。核裂变反应构成了核动力反应堆的基础，而建造反应堆是为了完成可测量数量的质能转化，用于产生电能、推进船舶运动，以及其他形式的能源应用。因此，一个恰当的安排是，从最根本的核反应开始学习核动力的物理原理。为了形象地理解核反应所产生的大量能量与燃料消耗量的关系，比较核动力产生的能量与化石燃料 (煤、石油或天然气) 产生的能量是有益处的。将由化学反应产生的这些能源与核能进行对比，有助于理解能耗比 (产生的能量与消耗的燃料质量之比) 的巨大差异，以及产生的副产品数量的巨大差异。

煤是一种广泛用于发电的化石燃料。煤燃烧主要的化学反应是

$$C + O_2 \longrightarrow CO_2$$

而核反应堆产生核能则主要是基于核反应

$$\text{中子} + {}^{235}U \longrightarrow \text{裂变}$$

把化学反应和核反应释放出的能量都用电子伏特 (eV) 为单位来衡量，这样化学反应和核反应之间的巨大差别就变得明显了。每个碳原子燃烧释放的能量约为 4.0 eV，而每个铀原子裂变释放的能量约为 200 MeV。单个铀原子核裂变释放的能量大约是单个碳原子化学燃烧释放能量的 5000 万倍。

为了做比较，考虑两台发电功率为 1000 MW[即 1000 MW(e)] 的大型发电机组，一台以煤作燃料，一台以铀作燃料，把热效率和其他因素考虑在内，燃煤机组每天大约要消耗 10000 吨燃料，而产生相同电功率的核电机组每年仅仅需要消耗 20 吨铀。在燃料需求量上的巨大差异决定了供给模式的不同。燃煤机组每天需要由 100 节或者更多车厢组成的列车运输的燃料来维持其运行，而核电站不需要燃料的持续供应。初始装料后，核电机组运行12~24 个月才需要停堆换料，而且往往只需要更换初始燃料的 1/4 或者 1/5。用于海军舰艇推进的化石燃料动力装置和核动力装置之间也可以进行类似的比较。燃油舰艇巡航时必

须要注意与可补给燃料的港口的距离，或者必须要有补给船跟随航行。与此对照，核动力舰艇设计的一次燃料装载量可以维持舰艇的整个计划寿命。

对比产生的废物，核反应和化学反应的差别也同样显著。核装置产生的放射性废物比煤燃烧产生的废物有害程度更大，但是数量更少。如果进行再处理，将未使用的铀从乏核燃料中分离出来，那么 1000 MW(e) 的核反应堆产生的强放射性废物的数量会小于每年 10 吨。与此对照，5% 或更多的煤炭燃烧后成为煤灰，每天必须使用 5 节以上 100 吨的铁路货运车厢来运输煤灰，并将煤灰存储在垃圾填埋场或其他地方。而且，有必要防止将近 100 吨的二氧化硫和少量的汞、铅及其他杂质排放到环境中。不过燃烧化石燃料对环境的最大影响很可能是全球变暖，它是由 1000 MW(e) 燃煤发电机组每天向大气排放数千吨二氧化碳造成的。

1.2 核反应基础

深入了解原子核物理固然是一项了不起的工作，但一个相对简单的原子核模型也能够满足我们研究核动力反应堆的需要。原子的标准模型由一个致密的带正电的原子核和环绕它并带负电的轨道电子组成。与原子的直径 (大约 10^{-8} cm) 相比，原子核的直径是非常小的，其数量级为 10^{-12} cm。假设一个原子核是由 N 个中子和 Z 个质子组成的，因此原子核有 $N+Z$ 个核子。质子数 Z 也是原子序数，它决定了原子的化学性质，$N+Z$ 是原子质量数。但有同样原子序数的原子核，其原子质量数也不一定相同，原因在于其有不同的中子数，它们是同一化学元素的同位素。这里把一个原子记作 $^{N+Z}_{Z}X$，X 是元素周期表中的化学元素符号。

1.2.1 反应方程

核反应方程可以写成

$$A + B \longrightarrow C + D \tag{1.1}$$

例如

$$^{4}_{2}He + ^{6}_{3}Li \longrightarrow ^{9}_{4}Be + ^{1}_{1}H \tag{1.2}$$

这个方程不能告诉我们反应发生的可能性有多大，也不能告诉我们反应是放热反应还是吸热反应。然而可以从这个方程中得出两个守恒条件：电荷 (Z) 守恒和核子数 ($N+Z$) 守恒。电荷守恒需要方程两边的下标的数字之和相等，此式中即 2+3=4+1。核子数守恒需要方程两边的上标的数字之和相等，此式中即 4+6=9+1。

核反应主要分两个阶段进行，首先是由两种反应物形成复合核，但是形成的这个复合核不稳定，因此会分裂，通常分裂成两部分。方程 (1.2) 可以写成两个阶段

$$^{4}_{2}He + ^{6}_{3}Li \longrightarrow ^{10}_{5}B \longrightarrow ^{9}_{4}Be + ^{1}_{1}H \tag{1.3}$$

然而，在大多数情况下复合核瞬间崩解，利用此特性，可以从核反应方程中省略中间过程。例外的是，复合核不稳定，但在较长时间内崩解。从而，如方程 (1.3)，我们写出两个独立的反应方程，而不是写一个单一的方程。例如，当一个中子被铟俘获后仅仅释放 γ 射线

$$^{1}_{0}n + ^{116}_{49}In \longrightarrow ^{117}_{49}In + ^{0}_{0}\gamma \tag{1.4}$$

γ 射线既没有质量也没有电荷，因此我们把它的上下角标都记为 0：$_0^0\gamma$。铟-117 是不稳定的核素，会发生放射性衰变。在这种情况下，铟通过释放出一个电子而衰变成锡，并伴随发射 γ 射线

$$_{49}^{117}\text{In} \longrightarrow {}_{50}^{117}\text{Sn} + {}_{-1}^{0}\text{e} + {}_0^0\gamma \tag{1.5}$$

电子被记作 $_{-1}^{0}\text{e}$，下角标为 -1，是因为它带有与质子相反的电荷；上角标为 0，是因为它的质量仅仅为一个质子或中子质量的两千分之一。在原子核理论框架下看待这个问题，则电子的发射是由原子核内一个中子分解成一个质子和一个电子导致的。

式 (1.5) 所示衰变反应发生的时间特性由半衰期来描述，记为 $t_{1/2}$。假定有大量这种原子核在衰变，则其中一半将在 $t_{1/2}$ 时间内完成衰变，其中四分之三在 $2t_{1/2}$ 时间内完成衰变，其中八分之七在 $3t_{1/2}$ 时间内完成衰变，以此类推。铟-117 的半衰期是 $54\,\text{min}$。不同的核素，其半衰期在数量级上有很大差别。一些半衰期很长的放射性物质天然存在于地球表面。例如

$$_{92}^{234}\text{U} \longrightarrow {}_{90}^{230}\text{Th} + {}_2^4\text{He} \tag{1.6}$$

其半衰期为 $t_{1/2} = 2.45 \times 10^5$ 年。在 1.7 节，我们将给出半衰期和放射性衰变的数学描述。

我们目前讨论的 γ 射线，有时候在核反应方程中省略不写，这是由于它们既不携带电荷也没有质量，不会影响电荷平衡和核子数平衡。然而，γ 射线在我们随后将讨论的能量守恒定律中是重要的。其作用可以理解如下：伴随着核碰撞、核反应或放射性衰变，原子核一般处于激发状态。然后通过发射一个或多个 γ 射线，原子核会返回基态或未激发的状态。这些射线以不同的能量发射，对应于核的量子能级。这种核现象，在原子物理中也能找到相似的情形：处于激发状态的轨道电子，通过释放光子返回其基态。γ 射线和光子都属于电磁辐射，然而它们的能量却相差很大。从轨道电子中释放出来的光子，能量处于 eV 量级；而 γ 射线的能量可达到 MeV 量级。

还剩一种核辐射尚未提及，那就是中微子。伴随电子发射，会有中微子产生，并带走一部分反应能量。因为中微子在任何有意义的尺度上几乎不与物质发生作用，所以它们携带的这部分能量就没有实际的用途了。然而，在后续的章节中，应用能量守恒定律时必须考虑到这些。

1.2.2 符号表示法

接下来，我们介绍一下经常用到的一些符号简写，方程 (1.5)、(1.6) 中的氦原子核和电子都是由放射性核素衰变而释放的，当它们从核中释放出来后又被分别称为阿尔法 (alpha) 粒子和贝塔 (beta) 粒子。通过将其简记为 α 粒子和 β 粒子，来实现符号简化。类似地，由于伽马 (gamma) 射线不带电荷且不计质量，中子和质子的质量数和电荷数又非常易记，所以把它们分别记作 γ、n、p。总之，我们将经常使用简化符号

$$_2^4\text{He} \Rightarrow \alpha, \qquad _{-1}^{0}\text{e} \Rightarrow \beta, \qquad _0^0\gamma \Rightarrow \gamma, \qquad _0^1\text{n} \Rightarrow \text{n}, \qquad _1^1\text{H} \Rightarrow \text{p} \tag{1.7}$$

同样地，氢的两种重要的同位素——氘、氚的符号，也简化为 $_1^2\text{H} \Rightarrow \text{D}$ 和 $_1^3\text{H} \Rightarrow \text{T}$。

我们可以把核反应方程更紧凑地写成 $A(B,C)D$ 的形式来代替使用方程 (1.1) 的形式。

其中，原子序数较小的核子通常放置在圆括号内。例如

$$\ce{^{1}_{0}n + ^{14}_{7}N \longrightarrow ^{14}_{6}C + ^{1}_{1}p} \tag{1.8}$$

可以紧凑地写成

$$\ce{^{14}_{7}N(n,p)^{14}_{6}C}$$

或者

$$\ce{^{14}_{7}N \xrightarrow{(n,p)} ^{14}_{6}C}$$

同样地，如式 (1.5) 中的放射性衰变通常表达为

$$\ce{^{117}_{49}In \xrightarrow{\beta} ^{117}_{50}Sn}$$

在所有情况下，都可以理解为：有些能量可能以 γ 射线和中微子的形式被带走。

1.2.3 能量特性

爱因斯坦关于质量与能量之间等价性的方程决定了核反应的能量特性

$$E_{\text{total}} = mc^2 \tag{1.9}$$

式中，E_{total}、m 分别代表核子的总能量和质量，c 代表光速。然而，此方程中的质量 m 取决于粒子相对于光的速度

$$m = m_0 / \sqrt{1 - (v/c)^2} \tag{1.10}$$

其中，m_0 是静止质量 (粒子速度 $v = 0$ 时的质量)。当 $v \ll c$ 时，我们可以将平方根项展开为 $(v/c)^2$ 的幂

$$m = m_0 \left[1 + \frac{1}{2}(v/c)^2 + O(v/c)^4 \right] \tag{1.11}$$

若只保留前两项，并将结果代入方程 (1.9) 中，我们得到

$$E_{\text{total}} = m_0 c^2 + \frac{1}{2} m_0 v^2 \tag{1.12}$$

上式右边第一项代表静止能量，右边第二项代表动能。在反应堆中发现的中子乃至核子总是非相对论性的，即 $v \ll c$，方程 (1.12) 成立。我们将用 E 代表动能，因此对于一个静止质量为 M_X 的非相对论性粒子，有

$$E = \frac{1}{2} M_X v^2 \tag{1.13}$$

然而，一些高能电子可能以接近光速的速度运动，在这种情况下必须使用相对论方程。我们必须依据方程 (1.9) 和 (1.10) 确定 E_{total}，并取 $E = E_{\text{total}} - m_0 c^2$。最后，γ 射线没有质量，以光速运动，其能量由

$$E = h\nu \tag{1.14}$$

确定。其中，h 是普朗克常量，ν 是它们的频率。

应用能量守恒定律，式 (1.1) 的核反应可表示为

$$E_A + M_A c^2 + E_B + M_B c^2 = E_C + M_C c^2 + E_D + M_D c^2 \tag{1.15}$$

其中，E_A、M_A 分别代表了 A 的动能和静止质量。同样对于 B、C、D 也是如此。如果其中一个反应物是 γ 射线，因为它没有质量，所以用 $h\nu$ 代替 $E + Mc^2$。反应产生的能量 Q 定义为

$$Q = E_C + E_D - E_A - E_B \tag{1.16}$$

它决定了此反应是吸热还是放热。Q 为正时，动能增加；Q 为负时，动能减少。从而，由方程 (1.15)，可以用质量的形式把 Q 表示为

$$Q = (M_A + M_B - M_C - M_D)c^2 \tag{1.17}$$

Q 为正值时，代表反应放热，其产生动能并导致静止质量的净损失。相反，吸热反应导致静止质量净增加。严格地说，这些论点同样适用于化学反应。然而，与核反应中 MeV 量级的变化相比，当处理化学反应中 eV 量级的能量变化时，质量变化太小而无法测量。

1.3　结合能曲线

上述守恒的观点并不表明哪个核反应是放热还是吸热。必须通过质量亏损和结合能来理解哪些核反应是产生能量而不是吸收能量。如果我们把构成原子核的 Z 个质子和 N 个中子的质量相加，会发现这些组成物的总质量超过原子核整体的质量 M_X。差值被定义为质量亏损

$$\Delta = ZM_P + NM_N - M_X \tag{1.18}$$

对所有原子核，质量亏损总为正。因此，原子核的质量小于组成原子核的质子和中子质量之和。质量亏损乘以光速的平方就得到了 Δc^2，这就是原子核的结合能。我们对它进行如下的解释：如果一个原子核能够拆分成组成它的质子和中子，那么其质量就会增加质量亏损相对应的量。因此，等效的能量，也就是结合能，等于进行此拆分需要花费的能量。所有稳定的核都具有正的结合能，从而使它们紧紧地结合在一起。如果根据核子数对结合能作归一化，则有

$$\Delta c^2 / (N + Z) \tag{1.19}$$

这个量即每个核子的结合能，称为比结合能，其提供了一个表征核稳定性的量度；其数值越大，核越稳定。

图 1.1 是比结合能曲线。在原子质量数较低时，曲线迅速上升。当原子质量数大于 40，曲线变得相当平滑，达到略低于 9 MeV 的最大值，然后逐渐减小。在放热反应中，反应产物的结合能增加，变成更稳定的原子核。这样产生能量的反应有两类：聚变反应，两个轻核结合形成一个在结合能曲线上较高的重核；裂变反应，重核分裂形成两个较轻的核，每个核具有较高的比结合能。

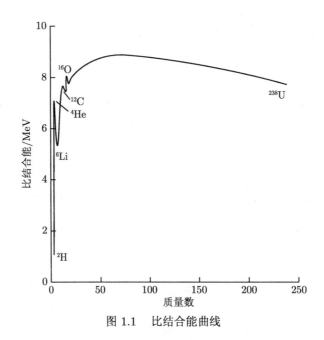

图 1.1   比结合能曲线

1.4   聚变反应

方程 (1.2) 是带电粒子反应的例子，左边的原子核都有大于零的原子数。由于剥离了在原子核周围的轨道电子后，带正电的原子核相互排斥，故这样的反应难以实现。因此要使方程 (1.2) 这样的反应发生，原子核必须在高速下发生碰撞以克服库仑斥力并且相互接触。在地球上实现这种反应的最普遍的方法是：用粒子加速器使其中一个粒子获得非常大的动能，然后用它去猛烈地撞击由第二种材料制成的靶。另一种方法是：混合这两种反应物，并使其达到一个非常高的温度，使之变成等离子体。由于原子核的平均动能是和它的绝对温度成正比的，如果温度足够高，原子核的动能就能克服库仑斥力，发生热核反应。

基于氢同位素聚变的两个反应 (D-D 反应和 D-T 反应) 已被广泛认为是能量生产的基础

$$
\begin{aligned}
\text{D-D} \quad & {}^2_1\text{H} + {}^2_1\text{H} \longrightarrow {}^3_2\text{He} + {}^1_0\text{n} + 3.25\text{MeV} \\
& {}^2_1\text{H} + {}^2_1\text{H} \longrightarrow {}^3_1\text{He} + {}^1_1\text{H} + 4.02\text{MeV} \\
\text{D-T} \quad & {}^2_1\text{H} + {}^3_1\text{H} \longrightarrow {}^4_2\text{He} + {}^1_0\text{n} + 17.59\text{MeV}
\end{aligned}
\tag{1.20}
$$

这些反应难以发生的原因在于它们是带电粒子反应。因此，为了使原子核相互作用，粒子必须具有非常高的动能，以克服带正电原子核的库仑斥力，从而结合在一起。实际上，使用粒子加速器是不可能实现这一点的，因为粒子加速器消耗的能量比这个反应产生的能量还要多。这意味着必须找到能使温度达到与太阳内部相当的方法。只有在这种条件下，粒子的动能足够高，能够克服库仑势垒，热核反应才会发生。虽然热核反应在恒星内部是非常普遍的，但迄今为止在地球上其发生所必需的温度仅能在热核爆炸中达到，而不能在持续的电力生产所需的受控方式下达到。

为了从聚变反应中获得能量，研究人员付出了长期的努力来实现足够高的受控温度。其中，D-T 反应受到了更多的关注，因为与 D-D 反应相比，D-T 反应可在更低的温度下进行。然而，D-T 反应也有缺点，即释放的大部分能量呈现为 14 MeV 中子的动能，这些中子可以对任何其影响到的材料产生伤害，并使之变得具有放射性。

本书中，我们不会进一步考虑聚变反应，而是继续探讨裂变反应。在裂变反应中，一个重核分裂成两个具有更大比结合能的轻核，从而释放能量。中子可以触发裂变反应，在中子和核之间没有库仑斥力，因此，裂变反应不需要高温。形象地说，由于没有库仑阻力，中子可能滑入原子核。

1.5　裂变反应

现在考虑铀-235(^{235}U) 核裂变反应，如图 1.2 所示。这个反应大约产生 200 MeV 的能量、两三个中子、两个较轻的核 (称为裂变碎片)、大量的 γ 射线和中微子。裂变碎片会经历放射性衰变，产生额外的裂变产物。裂变反应产生的能量、中子和裂变产物都在核动力反应堆的物理学中扮演着重要的角色。接下来，我们将依次讨论其中的每一项内容。

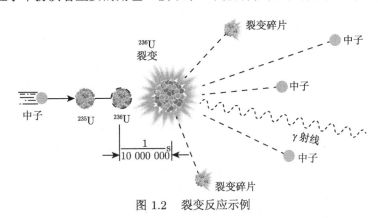

图 1.2　裂变反应示例

1.5.1　能量释放与耗散

一次裂变反应释放的能量约为 200 MeV，来自裂变碎片、中子和 γ 射线的动能，以及裂变产物经历放射性衰变释放出的 β 粒子、γ 射线和中微子的能量。反应产物与周围的介质发生相互作用，它的动能几乎瞬间转化成热能。然而，由于粒子可以是带电荷的也可以是呈电中性的，所以相互作用发生的形式存在显著的差异。

裂变碎片在裂变中出现时的速度很高，当它们遇到周围的原子时，其电子从原子内部被剥离出来，因此，裂变碎片带有很多电荷。带电粒子与周围高速运动的原子或分子发生强烈相互作用，使它们发生电离。离子对的产生需要能量，带电粒子因此失去部分动能，从而减速，直到最后停止运动。由于带电粒子经过而形成的正离子和自由电子，随后又会重新组合在一起，并以热量的形式释放能量。使粒子停止运动所需要的距离①称为射程。固体中的裂变碎片的射程只有几微米，因此大部分裂变的能量在非常接近裂变点的地方转化为

---

① 即粒子在介质中穿行过的距离。——译者

热量。其他带电粒子 (如放射性衰变过程中释放的 α 粒子和 β 粒子) 表现类似,都是速度迅速减小并达到静止状态;对于质量较小的带电粒子,射程要长一些。

中子、γ 射线和中微子是中性的,其表现完全不同。它们既不会被原子核周围带负电的电子影响,也不会被带正电的核子产生的电场影响。因此,它们都是沿直线运动直至发生碰撞,在碰撞点散射或者被吸收。如果被吸收,粒子就不存在了,粒子的能量在碰撞中被消耗。如果发生散射,粒子会改变方向和能量,沿着另外方向进行直线运动。碰撞之间的飞行距离远超过原子间距离。对于中微子,该距离几乎是无穷大的;对于在固体中行进的中子和 γ 射线,该距离通常用厘米来度量。中子仅被原子核散射,而 γ 射线还能被电子散射。除非中子的能量很低,中子将把相当大的动能赋予原子核,使它的轨道电子逃逸,从而带电。从 γ 射线碰撞获得动能的电子,显然已经带有电荷。在任何一种情况下,碰撞参与者都会慢化并静止在以微米为单位的测量距离内,其能量在非常接近碰撞点的地方以热量形式消散。

裂变释放的能量超过百分之八十是以裂变碎片动能的形式存在的,剩余的能量表现为中子、β 粒子、γ 射线和中微子的辐射。中微子能够穿行几乎无限远而不与物质相互作用,因此这部分能量损失掉了。其余的能量在反应堆内以热量形式被回收。不同的同位素裂变释放的能量略有不同,如铀-235 每次裂变释放的能量大约为 193 MeV,或记为 $\gamma = 3.1 \times 10^{-11}$ J/裂变。

带电粒子和中性粒子之间的能量耗散机制的差异也导致它们产生生物危害的机制完全不同。裂变产物和其他的放射性同位素释放出来的 α 和 β 辐射都是带电粒子。它们被称为非穿透性辐射,因为它们的能量会在很短的距离或射程内被消耗完。α 或者 β 辐射不会穿透皮肤,因此,如果它们的辐射源在体外,就不会对人体产生显著的伤害。如果吸入或者吞下释放这两种粒子的放射性同位素,将会造成更严重的问题。放射性同位素会侵害肺、消化道和其他器官,其程度取决于它们的生物化学特性。例如,放射性锶会聚集在骨髓中并造成损害,而放射性碘主要影响着甲状腺。相反,由于中性粒子 (中子和 γ 射线) 在组织中碰撞间的行进距离以厘米为测量单位,它们是主要的体外危害源。中性粒子导致的损伤在整个身体中的分布更均匀,其原因是,在中子与核子或 γ 射线与电子的碰撞点处,水和其他组织分子发生电离。

1.5.2　中子增殖

每次裂变中产生的两个或三个中子,在经历一系列与核的散射碰撞后,在吸收碰撞中结束它们的寿命,在许多情况下会导致吸收核有放射性。如果中子被裂变材料吸收,经常会使核发生裂变并产生下一代中子。因为这个过程可以重复地产生连续的下一代中子,所以中子引发的链式反应是存在的。为了描述这个过程,我们定义增殖因数为 k,即裂变反应产生的一代中子与直属上一代中子数目的比值。为了进一步分析,我们也定义中子寿命,即从裂变的中子发射开始,经过一系列的散射碰撞,终止于被吸收。

假设在 $t = 0$ 的时候,裂变反应产生了 n_0 个中子,叫做第 0 代中子,第 1 代中子就会有 kn_0 个,第 2 代就会有 $k^2 n_0$ 个,以此类推,第 i 代中子数为 $k^i n_0$。平均来看,第 i 代产生的时间是 $t = i \cdot l$,其中 l 是中子寿命。消去上述表达式中的 i,可以估计在 t 时刻

的中子数目

$$n(t) = n_0 k^{t/l} \tag{1.21}$$

因此，根据 k 是大于、小于还是等于 1，中子数量会增加、减少或保持不变。系统相应的状态被称为超临界、次临界和临界。

如果我们重点关注在 k 趋近于 1 的情况，那么式 (1.21) 有更广泛使用的形式。注意到，指数与对数是逆函数，因此，对于任何数 x，有 $x = \exp(\ln x)$，应用 $x = k^{t/l}$，式 (1.21) 可以写成

$$n(t) = n_0 \exp[(t/l) \ln k] \tag{1.22}$$

如果 k 趋近于 1，即 $|k-1| \ll 1$，我们可以在 1 附近把 $\ln k$ 展开为 $\ln k \approx k - 1$，进而得到

$$n(t) = n_0 \exp[(k-1)t/l] \tag{1.23}$$

因此，在 0 时刻产生的中子的后代，表现出如图 1.3 所示的指数形态。随后章节的大部分内容涉及增殖因数的确定，它是如何受反应堆的组成和大小影响的，以及链式反应的时间依赖特性如何受到占比很小的、后续裂变中发射的中子的影响。之后，我们将研究多种因素导致的增殖因数的变化，包括温度变化、燃料消耗，以及在动力堆的设计和运行中起主要作用的其他因素。

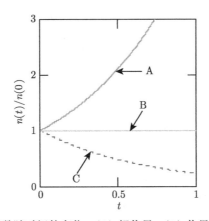

图 1.3　中子数随时间的变化：(A) 超临界，(B) 临界，(C) 次临界

1.5.3 裂变产物

裂变产生许多不同的裂变碎片对。在大多数情况下，裂变碎片对中的一个碎片的质量比另一个大得多。例如，一个典型的裂变反应

$$\mathrm{n} + {}^{235}_{92}\mathrm{U} \longrightarrow {}^{140}_{54}\mathrm{Xe} + {}^{94}_{38}\mathrm{Sr} + 2\mathrm{n} + 200\,\mathrm{MeV} \tag{1.24}$$

裂变碎片是不稳定的，因为它们具有过大的中子质子比 (简称中质比)。图 1.4 分别以质子数和中子数为横、纵坐标，表征稳定核素的曲线呈向上弯曲，即随着原子序数的增加，中质比在 1:1 之上不断增长。(例如，碳和氧的主要同位素是 ${}^{12}_{6}\mathrm{C}$ 和 ${}^{16}_{8}\mathrm{O}$，而铅和钍的主要

同位素分别是 $^{207}_{82}$Pb 和 $^{232}_{90}$Th。) 图 1.4 中的虚线表明：若不是 2~3 个中子在裂变时刻瞬间被释放出来，裂变反应产生的裂变碎片的中质比会保持不变。即使如此，裂变碎片仍在稳定核素曲线的上方。有不到 1% 的裂变碎片是通过中子的延迟发射而衰变的。主要的衰变模式是通过释放 β 粒子，并伴随有一个或多个 γ 射线。此衰变使得生成核素趋向于稳定核素曲线，如图 1.4 中所示。然而要达到稳定核素状态，通常需要经过不止一次的衰变。对于方程 (1.24) 中的裂变碎片，可以得到

$$^{140}_{54}\text{Xe} \xrightarrow{\beta} {}^{140}_{55}\text{Cs} \xrightarrow{\beta} {}^{140}_{56}\text{Ba} \xrightarrow{\beta} {}^{140}_{57}\text{La} \xrightarrow{\beta} {}^{140}_{58}\text{Ce} \tag{1.25}$$

和

$$^{94}_{38}\text{Sr} \xrightarrow{\beta} {}^{94}_{39}\text{Y} \xrightarrow{\beta} {}^{94}_{40}\text{Zr} \tag{1.26}$$

这些衰变都有各自的特征半衰期。除了一些明显的例外，衰变链前段的半衰期往往比后段的半衰期短。裂变碎片和它们的衰变产物统一归类为裂变产物。

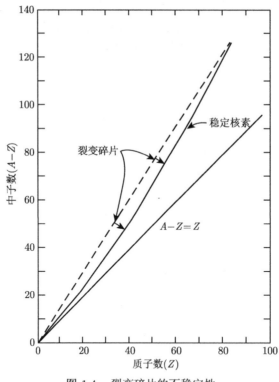

图 1.4　裂变碎片的不稳定性

式 (1.24) 仅显示了由裂变产生的超过 40 个不同裂变碎片对的一个例子。裂变碎片的原子质量数在 72 至 160 之间。图 1.5 是以质量数为自变量的铀-235 裂变产物产额分布，如果引起裂变的中子具有几个电子伏或更低的能量，则其他裂变材料也适用此规律。几乎所有裂变产物可以宽泛地分为两大类：较轻一组的原子质量数为 80~110，较重一组的原子质量数为 125~155。裂变产生同等质量的裂变产物的概率随着入射中子的能量的增加而增大，当引发裂变反应的中子能量达到几十兆电子伏的量级时，图 1.5 曲线中波谷的部分几乎消

失。因为这 40 种裂变产物对几乎都会产生源自后续 β 发射的放射性衰变的特征链, 在反应堆中会产生 200 多种裂变产物。

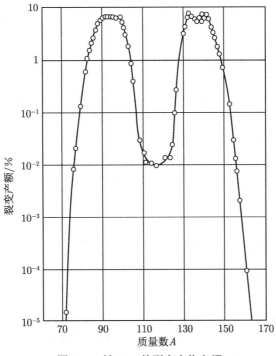

图 1.5　铀-235 的裂变产物产额

在一次裂变产生的 200 MeV 能量中, 大约 8% 来自裂变产物的 β 衰变和与之相关联的 γ 射线。因此, 即使在链式裂变反应停止后, 放射性衰变也会继续产生大量的热, 这被称为 "衰变热"。对于长时间以功率 P_0 运行的反应堆的衰变热, 可以采用维格纳–韦 (Wigner-Way) 公式来估算其大小

$$P_d(t) = 0.0622 P_0 \left[t^{-0.2} - (t + t_0)^{-0.2} \right] \tag{1.27}$$

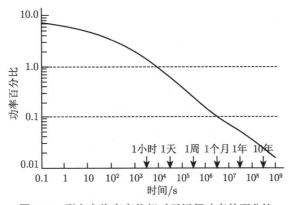

图 1.6　裂变产物衰变热相对于运行功率的百分比

其中，$P_d(t)$ 为由 β 和 γ 射线产生的功率 (衰变热)；P_0 为停堆前的功率；t_0 为以停堆前的功率运行的时间，单位为 s；t 为停堆后经过的时间，单位为 s。图 1.6 显示了裂变产物衰变热相对于运行功率的百分比。由于衰变热的存在，在发电机组停机后的相当长的一段时间内，必须给反应堆燃料提供冷却，以防止其过热。

1.6 易裂变材料和可裂变材料

详细论述反应堆必须区分两类裂变材料：一类是易裂变材料，被任意能量的中子轰击都将发生裂变，铀-235 是一种易裂变材料；另一类是可裂变材料，能够俘获中子，并通过放射性衰变转化为易裂变材料，铀-238 是一种可裂变材料。可裂变同位素也能直接发生裂变反应，但是只有高能中子能使之裂变，一般要求中子能量在 MeV 量级。因此，易裂变材料和可裂变材料统称为裂变材料。然而，仅靠可裂变材料本身是不能维持一个链式裂变反应的。

铀-235 是唯一天然存在的易裂变材料，仅占天然铀的 0.7%。除了微量的其他同位素外，铀-238 构成天然铀剩余的 99.3%。铀-238 俘获一个中子后具有了放射性，进而衰变成钚-239

$$n + {}^{238}_{92}U \longrightarrow {}^{239}_{92}U \xrightarrow{\beta} {}^{239}_{93}Np \xrightarrow{\beta} {}^{239}_{94}Pu \tag{1.28}$$

如果任意能量的中子撞击钚-239，则它引起裂变的可能性很大，因此钚-239 是一种易裂变同位素。钚-239 自身具有放射性，然而，其半衰期长达 2.44 万年，故可以储存并作为反应堆燃料使用。这里存在一种小概率的情况——钚-239 只俘获中子 (不发生裂变)，引起反应

$$n + {}^{239}_{94}Pu \longrightarrow {}^{240}_{94}Pu \tag{1.29}$$

此反应产生的钚-240 又是一种可裂变材料。如果它再次俘获一个中子，将变成钚-241，这是一种易裂变核素。

除了铀-238，钍-232 是自然界中存在的另一种可裂变材料。在俘获一个中子后，它会经历如下衰变：

$$n + {}^{232}_{90}Th \longrightarrow {}^{233}_{90}Th \xrightarrow{\beta} {}^{233}_{91}Pa \xrightarrow{\beta} {}^{233}_{92}U \tag{1.30}$$

此过程产生易裂变材料铀-233。因为地壳中钍的含量远高于铀，所以这个反应对核能长期可持续利用特别有利。

可以通过将母体可裂变材料安置在反应堆堆芯中来生产易裂变材料。回到图 1.2，我们可以看到，如果每次裂变产生的中子数目大于 2(铀-235 裂变约产生 2.4 个中子)，那么就能够用一个中子维持链式反应，并用另外的中子将可裂变材料转化为易裂变材料。如果反应堆中产生的易裂变核素多于消耗的易裂变核素，这个反应堆就可以称为增殖堆。

大多数的反应堆都使用天然铀和部分浓缩铀作为燃料，反应堆中有大量的铀-238 可以转换成钚。为了维持增殖，设计者必须防止大部分裂变中子被非裂变材料吸收或从反应堆泄漏，这些将在接下来的章节中详细讨论。这是一个艰巨的任务，因为大多数的反应堆消耗的易裂变材料多于产生的易裂变材料。

易裂变核素和可裂变核素的半衰期、截面以及其他的性质是反应堆理论中的基本知识，经常使用以下简明的缩写来标识它们。它们的性质由原子核电荷数和原子质量数的最后一位数字标明。因此，裂变元素 $_{de}^{abc}X$ 的性质由缩略的下角标和上角标表示为 "ec"。例如

$$_{90}^{232}\text{Th} \longrightarrow 02, \quad _{92}^{235}\text{U} \longrightarrow 25, \quad _{92}^{238}\text{U} \longrightarrow 28, \quad _{94}^{239}\text{Pu} \longrightarrow 49$$

那么触发链式裂变反应的中子是从哪里来的？有些中子是自然产生的，比如高能宇宙射线与原子核发生碰撞会造成中子逸出。如果没有其他来源存在，可以用它来引发链式反应。但是，毋庸置疑，反应堆中需要一个更强的、更可靠的中子源。虽然存在很多种可能，但最广泛使用的是镭–铍源，它将半衰期为 1600 年的天然存在的镭同位素的 α 衰变

$$_{88}^{226}\text{Ra} \xrightarrow{\alpha} _{86}^{222}\text{Rn} \tag{1.31}$$

与提供所需中子的反应

$$_{4}^{9}\text{Be} \xrightarrow{(\alpha,n)} _{6}^{12}\text{C} \tag{1.32}$$

结合起来。

1.7　放射性衰变

为了理解裂变产物的行为、可裂变–易裂变材料的转换率以及其他与反应堆物理相关的现象，我们必须量化放射性材料的行为。原子核裂变的规律表明，衰变速率与原子核的数量成正比。每一种放射性同位素 (即经历放射性衰变的同位素) 都有一个衰变常数 λ。如果 t 时刻原子核的数目是 $N(t)$，则衰变速率为

$$\frac{\text{d}}{\text{d}t}N(t) = -\lambda N(t) \tag{1.33}$$

此方程除以 $N(t)$，再从 0 到 t 积分，可得

$$\int_{N(0)}^{N(t)} \text{d}N/N = -\lambda \int_0^t \text{d}t \tag{1.34}$$

其中，$N(0)$ 是初始的原子核数目。注意到 $\text{d}N/N = \text{d}(\ln N)$，则式 (1.34) 变换为

$$\ln[N(t)/N(0)] = -\lambda t \tag{1.35}$$

得到具有指数特征的衰变速率

$$N(t) = N(0)\exp(-\lambda t) \tag{1.36}$$

图 1.7 阐明了放射性材料的指数衰变规律。

半衰期 $t_{1/2}$ 是对不稳定原子核衰变时间的一个更直观的度量。与前面的定义相同，半衰期 $t_{1/2}$ 是放射性元素的原子核衰变一半所需的时间。因此，可以把 $N(t_{1/2}) = N(0)/2$ 代入式 (1.35)，得到 $\ln(1/2) = -0.693 = -\lambda t_{1/2}$，或简写为

$$t_{1/2} = 0.693/\lambda \tag{1.37}$$

对衰变时间的第二个度量是平均衰变时间，但较少使用，其定义为

$$\bar{t} = \int_0^\infty t N(t) \mathrm{d}t \bigg/ \int_0^\infty N(t) \mathrm{d}t = 1/\lambda \tag{1.38}$$

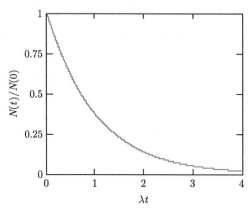

图 1.7 放射性核素的指数衰变

在继续讨论之前，需要简单介绍一下相关的单位。衡量放射源强度常用的单位是居里 (Ci)[①]，1 Ci 定义为每秒 3.7×10^{10} 次衰变，即 1 g 镭-226 的衰变速率。贝可勒尔 (Bq) 也被用于测量放射性，1 Bq 定义为每秒 1 次衰变。为了计算存在的原子核的数目，首先引入阿伏伽德罗常量，$N_0 = 6.02214076 \times 10^{23}$[②]，即 1 摩尔 (mol)[③]碳-12 所包含的原子数目。因此，原子的总数目为 mN_0/A，其中质量 m 的单位是克，A 是同位素的原子量。浓度 $\rho N_0/A$ 的单位为原子/cm³，其中 ρ 是密度，单位为 g/cm³。

1.7.1 饱和活度

在很多情况下，放射性核素是以恒定的速率产生的。例如，以恒定功率运行的反应堆，产生放射性裂变碎片的速率是恒定的。在这种情况下，通过在式 (1.33) 中增加源项 A_0，确定同位素存量的时间依赖性

$$\frac{\mathrm{d}}{\mathrm{d}t} N(t) = A_0 - \lambda N(t) \tag{1.39}$$

其中，同位素产生的速率为单位时间 A_0 个核。为了求解这个方程，将上述方程两端同时乘以积分因子 $\exp(\lambda t)$。接着利用数学关系

$$\frac{\mathrm{d}}{\mathrm{d}t}[N(t)\exp(\lambda t)] = \left[\frac{\mathrm{d}}{\mathrm{d}t}N(t) + \lambda N(t)\right]\exp(\lambda t) \tag{1.40}$$

得到

$$\frac{\mathrm{d}}{\mathrm{d}t}[N(t)\exp(\lambda t)] = A_0\exp(\lambda t) \tag{1.41}$$

现在，如果假设初始时刻没有放射性核素存在，即 $N(0) = 0$，对此方程从 0 到 t 积分，可得

---

① 非法定单位，$1\mathrm{Ci} = 3.7 \times 10^{10}\mathrm{Bq}$。——出版者

② 2018 年 11 月 16 日，第 26 届国际计量大会通过决议，修改阿伏伽德罗常量为此数值。——译者

③ 原文中 "gram molecular weight"，直译为 "克分子量"，等价于 "摩尔"，本书中统一译为 "摩尔"。——译者

$$\lambda N(t) = A_0[1 - \exp(-\lambda t)] \tag{1.42}$$

其中，$\lambda N(t)$ 是在单位时间衰变中测量到的活度。注意到，最初活度随时间线性增加，这是因为，对于 $\lambda t \ll 1$，$\exp(-\lambda t) \approx 1 - \lambda t$。然而，经过几个半衰期以后，指数项就变得微乎其微了，衰变速率就等于生成速率，即 $\lambda N(\infty) = A_0$，这被称为饱和活度。图 1.8 显示了由式 (1.42) 给出的增长到饱和活度的过程。

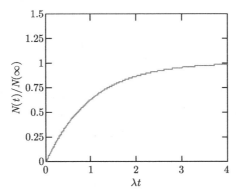

图 1.8 以稳定速率产生的放射性核素的活度随时间的变化

为了阐明饱和活度的重要性，这里讨论动力反应堆运行中生成的两种很重要的裂变产物——碘-131 和锶-90。假设动力反应堆产生这两种同位素的速率分别是 0.85×10^{18} 核/s 和 1.63×10^{18} 核/s，反应堆运行一周、一个月、一年后产生的放射性活度分别是多少居里？

这两种放射性同位素的半衰期分别为 8.05 天和 10628 天，因此，从式 (1.37) 可以得到 $\lambda_I = 0.0861$ 天$^{-1}$，$\lambda_{Sr} = 6.52 \times 10^{-5}$ 天$^{-1}$。为了以居里为单位表达放射性活度，把式 (1.42) 除以 3.7×10^{10} 核/s。因此，$A_I = 2.30 \times 10^7$ Ci，并且 $A_{Sr} = 4.40 \times 10^7$ Ci。在式 (1.42) 中分别取 t 为 7 天、30 天、365 天 (即 1 周、1 个月、1 年)，可以得到

$$\lambda_I N_I(7) = 10.4 \times 10^6 \text{ Ci}, \quad \lambda_{Sr} N_{Sr}(7) = 2.01 \times 10^3 \text{ Ci}$$

$$\lambda_I N_I(30) = 21.2 \times 10^6 \text{ Ci}, \quad \lambda_{Sr} N_{Sr}(30) = 8.61 \times 10^4 \text{ Ci}$$

$$\lambda_I N_I(365.25) = 23.0 \times 10^6 \text{ Ci}, \quad \lambda_{Sr} N_{Sr}(365.25) = 1.04 \times 10^6 \text{ Ci}$$

具有较短半衰期的碘-131，经过一个月时间就能达到饱和状态，此后保持恒定，其值与反应堆功率成正比。与此相反，锶-90 有较长的半衰期，它的活度随时间线性增加，并将持续若干年。在图 1.8 中活度与 λt 的关系更清楚地说明了这些影响。在 t 为 1 年时，$\lambda_{Sr} t = 6.52 \times 10^{-5} \times 365.25 = 0.0238 \ll 1$，远远小于达到饱和需要的时间。因此，在第一年以及相当长的时间内，锶-90 的存量将会不断增加，且与启堆后反应堆产生的总能量成正比。相比之下，当 t 为 1 个月时，$\lambda_I t = 0.0861 \times 30 = 2.58$。因此，如图 1.8 所示，碘-131 是非常接近饱和的。

1.7.2 衰变链

上述衰变反应可以用一个简单的衰变过程来表示：$A \longrightarrow B + C$。然而，式 (1.25) 和式 (1.26) 表明衰变链经常发生。考虑两个阶段的衰变

$$A \longrightarrow B + C \atop \searrow \atop D + E \tag{1.43}$$

并把 A、B 的衰变常数定义为 λ_A 和 λ_B，对于元素 A，我们已经有了式 (1.36) 形式的解。添加下标用来将其与 B 区分，得到

$$N_A(t) = N_A(0)\exp(-\lambda_A t) \tag{1.44}$$

$\lambda_A N_A(t)$ 是单位时间内 A 型原子核衰变的数量。因为每衰变一个 A 型原子核，就会产生一个 B 型原子核，所以 B 型原子核的产生速率也是 $\lambda_A N_A(t)$。同样，如果此时同位素 B 的数目为 $N_B(t)$，则它的衰变速率将是 $\lambda_B N_B(t)$。因此，同位素 B 产生的净速率为

$$\frac{\mathrm{d}}{\mathrm{d}t}N_B(t) = \lambda_A N_A(t) - \lambda_B N_B(t) \tag{1.45}$$

为了求解这个方程，首先应用式 (1.44) 替换 $N_A(t)$，然后把 $\lambda_B N_B(t)$ 移动到方程左边，并使用与以前相同的积分因子法，将方程两边同时乘以 $\exp(\lambda_B t)$，再应用式 (1.40) 来简化方程的左边

$$\frac{\mathrm{d}}{\mathrm{d}t}[N_B(t)\exp(\lambda_B t)] = \lambda_A N_A(0)\exp[(\lambda_B - \lambda_A)t] \tag{1.46}$$

方程两边乘以 $\mathrm{d}t$，然后从 0 到 t 积分，得出

$$N_B(t)\exp(\lambda_B t) - N_B(0) = \frac{\lambda_A}{\lambda_B - \lambda_A}N_A(0)\{\exp[(\lambda_B - \lambda_A)t] - 1\} \tag{1.47}$$

如果我们假设最初同位素 B 不存在，即 $N_B(0) = 0$，可以得到

$$N_B(t) = \frac{\lambda_A}{\lambda_B - \lambda_A}N_A(0)(\mathrm{e}^{-\lambda_A t} - \mathrm{e}^{-\lambda_B t}) \tag{1.48}$$

图 1.9 显示了在 $\lambda_A \ll \lambda_B$、$\lambda_A \gg \lambda_B$ 和 $\lambda_B \cong \lambda_A$ 情况下，活度 $A_A(t) = \lambda_A N_A(t)$ 和 $A_B(t) = \lambda_B N_B(t)$ 随时间变化的情况。如果 $\lambda_A \ll \lambda_B$，即 A 的半衰期比 B 长得多，那么 $\exp(-\lambda_B t)$ 比 $\exp(-\lambda_A t)$ 衰变快得多，在经过 B 的几个半衰期后，可以从式 (1.44) 和式 (1.48) 得到 $\lambda_B N_B(t) \approx \lambda_A N_A(t)$，这意味着 A 和 B 的衰变速率大致相等。这被称为长期平衡。另一方面，如果 $\lambda_A \gg \lambda_B$，即 A 的半衰期比 B 短得多，则 $\exp(-\lambda_A t)$ 比 $\exp(-\lambda_B t)$ 衰变快得多，在经过 A 的几个半衰期后，我们可以假定它就消失了。在这种情况下，由式 (1.48) 可导出 $N_B(t) \approx N_A(0)\exp(-\lambda_B t)$。当然，如果 $\lambda_A \cong \lambda_B$，这些近似都不成立。

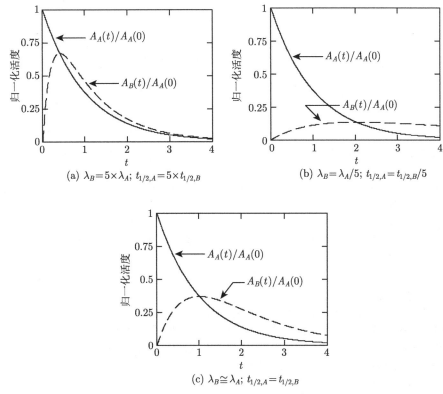

(a) $\lambda_B = 5 \times \lambda_A$; $t_{1/2,A} = 5 \times t_{1/2,B}$

(b) $\lambda_B = \lambda_A/5$; $t_{1/2,A} = t_{1/2,B}/5$

(c) $\lambda_B \cong \lambda_A$; $t_{1/2,A} = t_{1/2,B}$

图 1.9　两种放射性核素的衰变序列

参考文献

Bodansky, David, *Nuclear Energy: Principles, Procedures, and Prospects*, Springer, 2004.

Cember, H., *Introduction to Health Physics, 3rd ed.*, McGraw-Hill, NY, 1996.

Duderstadt, James J., and Louis J. Hamilton, *Nuclear Reactor Analysis*, Wiley, NY, 1976.

Glasstone, Samuel, and Alexander Sesonske, *Nuclear Reactor Engineering*, 3rd ed., Van Nostrand-Reinhold, NY, 1981.

Knief, Ronald A., *Nuclear Energy Technology: Theory and Practice of Commercial Nuclear Power*, McGraw-Hill, NY, 1981.

Lamarsh, John R., *Introduction to Nuclear Reactor Theory*, Addison-Wesley, Reading, MA, 1972.

Lamarsh, John, and Anthony J. Baratta, *Introduction to Nuclear Engineering*, 3rd ed., Prentice-Hall, Englewood, NJ, 2001.

Stacey, Weston M., *Nuclear Reactor Physics*, Wiley, NY, 2001.

Williams, W. S. C., *Nuclear and Particle Physics*, Oxford University Press, USA, NY, 1991.

Wong, Samuel M., *Introductory Nuclear Physics*, 2nd ed., Wiley, NY, 1999. http://www.webelements.com/webelements/scholar/.

习题

1.1 下列选项中的元素经常出现在反应堆堆芯中，它们的元素符号和名称是什么？

    a. $^{90}_{38}$?   b. $^{91}_{40}$?   c. $^{137}_{55}$?   d. $^{157}_{64}$?   e. $^{178}_{72}$?   f. $^{137}_{93}$?   g. $^{241}_{95}$?

1.2 不稳定核 $^{27}_{13}\text{Al}$ 有几种可能的分解模式，请将下列的反应补充完整：

$$^{27}_{13}\text{Al} \longrightarrow ? + ^1_0\text{n}, \qquad ^{27}_{13}\text{Al} \longrightarrow ? + ^1_1\text{p}, \qquad ^{27}_{13}\text{Al} \longrightarrow ? + ^2_1\text{H}, \qquad ^{27}_{13}\text{Al} \longrightarrow ? + ^4_2\text{He}$$

1.3 补全下列反应：

$$^9_4\text{Be} + ^4_2\text{He} \longrightarrow ? + ^1_1\text{H}, \qquad ^{60}_{27}\text{Co} \longrightarrow ? + ^{\ 0}_{-1}\text{e}, \qquad ^7_3\text{Li} + ^1_1\text{H} \longrightarrow ? + ^4_2\text{He}, \qquad ^{10}_5\text{B} + ^4_2\text{He} \longrightarrow ? + ^1_1\text{H}$$

1.4 如果入射的分别是下列粒子，必须使用何种同位素来做靶核，才能形成复合核 $^{60}_{28}\text{Ni}$？

    a. α 粒子   b. 质子   c. 中子

1.5 裂变中子的平均动能是 2.0MeV。把动能定义为 $E_{\text{total}} - m_0 c^2$，用方程 (1.12) 代替方程 (1.9) 计算该动能，引入的误差百分比是多少？

1.6 考虑以下的核反应和化学反应：

    a. 一个低速中子轰击铀-235，发生核裂变。如果裂变能量为 $200\,\text{MeV}$，大约有多少比例的反应物的质量转化为了能量？

    b. 碳-12 原子在与氧-16 分子碰撞后经历燃烧，生成 CO_2，如果放出了 4eV 的能量，大约有多少比例的反应物的质量转化为了能量？

1.7 a. 如果钚-239 捕获两个中子后进行 1 次 β 衰变，会产生什么同位素？

    b. 如果钚-239 捕获三个中子后进行两次 β 衰变，会产生什么同位素？

1.8 一个原子核可以近似地看成是一个半径以 cm 为单位的球体，半径为 $R = 1.25 \times 10^{-13} A^{1/3}$ cm，其中 A 是原子质量数。下列元素的半径分别是多少？

    a. 氢   b. 碳-12   c. 氙-140   d. 铀-238

1.9 反应堆以 $10^3\,\text{MW(t)}$ 的热功率运行一年，试计算下列条件下的衰变热功率：

    a. 停堆一天后；

    b. 停堆一个月后；

    c. 停堆一年后；

    假设反应堆运行了一个月，仍按 a、b、c 三种条件进行计算，试比较结果。

1.10 在方程 (1.28) 中铀-239 和镎-239 都会经历 β 衰变，半衰期分别为 $23.4\,\text{min}$ 和 $2.36\,\text{d}$。如果反应堆中的中子轰击使铀-239 以恒定速率产生，镎-239 需要多长时间才能达到下列状态？

    a. 其饱和活度的 1/2；

    b. 其饱和活度的 90% ；

    c. 其饱和活度的 99%(假定镎-239 没有进一步的反应)。

1.11 铀-238 具有 4.51×10^9 年的半衰期，而铀-235 的半衰期仅为 7.13×10^8 年。因此，自从 45 亿年前地球形成以来，铀-235 的同位素丰度一直在稳步下降。

    a. 在地球形成时，铀的富集度是多少？

    b. 在多长时间以前，铀的富集度为 4%？

1.12 在方程 (1.31) 和方程 (1.32) 给出的反应中，每秒产生 10^6 个中子，需要多少居里的镭-226？

1.13 把一个靶核放在反应堆中，然后用中子轰击，导致放射性核素以 2×10^{12} 核/s 的速率产生，这种放射性核素的半衰期是 2 周，如果要产生 25 Ci 的这种放射性核素，需要照射多长时间？

1.14 锑的放射性同位素 $^{124}_{51}\text{Sb}$ 的衰变常数是 $1.33 \times 10^{-7}\,\text{s}^{-1}$。

    a. 它的半衰期是多少年？

    b. 要衰变成其初始质量的 0.01%需要多少年？

    c. 如果它被以恒定速率产生，要达到其饱和值的 95%，需要多少年？

1.15 质量大约为多少的半衰期为 5.26 年的钴-60 将会和 10 g 的半衰期为 28.8 年的锶-90 有相同的放射性活度？

1.16 某放射性同位素在 3h 内衰变了 90%，则

    a. 6 h 内的衰变份额是多少？

    b. 半衰期是多少？

    c. 如果这种放射性同位素在反应堆中以 10^9 核/h 的速率产生，在很长一段时间后，反应堆中会有多少这种核？

1.17 裂变产物 A，半衰期为 2 周，在反应堆中以 5×10^8 核/s 的速率产生。

    a. 其饱和活度是每秒多少次衰变？

    b. 其饱和活度是多少居里？

    c. 反应堆启堆后多长时间能达到其饱和活度的 90%？

    d. 如果裂变产物经历以下放射性衰变 $A \longrightarrow B \longrightarrow C$，$B$ 的半衰期为 2 周，则 2 周以后 B 的活度是多少？

1.18 假设习题 1.15 中放射性的钴和锶源衰变 10 年，10 年后发现还有 1.0 Ci 钴-60 存在，那么还有多少居里的锶-90 存在？

1.19 钋-210，半衰期为 138 天，通过释放出一个 α 粒子和 5.305 MeV 的能量，衰变成铅-206。

    a. 1g 纯钋有多少居里的放射性？

    b. 1g 钋能够产生多少瓦特的热量？

1.20 考虑裂变产物链 $A \xrightarrow{\beta} B \xrightarrow{\beta} C$，其衰变常数分别为 λ_A 和 λ_B。在 $t = 0$ 时，反应堆启动，此后裂变产物 A 以 A_0 的速率产生。假设 B 和 C 不是直接从裂变反应中产生，则

    a. 求出 $N_A(t)$ 和 $N_B(t)$。

    b. $N_A(\infty)$ 和 $N_B(\infty)$ 是多少？

第2章

原子核与中子的相互作用

2.1 引言

从裂变反应中释放出来的中子与物质相互作用的行为特性决定了中子链式裂变反应的性质，为了创造一个自持的链式反应，每次裂变产生的两个或更多个中子之中，通常至少要有一个用来引发随后的裂变。中子的动能以及其穿过空间与原子核相互作用的方式是核反应堆内中子行为研究的基础。反应截面是中子反应的一个核心概念，其相当于中子与靶核撞击时能实现有效撞击的区域的大小。这个截面取决于中子的动能和碰撞可能导致散射、俘获或裂变的相对概率，这些基础物理数据构成了链式裂变反应的特性。

本章首先描述了中子穿行空间的特性，定义了微观截面和宏观截面，接着区分散射、吸收和其他反应类型的截面。在确定反应堆内中子可能存在的能量范围后，描述了中子截面随中子能量分布的依赖关系，然后通过描述散射中子的能量分布来结束本章。

2.2 中子截面

中子是中性粒子，原子核附近的电子和带正电的原子核形成的电场，都不会对中子的飞行产生影响。因此，中子飞行的轨迹是直线，只有当中子与核发生碰撞时，才会偏离原来的飞行轨迹而被散射到一个新的方向，或者被吸收。这样，中子的寿命期通常包含一系列的散射碰撞，最后被吸收，从而消失。就中子穿过某一固体而言，空间会显得非常空旷。原因在于：原子半径的数量级为 10^{-8} cm，而原子核半径的数量级为 10^{-12} cm，在垂直于中子飞行轨迹的方向上的横截面的面积份额能够反映中子被一层紧密排列的原子阻挡的概率，粗略计算可得 $(10^{-12})^2/(10^{-8})^2 = 10^{-8}$，这个比例非常小。因此，在两次与原子核碰撞之间，中子通常会穿透数百万层原子。如果靶材料非常薄，像一张纸一样，那么所有的中子穿透它几乎不会与原子核发生碰撞。

2.2.1 微观截面与宏观截面

为了探究有多少中子与原子核发生了反应，如图 2.1 所示，我们考虑一束中子沿着 x 方向飞行。如果这个中子束内每立方厘米有 n''' 个中子，都沿着 x 方向以速度 v 飞行，我们指定 $I = n'''v$ 为束强度。若速度单位是 cm/s，则束强度单位是中子 $/(\text{cm}^2 \cdot \text{s})$。假定中子与原子核发生碰撞，它将被吸收或者被散射到不同的方向，只有未发生碰撞的中子继续沿着 x 方向飞行。随着中子进入靶材料的深度增大，未发生碰撞的中子束强度减小。

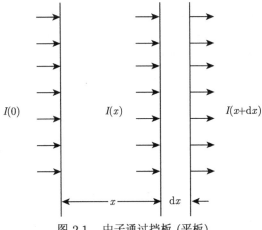

图 2.1　中子通过挡板 (平板)

用 $I(x)$ 代表中子束穿入靶材料的深度为 $x\,\mathrm{cm}$ 后的束强度。在穿行无限小的距离 $\mathrm{d}x$ 内，中子发生碰撞的概率等于在与束流方向垂直的 $1\,\mathrm{cm}^2$ 截面上被原子核遮蔽的百分率。如果 $\mathrm{d}x$ 很小，核是随机分布的，则一个核被其他核遮蔽的情况可以忽略不计。(只有在中子穿过单晶体的罕见情况下，这种假设才不成立。) 现假设核数密度为 N (核/cm^3) 的材料，在无限小的厚度 $\mathrm{d}x$ 内每平方厘米有 $N\mathrm{d}x$ 个核。如果每个原子核的横截面积是 $\sigma\,(\mathrm{cm}^2)$，那么被阻挡的面积的份额为 $N\sigma\mathrm{d}x$，因此有

$$I(x + \mathrm{d}x) = (1 - N\sigma\mathrm{d}x)I(x) \tag{2.1}$$

利用导数的定义，可得微分方程

$$\frac{\mathrm{d}}{\mathrm{d}x}I(x) = -N\sigma I(x) \tag{2.2}$$

也可以改写成

$$\frac{\mathrm{d}I(x)}{I(x)} = -N\sigma\mathrm{d}x \tag{2.3}$$

从 0 到 x 对上式进行积分，可以得到

$$I(x) = I(0)\exp(-N\sigma x) \tag{2.4}$$

接下来，我们定义宏观截面为

$$\Sigma = N\sigma \tag{2.5}$$

其中，σ 称为微观截面，单位为 cm^2。因为 N 的单位是 核/cm^3，所以宏观截面 Σ 的单位是 cm^{-1}。

原子核的截面非常小，因此微观截面通常用靶恩 (barn) 取代 cm^2。靶恩 (barn) 对应符号为 b，$1\,\mathrm{b} = 10^{-24}\mathrm{cm}^2$。据说这个单位是源自早期对中子截面的测定。当时一位研究人员对一项测量结果的反应是惊呼"这简直和谷仓 (barn) 一样大！"

方程 (2.1)~(2.4) 可以用概率来解释。$\mathrm{d}I(x)$ 是在 $\mathrm{d}x$ 内发生碰撞的中子的数目，其在总数 $I(x)$ 中所占的份额为 $-\mathrm{d}I(x)/I(x) = \varSigma\mathrm{d}x$(由式 (2.3) 给定)，这是穿行直到 x 未发生碰撞而继续存在的中子在紧接着的 $\mathrm{d}x$ 中发生碰撞的概率。同样地，$I(x)/I(0) = \exp(-\varSigma x)$ 是穿行了距离 x 而未发生碰撞的分子所占的份额，这可以解释为中子穿行距离 x 未发生碰撞的概率。因此，中子在穿行距离 $\mathrm{d}x$ 内首次发生碰撞的概率 $p(x)\mathrm{d}x$，就是中子在 $\mathrm{d}x$ 处之前一直存在并将在 $\mathrm{d}x$ 内发生碰撞的概率。如果中子在 $\mathrm{d}x$ 内发生碰撞的概率与其过去的经历无关，那么可以简单地用概率相乘得到

$$p(x)\mathrm{d}x = \exp(-\varSigma x)\varSigma\mathrm{d}x \tag{2.6}$$

据此，我们可以计算出中子在两次发生碰撞之间穿行的平均距离，这被称为平均自由程，用 λ 表示

$$\lambda = \int_0^\infty xp(x)\mathrm{d}x = \int_0^\infty x\exp(-\varSigma x)\varSigma\mathrm{d}x = 1/\varSigma \tag{2.7}$$

因此，平均自由程恰好是宏观截面的倒数。

2.2.2　未碰撞中子通量密度

在 $I(x)$ 中包含的中子还没有发生碰撞，有时它被定义为未碰撞中子通量密度，其区别于发生过一次或者多次碰撞的中子总数量。$I(x)$ 中包含的中子都一致沿着 x 正方向穿行，而发生了碰撞的中子能够在任意方向上被找到。中子束 $I(x)$ 可以写成中子速度 v(单位是 cm/s) 与未碰撞中子密度 $n_{\mathrm{u}}'''(x)$(单位是中子 /cm³) 的乘积。因此，有 $I(x) = vn_{\mathrm{u}}'''(x)$，这是通量密度的表达形式，通常用 ϕ 表示。这样，中子束的未碰撞通量密度为

$$\phi_{\mathrm{u}}(x) = vn_{\mathrm{u}}'''(x) \tag{2.8}$$

除了用于定义截面的中子束以外，未碰撞中子通量密度还可以写作其他表达形式。为了区分未碰撞中子通量密度的几何衰减与材料衰减的差异，采用点源的形式来表达特别有效。让一个源每秒发射 s_{p} 个中子，处于任何位置的未碰撞中子都沿单一方向飞行——从点源径向向外。在真空中，因为没有介质存在，此通量密度只有几何衰减——在距离点源 r 处，中子会穿过半径为 r 的球面，其面积为 $4\pi r^2$，因此，在 1 s 内通过 $1\,\mathrm{cm}^2$ 的中子数量为 $\phi_{\mathrm{u}}(r) = s_{\mathrm{p}}/(4\pi r^2)$。然而，如果有介质存在，仅有份额为 $\exp(-\varSigma r)$ 的中子飞行距离 r 后不发生碰撞而存活下来。因此，考虑几何衰减和材料衰减，在距离点源 r 处的中子的未碰撞中子通量密度[①]为

$$\phi_{\mathrm{u}}(r) = \frac{\exp(-\varSigma r)}{4\pi r^2}s_{\mathrm{p}} \tag{2.9}$$

2.2.3　核数密度

方程 (2.5) 中的两个影响因子，核数密度 N 和微观截面 σ，都需要做进一步讨论。首先，考虑密度。阿伏伽德罗常量 $N_0 = 6.02214076 \times 10^{23}$，是 1mol 物质中的分子数。因此，

---

① 中子通量密度，又称为中子注量率。鉴于在反应堆物理领域中，国外的文献和书籍中迄今都广泛使用 neutron flux 一词，因此在本书中也使用习惯中的“中子通量密度”一词。——译者

如果 A 是分子量，则 N_0/A 是 1 g 物质中所含的分子数。如果我们指定 ρ 表示密度 (单位是 g/cm^3)，那么每立方厘米的分子数是

$$N_{\text{molecule}} = \rho N_0 / A \tag{2.10}$$

式 (2.5) 变成

$$\Sigma = \frac{\rho N_0}{A}\sigma \tag{2.11}$$

式中，密度的单位是 g/cm^3，σ 的单位是 cm^2。微观裂变截面通常以靶恩 (barn，符号为 b) 为单位，$1\,\mathrm{b} = 10^{-24}\,\mathrm{cm}^2$。

若天然存在的元素的反应截面已被测定，在很多情况下，上述公式可以直接应用于化学元素，即使是包含同位素的混合物也适用。例如，铁的同位素 Fe-54、Fe-56、Fe-57 都大量存在，故铁的分子量为 55.8，即便如此，我们仍可以认为铁具有单一的反应截面，而无须详细说明其同位素。在某些情况下，反应截面是针对特定同位素测量获得的，则上述方程中的 A 就应该是此特定同位素的原子量。

反应堆物理中，需要从同位素构成角度来表达一个元素的反应截面。我们首先用 N^i/N 表示原子量为 A_i 的同位素的原子份额，则混合物的原子量为

$$A = \sum_i (N^i/N)A_i \tag{2.12}$$

式中，$N = \sum_i N^i$。多种同位素组合的宏观截面可以写成

$$\Sigma = \frac{\rho N_0}{A}\sum_i \frac{N^i}{N}\sigma^i \tag{2.13}$$

其中，σ^i 是第 i 种同位素的微观截面。

要计算分子的反应截面，必须考虑分子中每个元素的反应截面和原子数量。以分子量为 18 的水为例，必须考虑氢原子和氧原子的数量

$$\Sigma^{\text{H}_2\text{O}} = \frac{\rho_{\text{H}_2\text{O}}N_0}{18}(2\sigma^{\text{H}} + \sigma^{\text{O}}) \tag{2.14}$$

以水为例，我们可以定义分子的复合微观截面

$$\sigma^{\text{H}_2\text{O}} = 2\sigma^{\text{H}} + \sigma^{\text{O}} \tag{2.15}$$

从而，式 (2.14) 可以简化成

$$\Sigma^{\text{H}_2\text{O}} = N_{\text{H}_2\text{O}}\sigma^{\text{H}_2\text{O}}$$

其中，$N_{\text{H}_2\text{O}} = \rho_{\text{H}_2\text{O}}N_0/18$。

物质材料经常依据体积份额来组合，令 V_i 表示体积，V_i/V 表示体积份额，其中 $V = \sum_i V_i$，则混合物的反应截面可以表达为

$$\Sigma = \sum_i (V_i/V)N_i\sigma^i \tag{2.16}$$

式中，每种核素的核数密度由

$$N_i = \rho_i N_0 / A_i \tag{2.17}$$

给定，其中，ρ_i 和 A_i 是微观截面为 σ^i 的核素的密度和原子量。当然，式 (2.16) 也可以用组分的宏观截面来表达

$$\Sigma = \sum_i (V_i/V)\Sigma^i \tag{2.18}$$

其中，$\Sigma^i = N_i\sigma^i$。有时混合物以质量份额的形式给出。对于这种情况，我们可以把式 (2.16) 和 (2.17) 结合起来写成

$$\Sigma = \sum_i (M_i/M)\frac{\rho N_0}{A_i}\sigma^i \tag{2.19}$$

其中，$M_i/M = \rho_i V_i/(\rho V)$ 是质量份额，$M = \sum_i M_i$，密度由 $\rho = M/V$ 给出。

2.2.4   浓缩铀

之前所述铀的反应截面是指天然铀，包含 0.7% 的铀-235 和 99.3% 的铀-238。然而，为了增加易裂变材料对可裂变材料的比例，设计者经常需要浓缩铀。富集度有两种定义方式，其中之一是原子富集度，即铀-235 原子数目与总的铀原子数目的比值。用 1.6 节中介绍的易裂变和可裂变核素的简写符号，原子富集度可以写成

$$\tilde{e}_\mathrm{a} = N_{25}/(N_{25} + N_{28}) \tag{2.20}$$

从而

$$1 - \tilde{e}_\mathrm{a} = N_{28}/(N_{25} + N_{28})$$

把这些表达式代入式 (2.12) 和 (2.13) 中，得出铀的反应截面

$$\Sigma^\mathrm{U} = \frac{\rho_\mathrm{U} N_0}{235\tilde{e}_\mathrm{a} + 238(1 - \tilde{e}_\mathrm{a})}[\tilde{e}_\mathrm{a}\sigma^{25} + (1 - \tilde{e}_\mathrm{a})\sigma^{28}] \tag{2.21}$$

另一种富集度是质量 (或重量) 富集度，即铀-235 的质量跟铀的总质量之比

$$\tilde{e}_\mathrm{w} = M_{25}/(M_{25} + M_{28}) \tag{2.22}$$

相应地

$$1 - \tilde{e}_\mathrm{w} = M_{28}/(M_{25} + M_{28})$$

然后，由式 (2.19) 可以得到铀的反应截面

$$\Sigma^\mathrm{U} = \rho_\mathrm{U} N_0 \left[\frac{1}{235}\tilde{e}_\mathrm{w}\sigma^{25} + \frac{1}{238}(1 - \tilde{e}_\mathrm{w})\sigma^{28}\right] \tag{2.23}$$

通常，这两种富集度分别被称为原子百分比 (a/o) 和重量百分比 (w/o)，它们密切相关。注意到 $N_i = \rho_i N_0/A_i$ 和 $M_i = \rho_i V$，代入式 (2.20) 和 (2.22)，并联立消去密度，可得

$$\tilde{e}_a = (1 + 0.0128\tilde{e}_w)^{-1}1.0128\tilde{e}_w \tag{2.24}$$

因此，如果取天然铀的 $\tilde{e}_w = 0.00700$，那么 $\tilde{e}_a = 0.00709$。对于更高的富集度，两种份额的差异会越来越小。除了一些高精度计算的需要，我们可以忽略这些小的差异，并且允许将式 (2.21) 和 (2.23) 简化为

$$\Sigma^U \approx \frac{\rho_U N_0}{238}\sigma^U \tag{2.25}$$

其中，铀的微观截面近似为

$$\sigma^U = \tilde{e}\sigma^{25} + (1 - \tilde{e})\sigma^{28} \tag{2.26}$$

除另有说明外，后续使用的 $\tilde{e}$ 为原子富集度，并利用式 (2.12) 和 (2.13) 来确定铀的反应截面。

2.2.5 反应截面计算案例

如前所述，经常联立多个公式求解宏观截面。例如，假设富集度为 8% 的二氧化铀 (UO_2) 与石墨 (C) 按 1:3 的体积比混合，计算混合物的反应截面。需要的基础数据是铀同位素、氧和碳元素的微观截面：$\sigma^{25} = 607.5\,b$、$\sigma^{28} = 11.8\,b$、$\sigma^O = 3.5\,b$、$\sigma^C = 4.9\,b$。此外还需要 UO_2 和 C 的密度：$\rho_{UO_2} = 11.0\,g/cm^3$、$\rho_C = 1.60\,g/cm^3$。

首先，计算 8% 浓缩铀的复合微观截面。根据式 (2.26)，有

$$\sigma^U = 0.08 \times 607.5 + (1 - 0.08) \times 11.8 = 59.5\,(b)$$

从而，UO_2 的微观截面为

$$\sigma^{UO_2} = 59.5 + 2 \times 3.5 = 66.5\,(b)$$

注意到 $1\,b = 10^{-24}cm^2$，则浓缩的 UO_2 的宏观截面为

$$\Sigma^{UO_2} = \frac{11 \times 0.6022 \times 10^{24}}{238 + 2 \times 16} \times 66.5 \times 10^{-24} = 1.63\,(cm^{-1})$$

C 的宏观截面为

$$\Sigma^C = \frac{1.6 \times 0.6022 \times 10^{24}}{12} \times 4.9 \times 10^{-24} = 0.39\,(cm^{-1})$$

因为 UO_2 与 C 是按 1:3 的体积比混合的，所以根据式 (2.18) 得到

$$\Sigma = \frac{1}{4}\Sigma^{UO_2} + \frac{3}{4}\Sigma^C = \frac{1}{4} \times 1.63 + \frac{3}{4} \times 0.39 = 0.70\,(cm^{-1})$$

2.2.6 反应类型

到目前为止，我们只考虑了中子发生碰撞的可能性，而没有考虑随后会发生什么。我们讨论过的截面应该被称为总截面，通常用下标 t 标注：σ_t。中子一旦撞击原子核，要么被散射，要么被吸收。将总截面划分为散射截面和吸收截面

$$\sigma_t = \sigma_s + \sigma_a \tag{2.27}$$

这样就可以分别表示发生散射和吸收的相对可能性。对于某一次碰撞，σ_s/σ_t 是中子被散射的概率，σ_a/σ_t 是中子被吸收的概率。

散射可能是弹性的，也可能是非弹性的，按照最一般的情况把散射截面分开来表示为

$$\sigma_s = \sigma_n + \sigma_{n'} \tag{2.28}$$

式中，σ_n 表示弹性散射截面，$\sigma_{n'}$ 表示非弹性散射截面。在弹性散射中，动量和动能保持守恒，中子与原子核之间的碰撞可以看作是弹性球碰撞。在非弹性散射中，中子把自己的部分能量转移给了原子核，使原子核处于激发状态。因此，在非弹性散射中，动量守恒而动能不守恒。然后，此原子核通过放出中子并伴随发射一个或多个 γ 射线来释放激发能。

在最简单的形式中，吸收反应产生一个处于激发态的复合核，但它不再发射中子，而是通过发射一个或多个 γ 射线来消除激发能，该过程称为俘获反应，其微观截面表达为 σ_γ。在大多数情况下，产生的新核素是不稳定的，随后将经历放射性衰变。在裂变材料中，在中子被吸收后，中子可能被简单地俘获，或者引发裂变。因此，对于裂变材料，我们把吸收截面分开表示为

$$\sigma_a = \sigma_\gamma + \sigma_f \tag{2.29}$$

其中，σ_f 是裂变截面。此处再次给出概率解释：σ_γ/σ_a 是中子被俘获的概率，σ_f/σ_a 是裂变发生的概率。

同前面一样，用式 (2.5) 表示特定反应类型的宏观截面。设下标 $x = s, a, \gamma, f$ 分别代表散射、吸收、俘获、裂变等，可以写出

$$\Sigma_x = N\sigma_x \tag{2.30}$$

对于此方程中的微观截面和宏观截面，可以通过添加上述角标的方式作类似的修改。根据上述方程，还可以很容易地指出，采用与微观截面相同的方式给宏观截面添加不同反应类型。因此，类似于式 (2.27)，有 $\Sigma_t = \Sigma_s + \Sigma_a$ 等。

2.3　中子能量范围

到目前为止，我们还没讨论过反应截面对中子动能的依赖关系。为了考虑能量的因素，我们把前面讨论过的每一个反应截面都写成关于能量的函数，令 $\sigma_x \to \sigma_x(E)$。类似地，由方程 (2.30) 可导出 $\Sigma_x \to \Sigma_x(E)$。在链式反应中，反应截面对能量的依赖关系是中子行为的基础，应详细讨论。这里从确定裂变反应堆内中子能量的上限和下限开始。

裂变中产生的中子分布在整个能谱中。$\chi(E)\mathrm{d}E$ 定义为在能量范围 E 到 $E + \mathrm{d}E$ 内生成的裂变中子所占的份额，对裂变中子能谱的一个合理近似表示为

$$\chi(E) = 0.453\exp(-1.036E)\sinh(\sqrt{2.29E}) \tag{2.31}$$

其中，E 的单位是 MeV，$\chi(E)$ 被归一化为 1

$$\int_0^\infty \chi(E)\mathrm{d}E = 1 \tag{2.32}$$

图 2.2 所示中子能量的对数曲线给出了裂变能谱 $\chi(E)$：生成的裂变中子能量的量级为 MeV，平均能量大约为 2 MeV，最概然能量为 3/4 MeV。能量高于 10 MeV 的裂变中子的数量可以忽略不计，因此把 10 MeV 作为反应堆内中子能量范围的上限。

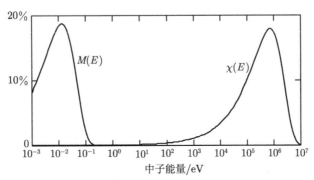

图 2.2 裂变能谱和热中子能谱

裂变产生的中子在被吸收以前一般都经历过多次散射碰撞。中子经过静止原子核的散射后，会把自己的一部分动量转移给该核，从而损失能量。然而，在高于绝对零度的任何温度下，散射核将做随机热运动。根据分子运动论，这样的核的平均动能为

$$\overline{E} = \frac{3}{2}kT \tag{2.33}$$

其中，k 是玻尔兹曼常量，T 是绝对温度。室温下 ($T=293.61\,\mathrm{K}$) 的平均能量等于 0.0379 eV。通常，热中子的测量值是按照 $1.0kT$ 来记录的，在室温下其值为 0.0253 eV。不管哪种情况，相对于 MeV 量级的裂变中子，这些能量都微不足道。当与接近静止的原子核碰撞时，中子发生散射而损失动能，这一过程持续到中子被吸收或者减速到 eV 量级。在不存在吸收的理想状态下，中子最终会与周围核子的热运动达到平衡，则中子的能量服从于麦克斯韦–玻尔兹曼分布

$$M(E) = \frac{2\pi}{(\pi kT)^{3/2}}E^{1/2}\exp[-E/(kT)] \tag{2.34}$$

其中，E 的单位是 eV，$k = 8.617333 \times 10^{-5}\,\mathrm{eV/K}$ 是玻尔兹曼常量[①]，$M(E)$ 被归一化为 1

$$\int_0^\infty M(E)\mathrm{d}E = 1 \tag{2.35}$$

图 2.2 给出了 $M(E)$ 和 $\chi(E)$，指出了核反应堆中存在的中子的能量范围。然而，事实上一些吸收总是存在的，造成的结果是中子能谱从 $M(E)$ 向高能区移动，因为吸收阻碍了热平衡的完全建立。在室温条件下的麦克斯韦–玻尔兹曼分布中，能量低于 0.001 eV 的中子很少，因此我们把 0.001 eV 当作需要考虑的能量的下限。一般来说，链式反应堆中值得关注的中子能量范围是 $0.001\,\mathrm{eV} < E < 10\,\mathrm{MeV}$，因此，中子能量大约覆盖 10 个数量级的范围。

关于中子反应截面的描述，对反应堆物理是非常重要的，中子按能量分成三个区段。能量位于能发射大量裂变中子的能量范围之上的中子称为快中子：$0.1\,\mathrm{MeV} < E < 10\,\mathrm{MeV}$；能

---

① 2018 年 11 月 16 日第 26 届国际计量大会决议修正的数值。——译者

量足够小,以至于周围原子的热运动能够显著影响其散射特性的中子称为热中子:$0.001\,\mathrm{eV}<E<1.0\,\mathrm{eV}$;介于上述两者之间的所有中子统称为超热中子或中能中子: $1.0\,\mathrm{eV}<E<0.1\,\mathrm{MeV}$。

2.4 反应截面的能量依赖性

因为氢-1 只包含一个质子,它的截面描述起来最简单,因此,我们以氢-1 为例,开始描述反应截面对能量的依赖性。氢-1 只有弹性散射截面和吸收截面。因为氢-1 没有内部结构,所以中子与之碰撞后不会发生非弹性散射。图 2.3(a) 是氢-1 的弹性散射截面曲线。如图 2.3(b) 所示,氢-1 的俘获截面与 $\sqrt{E}$ 成反比,由于能量与速度的平方成正比,故又被称为 $1/v$ 截面。因为氢-1 不会发生裂变,所以其俘获截面与吸收截面是一样的。氢-1 的吸收截面足够大,在热中子能量区非常重要,该截面可以表达为

$$\sigma_{\mathrm{a}}(E) = \sqrt{E_0/E}\,\sigma_{\mathrm{a}}(E_0) \tag{2.36}$$

按照惯例,能量依据 $E_0 = kT$ 计算,再结合标准室温 $T = 293.61\,\mathrm{K}$,可得 $E_0 = 0.0253\,\mathrm{eV}$。对于大多数情况,我们可以忽略散射截面中的低能末端和高能末端。总反应截面可以按照下式计算:

$$\sigma_{\mathrm{t}}(E) = \sigma_{\mathrm{s}} + \sqrt{E_0/E}\,\sigma_{\mathrm{a}}(E_0) \tag{2.37}$$

氢-2(或氘) 的截面也有类似的性质,只是其散射截面略大,吸收截面更小。

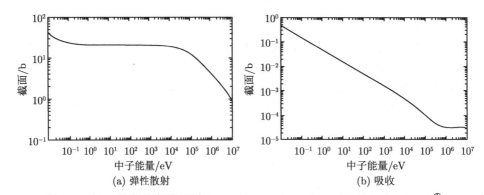

图 2.3　氢-1 的微观截面 (源自 http://www.dne.bnl.gov/CoN/index.html)[①]

与氢类似,其他的原子核具有弹性散射截面,这可以等同于简单的弹性球碰撞,遵循动能守恒。由于中子在核的表面被散射,而不是进入核的内部形成一个复合核,因此这些被称为势散射截面。除非能量特别高或者特别低的情况,势散射截面是不依赖能量的,其大小直接与原子核的横截面积成正比。而原子核的半径可以依据原子量给定: $R = 1.25 \times 10^{-13}A^{1/3}\,\mathrm{cm}$。然而,为了深入理解中子截面,我们需要研究由复合核的形成引起的反应。

2.4.1　复合核的形成

如果中子进入原子核,而不是在核表面发生势散射,则复合核形成并且处于激发态。激发能的形成有两个来源,其中之一源于中子的动能。确定激发能过程如下。

---

① 此网站已关闭,可查询 https://www.nndc.bnl.gov/endf。下文图 2.4、图 2.6、图 2.9、图 2.10 同此。——译者

设一个质量为 m、速度为 v 的中子撞击一个原子量为 A 的静止原子核，形成复合核。由动量守恒可得

$$mv = (m + Am)V \tag{2.38}$$

然而，在这个过程中动能是不守恒的，能量损失为

$$\Delta E_{\text{ke}} = \frac{1}{2}mv^2 - \frac{1}{2}(m + Am)V^2 \tag{2.39}$$

其中，V 是形成的复合核的速度。利用以上方程消去 V，可以得到

$$\Delta E_{\text{ke}} = \frac{A}{A+1} \cdot \frac{1}{2}mv^2 \tag{2.40}$$

这表明，能量损失与在质心坐标系中测量的碰撞之前的中子动能相同，因此，此后用 E_{cm} 表示。激发能形成的第二个来源是中子的结合能 E_{B}。复合核的激发能是 $E_{\text{cm}} + E_{\text{B}}$。注意：即使移动速度很缓慢的热中子也能激发原子核，原因在于，即使 $E_{\text{cm}} \ll E_{\text{B}}$，结合能自身也可能达到甚至于超过 MeV 量级。

激发能对中子截面的影响与原子核内部结构关系紧密。这个类推远未完成，但这些效应可以通过比较原子结构与原子核结构来大致地理解。围绕在核周围的电子都具有不同的量子能态，并且能够接受外来的能量而达到更高能态。同样地，构成原子核的核子处于量子状态，添加一个具有动能的中子会产生一个处于激发态的复合核。随着复合核的形成，会发生以下两者之一：① 中子可能重新被发射出来，使靶核返回到基态；这里散射是弹性的，即使在此过程中复合核的形成是暂时的。② 复合核可以通过释放一个或者多个 γ 射线来返回到基态，这是中子俘获反应。通过该反应，靶核由于获得了中子而转变成新的同位素。

随着入射中子能量的增高，所形成的复合核可能会获得足够多的激发能，从而释放出低能中子和 γ 射线，从而引发非弹性散射；在更高的能量下，也可能引发其他反应。当然，在易裂变和可裂变材料中，裂变反应是复合核形成的最重要的结果。在详细考虑这些反应之前，我们首先研究复合核的共振结构及其对散射和吸收截面的影响。

2.4.2 共振截面

如果入射中子所带来的激发能与产生的核的量子态相符，则复合核形成的可能性会大大增加。在与这些量子态对应的中子动能处，散射截面和吸收截面呈现共振峰。图 2.4 显示

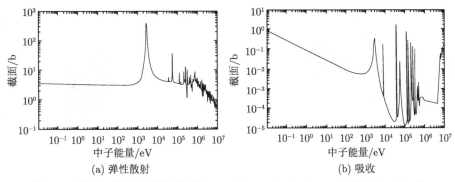

图 2.4 钠-23 的微观截面 (源自 http://www.dne.bnl.gov/CoN/index.html)

了钠-23 的散射截面和俘获截面的共振峰。每一种核素都有自己独特的共振结构，但是一般来说，核越重，就有越多的能级状态，能级就越密集，并且这些状态会更紧密地聚集在一起。图 2.5 以碳、铝、铀元素为例，显示了能级状态的密排情况。量子态的密度与原子量之间的关系，导致较轻的核素的共振只能在较高的能量下开始发生。例如，碳-12 的最低共振能是 2 MeV，氧-16 的最低共振能是 400 keV，钠-23 的最低共振能是 3 keV，铀-238 的最低共振能是 6.6 eV。同样地，较轻的核的共振间隔更宽，并且俘获截面与散射截面的比率较小。将图 2.6 中铀-238 的截面与图 2.4 中钠-23 的截面进行比较，可以看出共振结构的这些趋势。

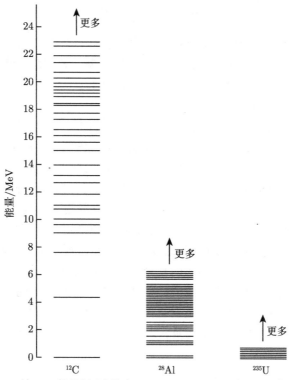

图 2.5　碳-12、铝-28、铀-235 的能级 [改绘自 John R. Lamarsh 在 1972 年出版的 *Introduction to Nuclear Reactor Theory*, 位于伊利诺伊州拉格兰奇帕克 (La Grange Park, IL) 的美国核协会版权所有]

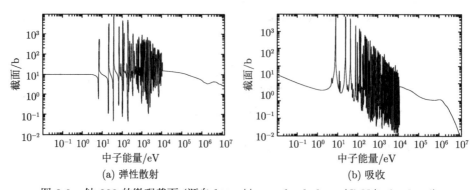

图 2.6　铀-238 的微观截面 (源自 http://www.dne.bnl.gov/CoN/index.html)

在图 2.6 所示的铀的截面中，值得注意的特性是，共振在能量为 $10\,\text{keV}$ 附近突然停止。事实上，共振峰会扩展到更高的能量，但是，它们非常紧凑以至于目前无法用实验来处理。因此，表面上平滑的曲线掩盖了高能量下未解析的共振吸收峰。必须用统计理论来处理这些问题，直到更精细的实验能够解决这些问题。对于其他重核素，也存在类似的情况。

核理论预测，在每个共振附近反应截面的能量依赖特性，都满足布雷特–维格纳 (Breit-Wigner) 公式。对于俘获截面，有

$$\sigma_\gamma(E) = \sigma_0 \frac{\Gamma_\gamma}{\Gamma} \left(\frac{E_\text{r}}{E}\right)^{1/2} \frac{1}{1 + 4(E - E_\text{r})^2/\Gamma^2} \tag{2.41}$$

其中，E_r 是共振能量，Γ 约等于在反应截面最大值一半处的共振宽度。一般而言，不是在共振能量附近发生碰撞的所有中子都将被俘获，一些中子将以共振弹性散射的形式被重新发射出来。在共振附近的弹性散射截面共由三部分组成

$$\sigma_\text{n}(E) = \sigma_0 \frac{\Gamma_\text{n}}{\Gamma} \frac{1}{1 + 4(E - E_\text{r})^2/\Gamma^2} + \sigma_0 \frac{2R}{\lambda_0} \frac{2(E - E_\text{r})/\Gamma}{1 + 4(E - E_\text{r})^2/\Gamma^2} + 4\pi R^2 \tag{2.42}$$

其中，第一项是共振散射，第二项来自共振散射与势散射之间的量子力学干涉效应，第三项是与能量无关的势散射。在重核中，比如说铀，在共振能量正下方的散射截面中，干涉是可见的。对于非裂变材料，$\Gamma = \Gamma_\gamma + \Gamma_\text{n}$。从而，$\sigma_0$ 是当 $E = E_\text{r}$ 时的共振截面，λ_0 是约化中子波长。在反应堆问题中，区分共振散射与势散射，有时是有利的。我们可以把方程 (2.42) 写成

$$\sigma_\text{n}(E) = \sigma_{\text{n,r}}(E) + \sigma_{\text{n,p}} \tag{2.43}$$

其中，方程 (2.41) 的前两项包含在共振散射的贡献 $\sigma_{\text{n,r}}$ 中，第三项是势散射的贡献 $\sigma_{\text{n,p}}$。

缺少了对多普勒展宽的描述，关于共振截面的讨论是不完整的。严格地说，中子截面用质心坐标系中的中子与原子核之间的相对速度来表示。通常，入射中子的动能比由热运动引起的原子核的动能大很多，以致原子核可以被假定为静止。因此，上面的截面公式没有考虑到靶核的热运动。如果截面是关于能量的相对平滑的函数，那么这些运动并不重要。然而，当截面急剧上升达到峰值时，这是布雷特–维格纳公式中描述的共振吸收峰，则公式必须在相对速度范围内求平均值，而相对速度可以通过原子速度的麦克斯

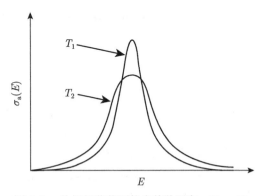

图 2.7 共振俘获截面的多普勒展宽，$T_1 < T_2$

韦–玻尔兹曼分布表征为温度的函数。这种平均处理具有在能量上稍微展平共振的净效应，使共振表现得更宽而峰值变低。随着温度升高，模糊化变得更明显，如图 2.7 所示，为共振俘获截面曲线的夸张形式。第 9 章将讨论在负温度反馈下多普勒展宽的重要作用以及核反应堆的稳定性。

2.4.3   反应截面的阈值特性

入射中子能量越高,激发能量也就越高,越可能发生更多类型的反应。由于在某一能量以下反应截面为零,这些反应被称为阈值反应。非弹性散射截面表现出阈值特性:为了引发这种散射,入射中子必须具有足够的动能,既可以将靶核提升到激发的量子态,又可以克服结合能并被再发射。再来看图 2.5 的例子,我们注意到,通常原子核的最低激发态随着原子量的增加而减小。因此,非弹性散射的阈值,也随着原子序数的增加而降低。对于较轻的核素,非弹性散射阈值非常高,此反应在反应堆中微不足道:碳-12 的阈值为 4.8 MeV,氧-16 的阈值为 6.4 MeV。对于较重的元素,非弹性散射的阈值较低:铀-238 的阈值为 0.04 MeV。对于可裂变材料,裂变也有阈值,能量在阈值以上,裂变才可能发生,例如,铀-238 裂变的阈值约为 1.0 MeV。图 2.8 描述了铀-238 中非弹性散射和裂变的阈值截面。发射中子的第三类阈值反应是 (n,2n),其中入射中子从核素中逐出两个中子。然而,这个反应的阈值非常高,而截面又非常小,通常在反应堆物理的基本处理中,它可以忽略不计。

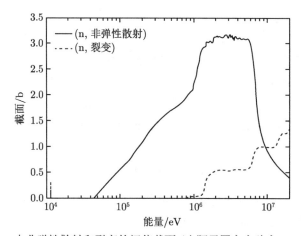

图 2.8   铀-238 中非弹性散射和裂变的阈值截面 (由阿贡国家实验室 W. S. Yang 提供)

2.4.4   裂变材料

在第 1 章中已经论述过,裂变同位素包括易裂变同位素和可裂变同位素。任何能量的入射中子都会在易裂变材料中引起裂变。图 2.9 描述了铀-235 的裂变截面,这是唯一天然存在的易裂变材料。铀-238 在天然铀中占 99.3%,只有入射能量为 MeV 量级或在图 2.8 所示的裂变截面阈值以上的中子,才能引发裂变。然而,它是可裂变的,在俘获中子之后,会按式 (1.28) 衰变为易裂变的钚-239。图 2.10 显示了钚-239 的裂变截面。如果钚-239 俘获额外的中子而未发生裂变,则转变成钚-240。钚-240 也是可裂变的同位素,如果它再俘获额外的中子,则转变成易裂变的钚-241。除了铀-238,钍-232 是天然存在的可裂变同位素,在俘获中子之后,它会经历放射性衰变,转变成易裂变的铀-233。铀-233 的裂变截面看起来与图 2.9 和图 2.10 相似。

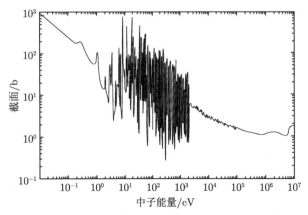

图 2.9 铀-235 的微观裂变截面 (源自 http://www.dne.bnl.gov/CoN/index.html)

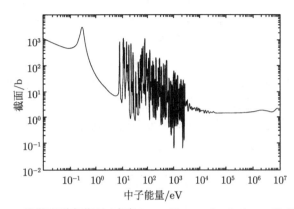

图 2.10 钚-239 的微观裂变截面 (来自 http://www.dne.bnl.gov/CoN/index.html)

2.5 中子散射

反应堆中的中子能谱位于裂变和热平衡的两个极端之间，在很大程度上取决于散射反应和吸收反应之间的竞争。对于能量显著高于热中子范围的中子，散射碰撞导致中子能量降低，而接近热平衡的中子可能在与周围介质原子核的热运动相互作用时获得或失去能量。由散射造成的能量下降被称为中子慢化。在单次碰撞损失的能量较大、散射截面与吸收截面的比值较大的介质中穿行，中子能谱将接近热中子能谱，此时的中子能谱被称为软谱或热谱。相反，在中子慢化与吸收的比值较小的系统中，在显著慢化发生之前，中子已经被吸收，则中子能谱接近于裂变谱，这称为硬谱或快谱。为了更定量地理解中子能量分布，我们先考虑弹性散射，再考虑非弹性散射。回想一下，在弹性散射中机械能是守恒的，即中子和靶核的动能之和在碰撞的前后是相同的。在非弹性散射中，中子使靶核处于激发态，即更高能量的状态。由于部分能量存储在靶核中而形成激发态，因此，碰撞后的中子与原子核动能之和小于碰撞前的动能之和。弹性散射和非弹性散射在核反应堆中都具有重要意义。我们首先讨论弹性散射。

2.5.1 弹性散射

为了简单起见，首先考虑速度为 v 的中子与原子量为 A 的静止原子核之间的正面碰撞。如果将 m 作为中子质量，那么原子核质量将近似为 Am。用 v' 和 V 分别表示碰撞后的中子和原子核的速度，则由动量守恒可得

$$mv = mv' + (Am)V \tag{2.44}$$

同时，由机械能守恒可得

$$\frac{1}{2}mv^2 = \frac{1}{2}mv'^2 + \frac{1}{2}(Am)V^2 \tag{2.45}$$

令 E 和 E' 表示碰撞前后的中子能量，我们可以求解这些方程得到中子能量的比率

$$\frac{E'}{E} = \left(\frac{A-1}{A+1}\right)^2 \tag{2.46}$$

显然，最大的中子能量损失是与轻核碰撞产生的。中子可能在与氢核碰撞时失去所有的能量，但在另一极端，与重核铀-238 发生弹性碰撞，其能量损失不会超过其能量的 2%。

当然，正面碰撞会导致最大的中子能量损失，然而，实际上大多数中子将会发生擦边碰撞，在碰撞中它们被偏转并失去一小部分能量。如果弹性散射不是在实验坐标系下进行分析，而是在质心坐标系中作为两个球体之间的碰撞进行分析，则所有偏转角度的可能性相同，散射在质心坐标系中被认为是各向同性的 (或者通常是各向同性的)。在更高阶的教材中，可以找到关于碰撞后中子能量的概率分布的详细分析。设能量为 E 的中子发生弹性散射，则碰撞后其能量在 E' 到 $E' + \mathrm{d}E'$ 之间的概率将会是

$$p(E \to E')\mathrm{d}E' = \begin{cases} \dfrac{1}{(1-\alpha)E}\mathrm{d}E', & \alpha E \leqslant E' \leqslant E \\ 0, & \text{其他} \end{cases} \tag{2.47}$$

其中

$$\alpha = (A-1)^2/(A+1)^2 \tag{2.48}$$

通常需要将散射中子的概率分布与散射截面相结合。这里定义

$$\sigma_\mathrm{s}(E \to E') = \sigma_\mathrm{s}(E)p(E \to E') \tag{2.49}$$

相应的宏观截面是

$$\Sigma_\mathrm{s}(E \to E') = \Sigma_\mathrm{s}(E)p(E \to E') \tag{2.50}$$

类似的表述也适用于多种核素混合物

$$\Sigma_\mathrm{s}(E \to E') = \Sigma_i N_i \sigma_{\mathrm{s},i}(E \to E') \tag{2.51}$$

其中

$$\sigma_{\mathrm{s},i}(E \to E') = \sigma_{\mathrm{s},i}(E)p_i(E \to E') \tag{2.52}$$

如果我们定义复合散射概率为

$$p(E \to E') = \frac{1}{\Sigma_\mathrm{s}(E)} \sum_i \Sigma_{\mathrm{s},i}(E)p_i(E \to E') \tag{2.53}$$

则式 (2.50) 直接适用。

2.5.2 平均对数能降

核素通过弹性散射能够慢化中子,对这种能力的量度最广泛使用的是平均对数能降,定义为能量损失比率的对数 $[\ln(E/E')]$ 的平均值

$$\xi \equiv \overline{\ln(E/E')} = \int \ln(E/E')p(E \to E')\mathrm{d}E' \tag{2.54}$$

再次应用式 (2.47),有

$$\xi = \int_{\alpha E}^{E} \ln(E/E') \frac{1}{(1-\alpha)E} \mathrm{d}E' \tag{2.55}$$

可以简化成

$$\xi = 1 + \frac{\alpha}{1-\alpha} \ln \alpha \tag{2.56}$$

平均对数能降与散射中子的能量无关。因此,在弹性碰撞中,不管初始能量如何,中子平均损失相同的对数比例的能量仅取决于散射核素的原子质量。平均对数能降可以用散射核素的原子质量来表达。因此,若 $A = 1$,则 $\xi = 1$;对于 $A > 1$,合理的近似值是

$$\xi \approx \frac{2}{A + 2/3} \tag{2.57}$$

当 $A = 2$ 时,此式会带来大约 3% 的误差,若 A 取更大的值,误差会逐渐变小。

使用 ξ 的定义,可以粗略估计出使中子从裂变产生慢化到热中子能量所需的弹性碰撞的数目 n。设 E_1, E_2, E_3, $\cdots$, E_n 为第 1 次,第 2 次,第 3 次,$\cdots$,第 n 次碰撞后的中子能量,则

$$\ln(E_0/E_n) = \ln(E_0/E_1) + \ln(E_1/E_2) + \ln(E_2/E_3) + \cdots + \ln(E_{n-1}/E_n) \tag{2.58}$$

假定 n 项中的每一项都可以用平均对数能降 ξ 来代替,有

$$n = \frac{1}{\xi} \ln(E_0/E_n) \tag{2.59}$$

取裂变能为 $E_0 = 2\,\mathrm{MeV}$、热中子能量为 $E_n = 0.025\,\mathrm{eV}$,有 $\ln(E_0/E_n) = \ln(2.0 \times 10^6/0.025) = 18.2$,所以有 $n = 18.2/\xi$。因此,对于氢 $(A = 1)$ 来说,$n \approx 18$;对于氘 $(A = 2)$ 来说,$n \approx 25$;对于碳 $(A = 12)$ 来说,$n \approx 115$;对于铀-238 来说,$n \approx 2275$。由此我们观察到,如果希望将中子慢化到热中子能量,轻原子量材料是反应堆堆芯的理想组件。相反,如果需要快中子,则应避免使用轻量材料。第 3 章重点关注弹性散射以及中子截面的其他性质,以考察它们对反应堆中子能谱的影响。

对于存在一种以上核素的情况,通过将式 (2.53) 代入式 (2.54) 中,可以导出 (多核素的) 平均对数能降

$$\overline{\xi} = \frac{1}{\Sigma_\mathrm{s}(E)} \sum_i \Sigma_{\mathrm{s},i}(E) \int \ln(E/E')p_i(E \to E')\mathrm{d}E' \tag{2.60}$$

将式 (2.47) 代入散射核,并取 $\alpha \to \alpha_i$,则

$$\overline{\xi} = \frac{1}{\Sigma_\mathrm{s}} \sum_i \xi_i \Sigma_{\mathrm{s},i} \tag{2.61}$$

这里，为了简洁起见，我们假设了与能量无关的散射截面。

例如，我们要计算 ξ_{H_2O}。在分母中，可以直接使用式 (2.14) 来求水的散射截面

$$\Sigma_s^{H_2O} = N_{H_2O}(2\sigma^H + \sigma^O)$$

在分子中，需分别使用氢的宏观截面

$$\Sigma_s^H = 2N_{H_2O}\sigma_s^H$$

和氧的宏观截面

$$\Sigma_s^O = N_{H_2O}\sigma_s^O$$

将分子和分母都消去 N_{H_2O} 后，式 (2.61) 变换为

$$\xi_{H_2O} = \frac{2\xi_H\sigma_s^H + \xi_O\sigma_s^O}{2\sigma_s^H + \sigma_s^O} \tag{2.62}$$

其中，$\sigma_s^H = 20\,b$，$\sigma_s^O = 3.8\,b$；已知 $\xi_H = 1$，由式 (2.57) 得

$$\xi_O = 2/(16 + 2/3) = 0.12$$

从而

$$\xi_{H_2O} = \frac{2 \times 1 \times \sigma_s^H + 0.12 \times \sigma_s^O}{2\sigma_s^H + \sigma_s^O} = 0.924$$

2.5.3　非弹性散射

非弹性散射的情况存在很大的差别。在中子的整个能量范围内，弹性散射截面是显著的。低原子量的原子核对弹性散射造成较大的能量损失；重同位素则不同，其弹性散射对反应堆物理的影响很小。相反，如前所述，只有能量高于阈值 (这是靶核同位素的特性) 的中子才能引发非弹性散射。而且，只有对于较重原子量的材料 (例如铀)，这些阈值才能足够低而发生显著的非弹性散射。

非弹性散射会使中子失去大量能量。表征每种核素的独特能级结构 (例如图 2.5) 决定了非弹性散射中子的能量。要发生非弹性散射，中子必须将靶核提升到这些能级状态之一，之后靶核通过发射一个或多个 γ 射线从这一状态衰减。非弹性散射的阈值由靶核的最低激发态的能量决定，而中子的能量损失主要由其激发的状态的能级决定。例如，如果中子能量 E 大于前三个能级 E_1、E_2 或 E_3，那么在非弹性散射之后，中子将具有能量 $E' = E - E_1$、$E - E_2$ 或 $E - E_3$，如图 2.11 所示。然而，峰值随能量稍微有些展平，这是由于在弹性散射中，动量守恒要求大角度偏转的中子比小角度偏转的中子损失更多的能量。随着入射中子的能量增加，如果许多状态可以被中子的能量激发，则散射中子的能谱可能变得很复杂。

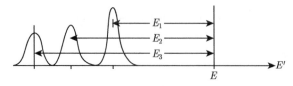

图 2.11　能量从 E 到 E' 的非弹性散射中子

参考文献

Bell, George I., and Samuel Glasstone, *Nuclear Reactor Theory*, Van Nostrand Reinhold, NY, 1970.

Cullen, D. E., "Nuclear Cross Section Preparation" *CRC Handbook of Nuclear Reactor Calculations, I*, Y. Ronen, ed., CRC Press, Boca Raton, FL, 1986.

Duderstadt, James J., and Louis J. Hamilton, *Nuclear Reactor Analysis*, Wiley, NY, 1976.

Jakeman, D., *Physics of Nuclear Reactors*, Elsevier, NY, 1966.

Mughabghab, S. F., Atlas of *Neutron Resonances*, Elsevier, Amsterdam, 2006.

Stacey, Weston M., *Nuclear Reactor Physics*, Wiley, NY, 2001.

Templin, L.J., *Reactor Physics Constants*, 2nd ed., ANL-5800, Argonne National Laboratory, Argonne, IL, 1963.

Weinberg, A. M., and E.P. Wigner, *The Physical Theory of Neutron Chain Reactors*, University of Chicago Press, Chicago, 1958.

习题

2.1　中子撞击某种材料，截面为 $\Sigma = 0.8\,\mathrm{cm}^{-1}$。如果不超过 5.0% 的中子穿透材料而不发生碰撞，则材料的厚度是多少？在穿过最初 2.0 cm 厚材料的过程中，第一次发生碰撞的中子的份额是多少？

2.2　在与发射中子的点源距离为 r 处，未碰撞中子通量密度由式 (2.9) 给出。

    a. 如果你距离一个很小的 1Ci 中子源 1 m，忽略空气中的散射和吸收，中子通量密度是多少？

    b. 如果在你和中子源之间放置一个屏蔽层，需要多大的吸收截面才能将通量密度降低为原先的 1/10？

    c. 假设由 b 中的材料制成的屏蔽层厚度仅为 0.5 m，当你距离中子源多远时，中子通量密度降低的数量与 b 中相同？

2.3　某材料的中子截面为 $3.50 \times 10^{-24}\,\mathrm{cm}^2$，核数密度为 $4.20 \times 10^{23}\,\text{核}/\mathrm{cm}^3$。

    a. 宏观截面是多少？

    b. 平均自由程是多少？

    c. 如果中子垂直撞击 3.0 cm 厚的这种材料的平板，那么穿透平板而不发生碰撞的中子的份额是多少？

    d. 在 c 中，在板中穿透 1.5 cm 距离之前发生碰撞的中子的份额是多少？

2.4　沸水堆在压力 1000 psi(6.895 MPa) 下运行。在此压力下，水和蒸汽的密度分别为 0.74 g/cm³ 和 0.036 g/cm³。H 和 O 的热中子截面分别为 21.8 b 和 3.8 b。

    a. 水的总宏观截面是多少？

    b. 蒸汽的总宏观截面是多少？

    c. 如果平均 40% 的体积被蒸汽占据，那么蒸汽–水混合物的总宏观截面是多少？

    d. 在室温的大气条件下水的总宏观截面是多少？

2.5*　确定以下内容：

    a. 能量小于 0.1 MeV 的裂变中子的份额；

    b. 能量大于 10 MeV 的裂变中子的份额。

2.6　中子服从于方程 (2.34) 给定的麦克斯韦–玻尔兹曼分布。

    a. 验证方程 (2.35)；

    b. 验证方程 (2.33)；

    c. 确定最可几中子能量。

2.7　在室温下，将百万分之多少的硼溶解在水中，能使其对热中子的吸收截面加倍？

2.8　富集度为 4% 的二氧化铀 (UO_2)，总的热中子宏观截面是多少？设 $\sigma^{25} = 607.5\,\mathrm{b}$，$\sigma^{28} = 11.8\,\mathrm{b}$，$\sigma^{O} = 3.8\,\mathrm{b}$，$UO_2$ 的密度为 10.5 g/cm³。

2.9 表达俘获截面的布雷特–维格纳公式，表明 Γ 等于半高处的共振宽度。若有，你需要做出什么假设来得到这个结果？

2.10 验证式 (2.46) 和 (2.56)。

2.11 硼经常被用作屏蔽热中子的材料。使用附录 E 中的数据，估算中子束强度降低到原来的 1/100、1/1000、1/10000 和 1/100000 时所需硼的厚度。

2.12 已发现 5.0 cm 厚的纯吸收材料层能吸收 99.90% 的中子束，此材料的核数密度为 4.0×10^{22} 核/cm^3。试确定以下内容：

    a. 宏观截面；

    b. 平均自由程；

    c. 微观截面；

    d. 截面大得像谷仓一样吗？

2.13 将等体积的石墨和铁混合在一起，所得混合物体积的 15% 被气穴占据。根据下列数据求出总宏观截面：$\sigma_C = 4.75\,\mathrm{b}$，$\sigma_{Fe} = 10.9\,\mathrm{b}$，$\rho_C = 1.6\,\mathrm{g/cm}^3$，$\rho_{Fe} = 7.7\,\mathrm{g/cm}^3$。忽略空气的反应截面是否合理？为什么？

2.14 中子在 1.0 MeV 发生弹性散射。如果是与下列介质发生散射，在一次散射碰撞后，试确定能量小于 0.5 MeV 的中子的份额：

    a. 氢；

    b. 氘；

    c. 碳-12；

    d. 铀-238。

2.15 在下列同位素中，将中子从 1.0 MeV 慢化到 1.0 eV 所需弹性散射碰撞次数最少是多少？

    a. 氘；

    b. 碳-12；

    c. 铁-56；

    d. 铀-238。

2.16 使用附录表 E.3 中的宏观散射截面，计算 UO$_2$ 的平均对数能降，其中铀是天然铀。氧的存在是否对平均对数能降产生显著影响？

2.17 证明：氢的 $\xi = 1$。

2.18 a. 证明：对于弹性散射，$\overline{E - E'} \equiv \int (E - E')p(E \to E')\mathrm{d}E'$ 等于 $\frac{1}{2}(1 - \alpha)E$；

    b. 计算普通水的 $\overline{E - E'}$。

第3章

中子能量分布

3.1 引言

在第 1 章中，我们简要地介绍了中子增殖因数的概念，将其定义为

$$k = \frac{\text{第 } i+1 \text{ 代中子的数目}}{\text{第 } i \text{ 代中子的数目}} \tag{3.1}$$

其中，所谓的某一代中子，指的是在裂变中产生，经过一系列散射碰撞，并在吸收碰撞中消亡的中子。了解是什么决定增殖因数的大小对中子链式反应的研究至关重要。本章考察了增殖因数的决定因素，其中重点关注了中子的动能，正如我们在第 2 章中看到的，基本数据 (中子截面) 与能量密切相关。根据中子能量的相关性定义了两大类反应堆：热堆和快堆。首先，讨论核燃料和用于慢化中子能谱的材料的性质，在此背景下，我们将对核反应堆中子能量分布进行更详细的描述；然后，讨论中子截面随能量的平均分布；最后，通过能量平均截面定义中子增殖因数。

本章的讨论采用了两个简化假设，以集中分析作为变量的能量。首先，我们假设所有的中子都是在裂变瞬间产生的，暂不涉及由一小部分缓发中子所产生的影响，这将在第 5 章反应堆动力学中详细讨论。其次，我们将核反应堆中子空间分布的分析推迟到后面的章节。现在我们只简单地考虑一个有限尺寸的反应堆，对于许多系统来说，增殖因数可以近似为

$$k = k_\infty P_{\mathrm{NL}} \tag{3.2}$$

其中，P_{NL} 是中子不泄漏概率；k_∞ 是无限介质增殖因数，用以描述体积是无穷大的反应堆的增殖因数。第 6 章和第 7 章将详细讨论中子泄漏和其他空间效应。我们关注的是中子能量及能量吸收截面如何影响 k_∞ 的计算。

3.2 核燃料特性

核反应堆的许多物理学性质取决于易裂变材料和可裂变材料反应截面的能量依赖性，入射中子的能量范围介于裂变能谱和热中子的麦克斯韦–玻尔兹曼分布之间，因此范围为 $0.001\,\mathrm{eV}$ 到 $10\,\mathrm{MeV}$。回想一下，易裂变核素在整个能量范围内具有明显的裂变截面。如图

2.9 和图 2.10 所示，分别为铀-235 和钚-239 的裂变截面随能量的分布。相比之下，只有当入射中子超过某个阈值时可裂变核素才有可能发生裂变，如图 2.8 所示，铀-238 的阈值约为 1.0 MeV。并非所有被裂变核吸收的中子都会导致裂变，它们中的一部分将被捕获，并且该部分的比例也依赖于能量。因此，每吸收一个中子产生的裂变中子的数量，在确定反应堆内中子的经济性起着关键作用

$$\eta(E) = \frac{\nu \Sigma_{\mathrm{f}}(E)}{\Sigma_{\mathrm{a}}(E)} = \frac{裂变产生的中子}{被吸收的中子} \tag{3.3}$$

其中，ν 是每次裂变产生的中子数量，并且

$$\Sigma_{\mathrm{a}}(E) = \Sigma_{\gamma}(E) + \Sigma_{\mathrm{f}}(E) \tag{3.4}$$

为了维持链式反应，η 的平均值必须显著地大于 1，因为在核反应堆中，中子在结构材料、冷却剂和其他材料中会被吸收，有些还会泄漏到系统外。

为了探究 $\eta(E)$ 的行为，我们先考虑单一的裂变同位素，可以从式 (3.3) 的分子和分母中消去核数密度来得到

$$\eta(E) = \frac{\nu \sigma_{\mathrm{f}}(E)}{\sigma_{\mathrm{a}}(E)} \tag{3.5}$$

铀-235 和钚-239 的 $\eta(E)$ 随能量分布如图 3.1 所示，可以看到，中子 η 的分布主要集中在高能量和低能量段，而在 1.0 eV 到 0.1 MeV 的能量范围内，η 曲线则降到较低的数值，因此在中段并不容易实现链式反应。除了为军事目的设计的海军推进系统外，动力堆不会采用主要由易裂变材料构成的燃料。浓缩和制造的成本会使之不经济。更重要的是，这样的燃料构成了武器级的铀或钚，这将恶化核扩散的问题。反应堆燃料主要由铀-238 构成，而易裂变材料的比例较小，这一比例被称为富集度。根据设计的不同，通常情况下，民用反应堆燃料中铀的富集度范围是从 0.7% 的天然铀到大约 20% 的易裂变材料。

为了确定反应堆燃料的 $\eta(E)$，首先定义富集度 $\tilde{e}$ 为易裂变原子核与裂变原子核 (即可裂变加易裂变) 的原子比

$$\tilde{e} = \frac{N_{\mathrm{fi}}}{N_{\mathrm{fe}} + N_{\mathrm{fi}}} \tag{3.6}$$

式中，下标 fi 和 fe 分别表示易裂变 (fissile) 和可裂变 (fertile)。由式 (3.3) 可以导出

$$\eta(E) = \frac{\tilde{e}\nu\sigma_{\mathrm{f}}^{\mathrm{fi}}(E) + (1-\tilde{e})\nu\sigma_{\mathrm{f}}^{\mathrm{fe}}(E)}{\tilde{e}\sigma_{\mathrm{a}}^{\mathrm{fi}}(E) + (1-\tilde{e})\sigma_{\mathrm{a}}^{\mathrm{fe}}(E)} \tag{3.7}$$

图 3.2 给出了天然铀 (0.7%) 和 20% 浓缩铀的 $\eta(E)$ 曲线。这些曲线展示了铀-238 的俘获使有效裂变中子数 $\eta(E)$ 在中能区形成低谷。相反，在其阈值 1.0 MeV 以上，铀-238 裂变截面的增加对 $\eta(E)$ 值的增加有很大的帮助。这些曲线强调了为什么根据中子截面稳定的能谱范围将动力堆划分为快堆和热堆，以及为什么没有建造中能反应堆。

反应堆的设计必须将中子集中在快中子能区或热中子能区，从而避开 $\eta(E)$ 在中能区上呈现出的尖锐的共振吸收峰。正如第 2 章所强调的，散射碰撞使中子失去能量，直到它们在热中子区内达到平衡。因此，对于快堆的堆芯，设计者应尽量减少使用燃料以外的材料。设计者特别地避免使用轻核材料，因为这种材料的弹性散射会把中子能量迅速地降低到在铀-

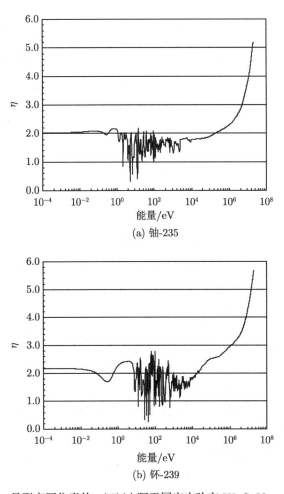

(a) 铀-235

(b) 钚-239

图 3.1 易裂变同位素的 $\eta(E)$(由阿贡国家实验室 W. S. Yang 提供)

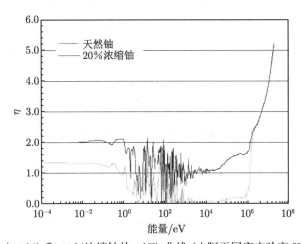

图 3.2 天然铀 (0.7%) 和 20%浓缩铀的 $\eta(E)$ 曲线 (由阿贡国家实验室 W. S. Yang 提供)

238 中共振俘获占主导的能量水平。然而，即使避免使用所有其他材料，以天然铀为燃料的快堆依然是不可能的，这是由于在天然铀中占比 99.3% 的铀-238 有巨大的非弹性散射截面，会导致裂变中子过快地落入中能区。因此，快堆要求燃料富集度须超过 10%。

对于热堆来说，情况则相反。反应堆必须包含大量低原子量材料，称之为慢化剂。该设计的目的是，以相对较少的碰撞次数通过 $\eta(E)$ 值的山谷，慢化中子到热中子能区，在此能量下，燃料中中子的产生与吸收的比率远远超过 1。通过优化慢化剂与燃料的比例，可以设计出比快堆富集度需求低得多的热堆；使用某些慢化剂，最显著的是石墨或重水，热堆就能够使用天然铀作为燃料。为了理解为什么是这样，必须更仔细地研究慢化剂的特性。

3.3　中子慢化剂

在热堆中需要慢化材料以尽可能少的碰撞次数，将裂变时产生的高能中子慢化到热中子能区，从而避免铀-238 中的中子共振俘获。要成为有效的慢化剂，材料必须具有低的原子量。只有在这样的情况下，由式 (2.54) 定义的平均对数能降 ξ 足够大，才能以相对较少的碰撞次数将中子慢化到热中子能区。但是，一个好的慢化剂必须拥有更多的特性，其宏观散射截面必须足够大。否则，即使中子和它碰撞会失去大量能量，但在与其他材料的竞争中，与慢化剂的碰撞次数过少不能对中子能谱产生重大影响。因此，在确定材料作为慢化剂的优劣时，第二个重要参数是慢化能力，定义为 $\xi\Sigma_s$，其中 $\Sigma_s = N\sigma_s$ 是宏观散射截面。请注意，核数密度 N 不能太小，因此应该排除气体作为慢化剂。例如，氢气具有足够大的 ξ 和 σ_s，可以成为一种良好的慢化剂，但其核数密度太小，以至于不能对反应堆中的中子能量分布产生重大影响。相反，出于同样的原因，诸如氦气之类的气体可以充当快堆的冷却剂，因为它们不会明显降低中子能谱。

表 3.1 列出了三种最常见慢化剂的平均对数能降和慢化能力的值，表中还包括慢化比——材料的慢化能力与其热中子吸收截面的比值。如果热吸收截面 $\Sigma_a(E)$ 较大，则材料不能用作慢化剂；尽管它能够有效地将中子慢化到热中子能区，然而在中子与燃料碰撞并引起裂变之前，此材料会吸收太多的相同的中子。注意到，重水的慢化比最大，其次是石墨，然后是普通的水。以天然铀为燃料的动力堆可以使用 D_2O 作为慢化剂。由于石墨的慢化性能较差，设计以天然铀为燃料并以石墨为慢化剂的动力堆则更加困难。使用轻水作为慢化剂并以天然铀作为燃料的反应堆是不可能的，为了补偿 H_2O 的较大的热中子吸收横截面，需要对铀进行浓缩。

表 3.1　常见慢化剂的慢化性能

慢化剂	平均对数能降	慢化能力	慢化比
	ξ	$\xi\Sigma_s$	$\xi\Sigma_s/\Sigma_a$(热中子)
H_2O	0.93	1.28	58
D_2O	0.51	0.18	21000
C	0.158	0.056	200

大的热中子吸收横截面排除了其他材料成为慢化剂的可能。例如，硼-10 具有合理的平均对数能降和慢化能力，但其热中子吸收截面接近 4000 b，因此硼不能用作慢化剂。但事

实上，它是常见的中子"毒物"之一，用来控制或关闭链式反应。

前面的讨论集中于弹性散射，这是因为，对于确定热堆中的中子能量分布，非弹性散射并不重要。重量较轻的材料，要么是没有非弹性散射截面，要么是由于能量在阈值以下，而此阈值对应的能量很高，故非弹性散射截面为零。在千电子伏到兆电子伏能区的阈值之上，可裂变材料和易裂变材料会发生非弹性散射。在热堆中，非弹性碰撞只能适当地增强由弹性碰撞决定的慢化。在快堆中的情况完全不同，由于没有慢化材料，非弹性散射变得更加重要。燃料的非弹性散射以及冷却剂和结构材料的弹性散射，是造成不希望出现的能谱软化的首要原因。

3.4 中子能谱

重述要点：中子在能量中的分布很大程度上取决于散射反应与吸收反应之间的竞争。对于能量显著高于热中子能区的中子，散射碰撞导致中子能量降低；然而，热平衡中的中子，在与构成周围介质的原子核的热运动相互作用时，其获得或失去能量的概率几乎相等。在每次碰撞平均能量损失、散射与吸收的截面比率都很大的介质中，中子能量分布将接近热平衡，这被称为软谱或热中子能谱。相反，在中子慢化与吸收的比率较小的系统中，中子在显著慢化发生之前被吸收。那么，中子分布更接近于裂变能谱，称为硬谱或快中子能谱。

中子分布可以用密度分布来表示

$$\tilde{n}'''(E)\mathrm{d}E = \text{单位体积内能量从 } E \text{ 到 } E+\mathrm{d}E \text{ 的中子数(中子/cm}^3) \tag{3.8}$$

这意味着

$$n''' = \int_0^\infty \tilde{n}'''(E)\mathrm{d}E = \text{单位体积内总的中子数(中子/cm}^3) \tag{3.9}$$

然而，更频繁使用的量是中子通量密度分布，定义为

$$\varphi(E) = v(E)\tilde{n}'''(E) \tag{3.10}$$

式中，$v(E)$ 是动能为 E 的中子的运动速度。这个通量密度，经常被称为标量通量密度，具有以下物理解释：$\varphi(E)\mathrm{d}E$ 是 $1\,\mathrm{cm}^3$ 内能量在 E 和 $E+\mathrm{d}E$ 之间的所有中子在 1s 内穿行的总距离。同样，可以将宏观截面解释为

$$\Sigma_x(E) = \text{能量为 } E \text{ 的中子飞行单位长度发生 } x \text{ 型反应的概率(1/cm)} \tag{3.11}$$

因此，将宏观截面乘以中子通量密度，得

$$\Sigma_x(E)\varphi(E)\mathrm{d}E = \text{在单位时间、单位体积内能量从 } E \text{ 到 } E+\mathrm{d}E \text{ 的中子}$$
$$\text{发生 } x \text{ 型碰撞的可能次数[1/(cm}^3\cdot\mathrm{s})\,] \tag{3.12}$$

最后，在全部能量范围内积分，得到

$$\int_0^\infty \Sigma_x(E)\varphi(E)\mathrm{d}E = \text{在单位时间、单位体积内所有中子发生}$$

$$x \text{ 型碰撞的可能次数}[1/(\text{cm}^3 \cdot \text{s})] \tag{3.13}$$

这个积分被称为核反应率，当 $x = \text{s}, \text{a}, \text{f}$ 时，分别为散射率、吸收率和裂变率。

用中子通量密度书写平衡方程可以更加定量地理解中子能量分布。由于 $\Sigma(E)\varphi(E)$ 是碰撞率 (即在单位时间、单位体积内能量为 E 的中子发生碰撞的次数 $(1/(\text{cm}^3 \cdot \text{s}))$)，所以每次这样的碰撞都通过吸收或散射到不同的能量，将中子从当前的能量 E 移除。因此，我们可以把它看作是一个损耗项，必须通过进入能量 E 的中子的增益来平衡。这种增益可能来自裂变和散射。其中源自裂变的数目为 $\chi(E)$，可由式 (2.31) 给出。接下来，我们回顾一下，在上一次散射中被散射到能量 E' 至 $E' + \text{d}E'$ 之间的中子，将被散射到能量 E 上的概率为 $p(E' \to E)\text{d}E'$。由于从能量 E' 散射来的中子数量是 $\Sigma_\text{s}(E')\varphi(E')$，所以，将 $p(E' \to E)\Sigma_\text{s}(E')\text{d}E'$ 对 E' 积分，可以得出散射所起的作用。因此，平衡方程为

$$\Sigma_\text{t}(E)\varphi(E) = \int p(E' \to E)\Sigma_\text{s}(E')\varphi(E')\text{d}E' + \chi(E)s_\text{f}''' \tag{3.14}$$

由单一核素引起的弹性散射的 $p(E' - E)$ 的具体形式由式 (2.47) 给出，而式 (2.53) 定义的复合概率适用于一种以上核素的截面求和。为了简洁起见，我们将上述方程写成

$$\Sigma_\text{t}(E)\varphi(E) = \int \Sigma_\text{s}(E' \to E)\varphi(E')\text{d}E' + \chi(E)s_\text{f}''' \tag{3.15}$$

在这里，类似于式 (2.50)，让 $\Sigma_\text{s}(E' \to E) = p(E' \to E)\Sigma_\text{s}(E')$。平衡方程由裂变项归一化，这个裂变项表示裂变中子的产生率 $s_\text{f}'''[\text{中子}/(\text{cm}^3 \cdot \text{s})]$。

使用式 (3.15) 来探究三种不同能量范围内的理想情况，可以提供一些关于中子谱的性质的信息，特别是热反应堆的性质。第一，考虑快中子，它们的能量较高，$\chi(E)$ 意义重大。通常这个范围的下限约为 $0.1\,\text{MeV}$。第二，考虑中能中子，它们的能量低于产生裂变中子的能量范围，但是，其足够高，以至于可以忽略上行散射 (即由于散射核的热运动而在碰撞中获得的能量)。中能中子的下限通常取 $1.0\,\text{eV}$。因为这两个现象的重要性，中间能量范围通常被称为能谱的共振或慢化区域。第三，讨论慢中子或热中子，其定义为能量小于 $1.0\,\text{eV}$；在较低的能量下，周围核的热运动在确定能谱形态中起主要作用。在上述三个能量范围中的每一个范围内，一般的限制条件应用于式 (3.15)。在热能和中能区域内，无裂变中子产生，因此 $\chi(E) = 0$。在中能和快中子区域内，没有上行散射，因此，对于 $E' < E$，$\Sigma_\text{s}(E' \to E) = 0$。

3.4.1 快中子

在裂变中子产生的能量范围内，式 (3.15) 右边的两项均有贡献；在该范围的顶部附近，裂变能谱 $\chi(E)$ 占主导地位，这是因为，在平均情况下，即使是一次散射碰撞也会将中子转移到更低的能量。在这种情况下，我们可以做出粗略的近似

$$\varphi(E) \approx \chi E s_\text{f}''' / \Sigma_\text{t}(E) \tag{3.16}$$

其中，只包括未碰撞中子，即裂变反应发射出的但尚未发生散射碰撞的中子。即使没有慢化剂或其他较轻原子量的材料，由于中子与铀或其他重元素发生非弹性散射碰撞，中子谱

也会显著慢化。即使是少量较轻材料 (例如反应堆堆芯内用于结构支撑的金属) 的存在，也增强了快中子谱的慢化。当然，中子慢化剂大大加快了中子慢化，使其离开快中子能区。在快堆中，在避免轻质材料的情况下，大多数中子在散射碰撞使其慢化到低于裂变频谱的低能量尾部之前被吸收。

3.4.2 中子慢化

接下来，我们关注的能量范围是，低于显著的 $\chi(E)$，但高于热能区。在这个范围内，必须考虑核子的热运动。

1. 慢化密度

在这个能量范围内，处理中子的一个有用的概念是慢化密度，我们将其定义为

$$q(E) = \text{在单位时间、单位体积内经过能量 } E \text{ 慢化的中子数[中子/(cm}^3 \cdot \text{s)]} \quad (3.17)$$

在能量大于发生上行散射的值时，裂变产生的在较高能量下未被吸收的中子，都必须慢化到该能量以下。因此，

$$q(E) = -\int_E^\infty \Sigma_a(E')\varphi(E')\mathrm{d}E' + \int_E^\infty \chi(E')\mathrm{d}E' s_f''', \quad E > 1.0\,\mathrm{eV} \quad (3.18)$$

在中能区，即裂变中子产生占重要地位的区域以下，由式 (2.32) 给出的 $\chi(E')$ 的归一化表达式将式 (3.18) 简化为

$$q(E) = -\int_E^\infty \Sigma_a(E')\varphi(E')\mathrm{d}E' + s_f''', \quad 1.0\,\mathrm{eV} < E < 0.1\,\mathrm{MeV} \quad (3.19)$$

对此式求导，得

$$\frac{\mathrm{d}}{\mathrm{d}E}q(E) = \Sigma_a(E)\varphi(E) \quad (3.20)$$

因此，$q(E)$ 的降低是因为中子慢化的下降速率与吸收截面成正比；如果在某个能量区间内没有吸收，那么慢化密度保持不变。

在中能区内，吸收的主要形式来自第 2 章讨论的共振俘获截面。然而，在这些共振峰之间，吸收截面很小，可以忽略。因此，从式 (3.20) 可以看出，在共振峰之间慢化密度与能量无关。此外，由于中子能量低于裂变中子产生时的能量，又没有被吸收，所以方程 (3.14) 可以简化为

$$\Sigma_s(E)\varphi(E) = \int p(E' \to E)\Sigma_s(E')\varphi(E')\mathrm{d}E' \quad (3.21)$$

因此，我们可以获得 $\varphi(E)$ 与恒定的慢化密度 q 之间特别简单的关系。接下来，我们假设，处于非弹性散射的阈值以下，并且仅存在单一散射材料，通常是慢化剂。(后面，我们可以修改材料组合的表达式。) 式 (2.47) 提供了弹性散射的要点，将其代入式 (3.21)，可得

$$\Sigma_s(E)\varphi(E) = \int_E^{E/\alpha} \frac{1}{(1-\alpha)E'}\Sigma_s(E')\varphi(E')\mathrm{d}E' \quad (3.22)$$

方程的解可以表示为

$$\Sigma_s(E)\varphi(E) = C/E \quad (3.23)$$

通过将该式代入式 (3.22) 即可获得。

归一化常数 C 与 q 成正比，$\Sigma_\mathrm{s}(E)\varphi(E)$ 是散射慢化的能量为 E 的中子的数量。由图 3.3 我们观察到，从能量 $E'(> E)$ 到能量 $E''(< E)$ 最近一次散射的中子数量将落在区间 $\alpha E' \leqslant E'' \leqslant E$ 内。此外，只有初始能量 E' 在 E 和 E/α 之间的中子能够散射到低于 E 的能量。因此，在单位时间、单位体积内经过能量 E 的中子被慢化的数量 [中子$/(\mathrm{cm}^3 \cdot \mathrm{s})$] 是

$$q = \int_E^{E/\alpha} \left[\int_{\alpha E}^E \frac{1}{(1-\alpha)E'} \Sigma_\mathrm{s}(E')\varphi(E')\mathrm{d}E'' \right] \mathrm{d}E' \tag{3.24}$$

为了求中子通量密度，将式 (3.23) 代入，并执行两次积分，可得

$$q = \left(1 + \frac{\alpha}{1-\alpha}\ln\alpha \right) C \tag{3.25}$$

注意：括号内的项目与 ξ 相同，即式 (2.56) 定义的平均对数能降。我们可以结合式 (3.23) 和 (3.25)，以慢化密度来表示中子通量密度

$$\varphi(E) = \frac{q}{\xi \Sigma_\mathrm{s}(E) E} \tag{3.26}$$

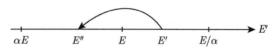

图 3.3　能量从 E' 到 E'' 的弹性散射中的能量损失

对于存在多种散射核素的情况，通过将其贡献添加到式 (3.22) 和 (3.24) 中，表达式 (3.26) 可以推广。假设燃料和慢化剂都存在，式 (3.26) 仍然成立，其中散射截面变为燃料和慢化剂的总和，并且平均对数能降由式 (2.61) 定义的加权平均值代替

$$\bar{\xi} = \frac{\xi^\mathrm{f}\Sigma_\mathrm{s}^\mathrm{f}(E) + \xi^\mathrm{m}\Sigma_\mathrm{s}^\mathrm{m}(E)}{\Sigma_\mathrm{s}^\mathrm{f}(E) + \Sigma_\mathrm{s}^\mathrm{m}(E)} \tag{3.27}$$

在共振峰之间，燃料和慢化剂的散射截面几乎与能量无关。中子通量密度与 $1/E$ 成正比，被称为 "E 分之一" 中子通量密度。由于慢化剂比燃料轻得多，则 $\xi^\mathrm{f} \ll \xi^\mathrm{m}$，因此燃料对方程 (3.26) 的贡献比慢化剂要小得多。

2. 能量自屏效应

在共振吸收存在的条件下，中子通量密度不再与 $1/E$ 成正比。然而，我们可以通过一些合理的近似，获得一个关于其能量依赖性的粗略估计。假设只有燃料和慢化剂存在，而且只发生弹性散射，则式 (3.14) 简化为

$$\Sigma_\mathrm{t}(E)\varphi(E) = \int_E^{E/\alpha^\mathrm{f}} \frac{1}{(1-\alpha^\mathrm{f})E'} \Sigma_\mathrm{s}^\mathrm{f}(E')\varphi(E')\mathrm{d}E'$$

$$+ \int_E^{E/\alpha^\mathrm{m}} \frac{1}{(1-\alpha^\mathrm{m})E'} \Sigma_\mathrm{s}^\mathrm{m}(E')\varphi(E')\mathrm{d}E' \tag{3.28}$$

其中，在共振吸收的能量范围，设定 $\chi(E) = 0$。回顾第 2 章，用半高宽 Γ 描述共振的特征。如果共振区间很大，那么大部分的共振吸收将发生在共振能量 $\pm\Gamma$ 的附近。并且，在这个区间以外，吸收可以忽略，中子通量密度近似正比于 $1/E$。

散射到能量区间的中子，主要在较大的能量区间中被吸收：对于燃料，在 E 和 $E + E/\alpha^{\mathrm{f}}$ 之间；对于慢化剂，在 E 和 $E + E/\alpha^{\mathrm{m}}$ 之间。在窄共振近似中，除了少量的共振，其他都是有效的，我们假设这些共振峰之间的间隔都比共振宽度大得多，如图 3.4 所示。在这种情况下，共振峰之间的 $1/E$ 通量密度，在方程 (3.28) 的积分区域中占据优势地位，其中，吸收可以被忽略，散射截面与能量无关。因此，可以把式 (3.26) 代入式 (3.28) 的右边，而没有太大的精度损失。我们用与能量无关的恒值截面来计算积分，可得

$$\varphi(E) = \frac{q}{\overline{\xi} \Sigma_{\mathrm{t}}(E) E} \tag{3.29}$$

其中，q 是在共振以上的中子慢化密度。请注意，此式与式 (3.26) 唯一的区别是在分母中散射截面已被总截面取代。

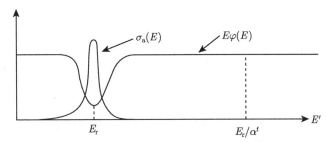

图 3.4　能量 E'/E'' 的弹性散射的能量损失

当然，总截面包括共振吸收截面和散射截面。因此，在发生共振吸收的能量处，总截面大大增加，会引起中子通量密度相应减小。如图 3.4 显示的，这样的中子通量密度的下陷被称为能量自屏效应。根据式 (3.19) 和 (3.20)，由于中子慢化通过共振峰，慢化密度减少了

$$\int \varphi(E) \Sigma_{\mathrm{a}} E \mathrm{d}E \approx \int \frac{\Sigma_{\mathrm{a}}(E)}{\Sigma_{\mathrm{t}}(E) E} \mathrm{d}E \frac{q}{\overline{\xi}} \tag{3.30}$$

由于能量自屏效应减少了大的吸收截面处的中子通量密度，它降低了整体上中子的吸收损失，因此有利于链式反应的增殖。在第 4 章中，我们将看到，通过将燃料集总化，共振的空间自屏效应进一步降低了中子的吸收损失。当共振宽度较大时，可以应用其他近似，但是能量自屏效应的定性作用保持不变。

3.4.3　热中子

在较低的能量下，在热中子区内，再次使用式 (3.15) 作为我们的出发点。右边的裂变项消失了，这种情况下，中子的来源是从更高的能量散射下来的中子，可以将其表示为散射源项。根据 E 小于或大于热中子区的截止能量 (通常取 $E_0 = 1.0\,\mathrm{eV}$)，将式 (3.15) 中的积分分段处理，可得

$$\Sigma_{\mathrm{t}}(E) \varphi(E) = \int_0^{E_0} \Sigma_{\mathrm{s}}(E' \to E) \varphi(E') \mathrm{d}E' + s(E) q_0, \quad E < E_0 \tag{3.31}$$

式中

$$s(E)q_0 = \int_{E_0}^{\infty} \Sigma_s(E' \to E)\varphi(E')\mathrm{d}E', \quad E < E_0 \tag{3.32}$$

是热中子的源项，由处于能量 $E' > E_0$ 的中子碰撞产生，而碰撞之后的能量 $E < E_0$。在 E_0 处，此源项可能与慢化密度成正比；如果假设在能量 $E' > E_0$ 处只有散射并且中子通量密度为 $1/E$，源中子的能量分布 $s(E)$ 的表达式可以很简单。在热中子范围内，因为不仅存在热运动，而且必须在分析中考虑靶核与分子之间或靶核在晶格内受到的约束，所以散射分布很难以直接的方式表达。

我们可以通过考虑纯散射材料的理想化情况来获得一些结论。方程 (3.31) 的解是与时间相关的，在无限介质中没有吸收的条件下，每个被慢化的中子将永远持续散射下去，则中子的数量会随着时间的推移而不断增长。如果在一段时间之后，慢化密度被设定等于零，那么将会达到平衡分布，其满足方程

$$\Sigma_s(E)\varphi_M(E) = \int_0^{E_0} \Sigma_s(E' \to E)\varphi_M(E')\mathrm{d}E' \tag{3.33}$$

分子运动论的伟大成就之一是证明了：若这个等式成立，则滞留平衡原则必须被遵守。此平衡表述为：不管应用怎样的散射法则，均有

$$\Sigma_s(E \to E')\varphi_M(E) = \Sigma_s(E' \to E)\varphi_M(E') \tag{3.34}$$

同样重要的是，该规则表明，在这些情况下，满足这种条件的中子通量密度，具有通过乘以由式 (2.34) 给定的著名的麦克斯韦-玻尔兹曼分布得到的形式，由中子速度获得

$$\varphi_M(E) = \frac{1}{(kT)^2}E\exp[-E/(kT)] \tag{3.35}$$

接下来，对其做归一化

$$\int_0^{\infty} \varphi_M(E)\mathrm{d}E = 1 \tag{3.36}$$

实际上，一些吸收总是存在的。因为在中子吸收发生之前从未达到完全的热平衡，所以吸收使热中子能谱从麦克斯韦-玻尔兹曼分布向能量高的方向移动。图 3.5 显示的这种上移称为能谱硬化，其大小随着吸收截面的增加而增加。方程 (3.35) 提供了对反应堆内热中子分布的粗略近似。人为地增加温度 T，使其量值与 $\Sigma_a/(\xi\Sigma_s)$ 成正比，则可以获得对硬化能谱更好的拟合，如图 3.5 所示。

3.4.4 快中子反应堆和热中子反应堆的能谱

图 3.6 绘出了钠冷快堆和水冷热堆的中子能谱曲线 $E\varphi(E)$，图中的几个特征值得注意：快堆能谱集中在千电子伏到兆电子伏范围内，几乎所有的中子在慢化到能量低于千电子伏之前都被吸收了；快堆堆芯包含中等原子量的元素，如钠冷却剂和作为结构材料的铁；在千电子伏到兆电子伏能量范围内，这些中等原子量元素的弹性散射截面具有较大的共振。因此，由于能量自屏现象，快堆能谱的外观呈现严重的锯齿状，这可以由式 (3.16) 和 (3.29) 解释，中子通量密度与总反应截面成反比。

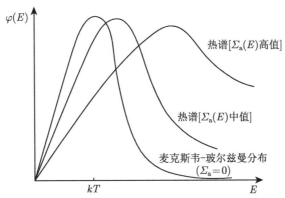

图 3.5 热谱与麦克斯韦–玻尔兹曼分布 (经麻省理工学院出版社许可, 改编自 A. F. Henry, *Nuclear-Reactor Analysis*, 1975.)

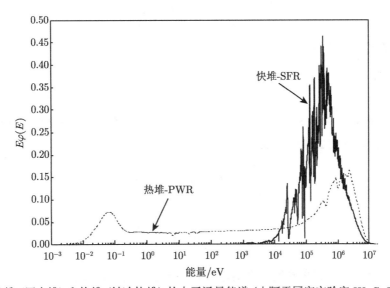

图 3.6 热堆 (压水堆) 和快堆 (钠冷快堆) 的中子通量能谱 (由阿页国家实验室 W. S. Yang 提供)

　　热堆能谱在兆电子伏范围具有中等的峰, 裂变中子在这个能量范围内产生。由于轻质量慢化剂材料的突出作用, 高能量处的中子能谱更加平滑; 慢化剂在这些能量上没有共振, 因此式 (3.16) 和 (3.29) 的分母中反应截面是关于能量的平滑函数。向下穿过千电子伏范围, 可以看到能谱近乎平坦。这里几乎没有吸收, 导致了慢化密度 [由式 (3.26) 给出] 为常数的 $1/E$[或常数 $E\varphi(E)$] 能谱。从 $100\,\mathrm{eV}$ 到 $1.0\,\mathrm{eV}$, 热堆能谱随着能量的降低而降低, 中子通量密度的急剧下降加重了这种情况。虽然在图中几乎看不到, 但在这个能量范围内铀的共振吸收导致慢化密度降低, 并且方程 (3.29) 中指示的自屏效应变得更加明显。在 $1.0\,\mathrm{eV}$ 以下, 能谱中出现特征热峰。由于燃料和慢化剂对热中子的吸收, 热谱中峰值处的能量略高于由式 (3.35) 给出的麦克斯韦–玻尔兹曼分布所示的能量。最后请注意, 对于热堆, 如果绘制 $\varphi(E)$ 曲线而不是 $E\varphi(E)$ 曲线, 那么热中子通量密度的峰值将比裂变能中子的峰值高数百万倍。

3.5　能量平均核反应率

正如前面部分所阐述的那样，维持链式裂变反应的能力很大程度上依赖于中子在能量上的分布，而这又取决于堆芯中非裂变材料的成分及其在中子从裂变能量慢化至热能区的过程中的作用。为确定反应堆芯的全部特征，必须对截面和其他数据在整个中子能谱中进行平均，可以通过使用式 (3.13) 完成这一任务，式 (3.13) 被称为 x 型碰撞的核反应率，单位为碰撞次数 $/(\mathrm{cm}^3 \cdot \mathrm{s})$。

核反应率通常表示为能量平均截面和中子通量密度的乘积

$$\int_0^\infty \Sigma_x(E)\varphi(E)\mathrm{d}E = \bar{\Sigma}_x\phi \tag{3.37}$$

式中，能量平均截面为

$$\bar{\Sigma}_x = \int_0^\infty \Sigma_x(E)\varphi(E)\mathrm{d}E \Big/ \int_0^\infty \varphi(E)\mathrm{d}E \tag{3.38}$$

将中子通量密度对全部能量范围作积分，可得

$$\phi = \int_0^\infty \varphi(E)\mathrm{d}E \tag{3.39}$$

对于已知的中子通量密度分布，微观截面也可以是能量平均值。在式 (3.37) 和 (3.38) 中用 $\Sigma_x = N\sigma_x$ 替换，并消去原子密度，得到

$$\int_0^\infty \sigma_x(E)\varphi(E)\mathrm{d}E = \bar{\sigma}_x\phi \tag{3.40}$$

和

$$\bar{\sigma}_x = \int_0^\infty \sigma_x(E)\varphi(E)\mathrm{d}E \Big/ \int_0^\infty \varphi(E)\mathrm{d}E \tag{3.41}$$

我们也可以将中子通量密度用平均速度和中子密度的乘积来表示

$$\phi = \bar{v}n''' \tag{3.42}$$

其中，中子密度 n''' 由式 (3.9) 定义。为实现此目的，将式 (3.10) 给出的中子通量密度的定义代入到式 (3.39) 中

$$\phi = \int_0^\infty v(E)\tilde{n}'''(E)\mathrm{d}E \tag{3.43}$$

须注意：当平均速度定义为

$$\bar{v} = \int_0^\infty v(E)\tilde{n}'''(E)\mathrm{d}E \Big/ \int_0^\infty \tilde{n}'''(E)\mathrm{d}E \tag{3.44}$$

时，式 (3.43) 与式 (3.42) 是一致的。

我们经常省略式 (3.38) 和 (3.41) 左侧表示平均的上划线。此后我们假设：没有附带着 (E) 的反应截面 Σ_x 或 σ_x 是被按能量平均的。如果反应截面与能量无关，那么有 $\sigma_x(E) \to$

σ_x。接下来，可以在式 (3.38) 和 (3.41) 中把它提到积分运算之外，并简记为 $\bar{\sigma}_x = \sigma_x$ 和 $\bar{\Sigma}_x = \Sigma_x$。

关于中子群更精细的处理，经常需要在一些有限的中子能量范围内对反应截面进行平均，而不是在整个中子能谱上进行平均。3.4 节的讨论表明，中子能谱的分析自然地划分为热中子、中能中子和快中子能区。相应地，可以将核反应率分区计算

$$\int \sigma_x(E)\varphi(E)\mathrm{d}E = \int_{\mathrm{T}} \sigma_x(E)\varphi(E)\mathrm{d}E + \int_{\mathrm{I}} \sigma_x(E)\varphi(E)\mathrm{d}E$$
$$+ \int_{\mathrm{F}} \sigma_x(E)\varphi(E)\mathrm{d}E \tag{3.45}$$

其中，下标 T、I 和 F 分别表示积分区间为 $0 \leqslant E < 1.0\,\mathrm{eV}$、$1.0\,\mathrm{eV} \leqslant E < 0.1\,\mathrm{MeV}$ 和 $0.1\,\mathrm{MeV} \leqslant E < \infty$。对于方程 (3.40)，可以用能量平均截面来将这个总和表示为

$$\bar{\sigma}_x\phi = \bar{\sigma}_{x,\mathrm{T}}\phi_{\mathrm{T}} + \bar{\sigma}_{x,\mathrm{I}}\phi_{\mathrm{I}} + \bar{\sigma}_{x,\mathrm{F}}\phi_{\mathrm{F}} \tag{3.46}$$

式 (3.45) 中每一项积分相应地乘以和除以

$$\phi_\Omega = \int_\Omega \varphi(E)\mathrm{d}E, \quad \Omega = \mathrm{T,I,F} \tag{3.47}$$

并定义能量平均截面为

$$\bar{\sigma}_{x,\Omega} = \int_\Omega \sigma_x(E)\varphi(E)\mathrm{d}E \bigg/ \int_\Omega \varphi(E)\mathrm{d}E, \quad \Omega = \mathrm{T,I,F} \tag{3.48}$$

从而得到式 (3.46) 右侧的每一项。

在更先进的所谓多群方法中，能谱的划分超过这里所示的三个区间，在每个能群中尽可能精确地确定中子通量能谱。然而，就我们的目的而言，分为热中子、中能中子和快中子三个能段是足够的。在式 (3.46)~(3.48) 上，选择恰当的中子通量密度近似来计算反应截面的平均值，从快中子开始，沿着能量下降的方向进行求解。

3.5.1 快中子平均截面

尽管它只包含未碰撞的中子，式 (3.16) 提供了快中子通量密度分布的第一近似。然而，其分母中的总宏观截面包括了全部存在的核素——燃料、冷却剂等。因此，它可能是一个与能量强相关的复杂函数，特别是在存在显著浓度的铁、钠或在兆电子伏范围内具有散射共振的其他元素的条件下。在图 3.6 中，这些效应是明显的，在热堆和快堆中的快中子通量密度都拥有锯齿状外观。为了去除个别元素的存在对一些核素截面的影响，我们必须把 $\Sigma_{\mathrm{t}}(E)$ 看作是与能量不相关的，从而来进一步简化式 (3.16)。接着，作归一化 $s_{\mathrm{f}}'''/\Sigma_{\mathrm{t}} = 1.0$，有 $\varphi(E) \approx \chi(E)$。由于在产生的裂变中子中能量小于 $0.1\,\mathrm{MeV}$ 的所占份额非常小，可以将式 (3.48) 中积分的范围扩展到 $0 \sim \infty$，而不失一般性。有了这个附加条件，式 (2.32) 的归一化条件使分母等于 1，从而式 (3.48) 简化为

$$\bar{\sigma}_{x,\mathrm{F}} = \int \sigma_x(E)\chi(E)\mathrm{d}E \tag{3.49}$$

表 3.2 列出了在动力堆堆芯中占有最突出地位的几种同位素在整个裂变谱上的平均快中子截面。然而，如果在实际通量密度分布上平均，则这样的截面仅仅是提供一个平滑的近似值。

3.5.2　共振平均截面

通常，术语"中能"和"共振"在描述 $1.0\,\mathrm{eV}$ 和 $0.1\,\mathrm{MeV}$ 之间的能量范围时可互换使用。这是因为随着中子从快中子能量慢化至热中子能量，在这个能量范围内，由铀、钍和其他重元素的共振引起的巨大的反应截面，占据了几乎全部的中子吸收。式 (3.29) 提供了此能量范围内中子通量密度分布的合理近似。然而，如在快中子能谱中，分母中的 $\Sigma_\mathrm{t}(E)$ 项依赖于反应堆中存在的所有组成部分，因此，这必须被消除，以获得与堆芯成分无关的反应截面。忽略总反应截面的能量依赖性，简化中子通量密度为 $\varphi(E) \approx 1/E$。则式 (3.48) 变换为

$$\bar{\sigma}_{x,\mathrm{I}} = \int_\mathrm{I} \sigma_x(E)\frac{\mathrm{d}E}{E} \bigg/ \int_\mathrm{I} \frac{\mathrm{d}E}{E} \tag{3.50}$$

对于俘获和裂变反应，中能区的反应截面经常表示为

$$\bar{\sigma}_{x,\mathrm{I}} = I_x \bigg/ \int_\mathrm{I} \frac{\mathrm{d}E}{E} \tag{3.51}$$

其中

$$I_x = \int_\mathrm{I} \sigma_x(E)\frac{\mathrm{d}E}{E} \tag{3.52}$$

定义了共振积分。由于对 $I_x(x = \mathrm{a}, \mathrm{f})$ 的主要贡献由共振峰产生 (图 2.6、图 2.9 和图 2.10)，而共振峰均在 $1.0\,\mathrm{eV} \leqslant E \leqslant 0.1\,\mathrm{MeV}$ 的能量范围内，所以共振积分值对积分限相对不敏感。然而，式 (3.51) 的分母强烈地依赖于这些积分限，在 $1.0\,\mathrm{eV} \sim 0.1\,\mathrm{MeV}$ 求解，得到

$$\bar{\sigma}_{x,\mathrm{I}} = 0.0869 I_x \tag{3.53}$$

表 3.2 包括了常见反应堆成分的共振积分。

如图 3.6 所示的热堆能谱，$1/E$ 谱 [即 $E\varphi(E) = $ 常数] 是对于穿过慢化区域的合理近似。然而，图中出现的下跌代表共振自屏效应，这减少了由于吸收而损失的中子数量。由于方程 (3.52) 不包括自屏效应，表 3.2 中列出的数字仅提供共振吸收的上界，这个值仅能在极限情况 (共振吸收物质在纯散射材料中无限稀释混合) 下获得。在反应堆芯中，自屏效应显著地降低了吸收的量。准确计算共振吸收的高阶算法超出了本书的范围，而第 4 章给出的经验公式为包括自屏效应的共振吸收提供了合理的近似。

表 3.2 能量平均微观截面

(单位：b)

核素	热谱截面			共振积分		快中子（裂变能谱）截面		
	σ_f	σ_a	σ_s	I_f	I_a	σ_f	σ_a	σ_s
$^1_1$H	0	0.295	47.7	0	0.149	0	3.92×10^{-5}	3.93
$^2_1$H	0	5.06×10^{-4}	5.37	0	2.28×10^{-4}	0	5.34×10^{-6}	2.55
$^{10}_5$B	0	3409	2.25	0	1722	0	0.491	2.12
$^{12}_6$C	0	3.00×10^{-3}	4.81	0	1.53×10^{-3}	0	1.23×10^{-3}	2.36
$^{16}_8$O	0	1.69×10^{-4}	4.01	0	8.53×10^{-5}	0	1.20×10^{-2}	2.76
$^{23}_{11}$Na	0	0.472	3.09	0	0.310	0	2.34×10^{-4}	3.13
$^{56}_{26}$Fe	0	2.29	11.3	0	1.32	0	9.22×10^{-3}	3.20
$^{91}_{40}$Zr	0	0.16	6.45	0	0.746	0	3.35×10^{-3}	5.89
$^{135}_{54}$Xe	0	2.64×10^{6}	—	0	7.65×10^{3}	0	7.43×10^{-4}	—
$^{149}_{62}$Sm	0	6.15×10^{4}	—	0	3.49×10^{3}	0	0.234	
$^{157}_{65}$Gd	0	1.92×10^{5}	1422	0	762	7.13×10^{-2}	0.201	6.51
$^{232}_{90}$Th	0	6.54	11.8	0	84.9	0	0.155	7.08
$^{233}_{92}$U	464	506	14.2	752	886	1.84	1.89	5.37
$^{235}_{92}$U	505	591	15.0	272	404	1.22	1.29	6.33
$^{238}_{92}$U	1.05×10^{-5}	2.42	9.37	2×10^{-3}	278	0.304	0.361	7.42
$^{239}_{94}$Pu	698	973	8.62	289	474	1.81	1.86	7.42
$^{240}_{94}$Pu	6.13×10^{-2}	263	1.39	3.74	8452	1.36	1.42	6.38
$^{241}_{94}$Pu	946	1273	11.0	571	740	1.62	1.83	6.24
$^{242}_{94}$Pu	1.30×10^{-2}	16.6	8.30	0.94	1117	1.14	1.22	6.62

资料来源：R. J. Perry and C. J. Dean, The WIMS9 Nuclear Data Library, Winfrith Technology Center Report ANSWERS/WIMS/TR.24, Sept. 2004.

3.5.3　热中子平均截面

虽然准确确定热谱还需要更先进的计算方法，但是简化能谱上的平均值通常可以作为合理的第一近似，在基本的反应堆计算中使用。热中子通量密度近似呈麦克斯韦–玻尔兹曼分布，由式 (3.35) 给出 $\varphi(E) \approx \varphi_{\mathrm{M}}(E)$。应用式 (3.36) 证明的归一化，式 (3.48) 简化为

$$\bar{\sigma}_{x,\mathrm{T}} = \int \sigma_x(E)\varphi_{\mathrm{M}}(E)\mathrm{d}E \tag{3.54}$$

对于 1 eV 以上的能量，$\varphi_{\mathrm{M}}(E)$ 趋于零，因此，此积分的上限可以从 1.0 eV 增加到无穷大而不影响其值。在 20℃(即 293K) 的室温下，常用反应堆材料在麦克斯韦–玻尔兹曼分布上的平均热中子截面列于表 3.2 中。附录 E 提供了一个更全面的微观热中子截面数据表，它是按照式 (3.54)、在麦克斯韦–玻尔兹曼中子通量密度分布上积分获得的，同时还列出了分子量和密度。此表包括所有天然存在的元素和一些与反应堆物理相关的分子。

通常，截面是在 0.0253 eV 下测量的，与之对应的中子速度是 2200 m/s。这个惯例是基于以下事实。$\varphi_{\mathrm{M}}(E)$ 的最大值 (或最概然值) 可以很容易地被表示为

$$E = kT = 8.62 \times 10^{-5}T \quad (\mathrm{eV}) \tag{3.55}$$

式中，T 是绝对温度。得到相应的中子速度为

$$v = \sqrt{2E/m} = \sqrt{2kT/m} = 128\sqrt{T} \quad (\mathrm{m/s}) \tag{3.56}$$

在 $T_0 = 293.61\,\mathrm{K}$ 下进行反应截面测量，得到 $E_0 = 0.0253\,\mathrm{eV}$ 和 $v_0 = 2200\,\mathrm{m/s}$；通常 0.0253 eV 和 2200 m/s 被称为热中子的能量和速度。然而，表 3.2 和附录 E 中列出的反应截面是由式 (3.54) 给出的在麦克斯韦–玻尔兹曼谱上的平均值，而不是 $E_0 = 0.0253\,\mathrm{eV}$ 下的截面。

在很多情况下，热中子散射截面是不依赖于能量的，式 (3.54) 简化为 $\bar{\sigma}_{\mathrm{s,T}} = \sigma_{\mathrm{s}}$。然而，在热能区内，原子结合成分子或者在晶格内原子的结合会显著影响热中子散射截面。考虑到这一点，表 3.2 和附录 E 中给出的氢、氘和碳的反应截面是经过校正的，包含了这种结合的影响。例如，这些校正允许在确定水的热中子散射截面时，不加修正地使用式 (2.14) 和 (2.15)。

相反，许多热中子吸收截面与 $1/v$ 成比例

$$\sigma_{\mathrm{a}}(E) = \sqrt{E_0/E}\,\sigma_{\mathrm{a}}(E_0) \tag{3.57}$$

在这种情况下，为了获得能量平均反应截面，我们必须把上式和式 (3.35) 代入式 (3.54) 中

$$\bar{\sigma}_{\mathrm{a,T}} = \int_0^\infty \sqrt{\frac{E_0}{E}}\,\sigma_{\mathrm{a}}(E_0)\frac{1}{(kT)^2}E\exp[-E/(kT)]\mathrm{d}E \tag{3.58}$$

计算此积分，可得

$$\bar{\sigma}_{\mathrm{a,T}} = \frac{\sqrt{\pi}}{2}\left(\frac{E_0}{kT}\right)^{1/2}\sigma_{\mathrm{a}}(E_0) = 0.8862(T_0/T)^{1/2}\sigma_{\mathrm{a}}(E_0) \tag{3.59}$$

因此，$1/v$ 吸收截面取决于绝对温度，即使 $T = T_0$，平均吸收截面与 E_0 下的测量值也不一样。在表 3.2 和附录 E 中，热中子的吸收和俘获截面均为由式 (3.54) 中 $\bar{\sigma}_{x,\mathrm{T}}$ 定义的平均值。

为了对这些 $1/v$ 热中子截面进行温度校正，注意到，由式 (3.59) 可得

$$\bar{\sigma}_{\mathrm{a,T}}(T) = (T_0/T)^{1/2} \bar{\sigma}_{\mathrm{a,T}}(T_0)$$

如果材料具有显著的热膨胀系数，处理宏观热中子截面的温度校正，会变得更加复杂。这是由于 $\Sigma_x = N\sigma_x$，原子密度由 $N = \rho N_0/A$ 给出，密度随着温度的升高而降低，即使微观截面保持恒定，宏观截面也会减小。

3.6　无限介质增殖因数

我们通过重新计算无限介质增殖因数 k_∞(等于产生的裂变中子数与被吸收的中子数之比) 来结束本章。这个比值可以用式 (3.13) 核反应率的定义来确定。由于产生的裂变中子数是 $\int_0^\infty \nu\Sigma_\mathrm{f}(E)\varphi(E)\mathrm{d}E$，其中 ν 是每次裂变产生的中子数；被吸收的中子数为 $\int_0^\infty \Sigma_\mathrm{a}(E)\varphi(E)\mathrm{d}E$，所以

$$k_\infty = \int_0^\infty \nu\Sigma_\mathrm{f}(E)\varphi(E)\mathrm{d}E \left/ \int_0^\infty \Sigma_\mathrm{a}(E)\varphi(E)\mathrm{d}E \right. \tag{3.60}$$

利用能量平均反应截面的定义和式 (3.37) 给出的中子通量密度，我们可以将 k_∞ 表示为反应截面的比值

$$k_\infty = \nu\bar{\Sigma}_\mathrm{f}/\bar{\Sigma}_\mathrm{a} \tag{3.61}$$

式中，只有裂变材料对分子有贡献，而所有反应堆堆芯组分的吸收截面都对分母有影响。

到目前为止，我们都是假设燃料、慢化剂、冷却剂和其他堆芯成分都处于相同的能量相关的中子通量密度 $\varphi(E)$ 中。如果堆芯组分在总体上是被均匀混合的，则此假设成立，例如，铀和石墨都是粉末。然而，在动力反应堆中，燃料元件的直径、冷却剂通道的间距和其他组分的几何结构，导致各材料之间有较大的间隔。在这些情况下，燃料、冷却剂和/或慢化剂所处的中子通量密度的大小是不一样的。动力堆堆芯由栅格单元组成，每个单元包括燃料元件、冷却剂通道，以及在某些情况下单独的慢化剂区域。只要我们将其解释为是对栅格单元组分的空间平均值，并考虑中子通量密度大小的差异，上面得出的表达式仍然有效。在第 4 章中，首先探究动力堆的栅格结构；接着，对快堆和热堆的栅格进行建模来探究这些中子通量密度大小的差异，再获得明确地依赖于各种堆芯组分的 k_∞ 的表达式。

参考文献

Cullen, D. E., "Nuclear Cross Section Preparation," *CRC Handbook of Nuclear Reactor Calculations*, I, Y. Ronen, ed., CRC Press, Boca Raton, FL, 1986.

Duderstadt, James J., and Louis J. Hamilton, *Nuclear-Reactor Analysis*, Wiley, NY, 1976.

Henry, Allen F., *Nuclear-Reactor Analysis*, MIT Press, Cambridge, MA, 1975.

Jakeman, D., *Physics of Nuclear Reactors*, Elsevier, NY, 1966.

Mughabghab, S. F., *Atlas of Neutron Resonances*, Elsevier, Amsterdam, 2006.

Stacey, Weston M., *Nuclear Reactor Physics*, Wiley, NY, 2001.

Templin, L. J., ed., *Reactor Physics Constants*, 2nd ed.,ANL-5,800, Argonne National Laboratory, Argonne, IL, 1963.

Williams, M. M. R., *The Slowing Down and Thermalization of Neutrons*, North-Holland, Amsterdam, 1966.

习题

3.1 验证式 (3.23) 和 (3.25)。

3.2 说明在式 (3.31) 中必须满足归一化条件 $\int_0^{E_0} s(E)\mathrm{d}E = 1$。提示:注意到当 $E' < E_0$ 时, $\int_0^{E_0} p(E' \to E)\mathrm{d}E = 1$。

3.3 在式 (3.31) 中，假设中子慢化穿过 E_0 完全由 $A > 1$ 的单一核素的弹性散射造成，并且当 $E > E_0$ 时没有吸收。说明 $s(E)$ 可以采用

$$s(E) = \begin{cases} \dfrac{1}{(1-\alpha)\xi}\left(\dfrac{1}{E_0} - \dfrac{\alpha}{E}\right), & \alpha E_0 < E < E_0 \\ 0, & E < \alpha E_0 \end{cases}$$

的形式。

3.4 对于热中子，计算铀富集度的函数 $\bar\eta$，并将计算结果绘制成曲线。使用来自下表的铀的数据:

	ν	$\sigma_{\mathrm{f}}/\mathrm{b}$	$\sigma_{\mathrm{a}}/\mathrm{b}$
铀-235	2.43	505	591
钚-239	2.90	698	973
铀-238	—	0	2.42

3.5 假设一个新的同位素被发现具有 $\Sigma_{\mathrm{a}}(E) = (E_0/E)\Sigma_{\mathrm{a}}(E_0)$ 给出的 $1/E$ 吸收截面。如果将此同位素放置在由式 (3.35) 给出的热中子通量密度分布中，试确定其能量平均反应截面。

3.6 在宽共振近似 (由于燃料被假设具有无限的质量，这也被称为窄共振无限质量近似) 中，$A^{\mathrm{f}} \to \infty$，因此，式 (3.28) 右边的第一个积分中，$\alpha^{\mathrm{f}} \to 1$，同时剩余部分的近似与窄共振近似相同。试确定通过共振的 $\varphi(E)$。它与式 (3.29) 有着怎样的不同? 在哪种情况下，存在更多的能量自屏效应?

3.7 定义为 $u = \ln(E_0/E)$ 的对数能降，通常用于中子慢化问题，对数能降随着能量减少而增加。注意到下列变换: $\varphi(E)\mathrm{d}E = -\varphi(u)\mathrm{d}u$, $p(E \to E')\mathrm{d}E' = -p(u \to u')\mathrm{d}u'$ 和 $\Sigma_x(E) = \Sigma_x(u)$。

a. 说明式 (2.47) 给定的 $p(E \to E')$ 变换成

$$p(u \to u') = \begin{cases} \dfrac{1}{1-\alpha}\exp(u-u'), & u \leqslant u' \leqslant u + \ln(1/\alpha) \\ 0, & \text{其他} \end{cases}$$

的过程;

b. 用 u 来表达式 (3.22)。

3.8 作从能量到速度的变量变换，说明式 (2.47) 变换成

$$p(v \to v') = \begin{cases} \dfrac{2v'}{(1-\alpha)v^2}, & v\sqrt{\alpha} \leqslant v' \leqslant v \\ 0, & \text{其他} \end{cases}$$

的过程。

3.9　假设式 (2.34) 所示的麦克斯韦–玻尔兹曼分布，表达了式 (3.43) 和 (3.44) 的中子密度：

　　a. 求出 $\bar{v}$ 的值；

　　b. 如果定义 $\bar{E} \equiv \frac{1}{2}m\bar{v}^2$，说明 $\bar{E} = 1.273kT$；

　　c. 为什么你的结果不同于由式 (2.33) 给出的平均能量 $\frac{3}{2}kT$？

3.10 动力堆由重水 (D_2O) 冷却，但是泄漏会导致 1.0%(原子百分数) 的冷却剂被轻水 (H_2O) 污染。试确定冷却剂的下列特性的合成百分比是增加还是减少：

　　a. 平均对数能降；

　　b. 慢化能力；

　　c. 慢化比。

3.11 使用附录 E 中的数据，在热中子能谱上取均值，计算水的微观吸收截面：

　　a. 在室温下；

　　b. 在水冷反应堆的典型工作温度 (300℃) 下。

3.12 对重水，重复习题 3.11。

第4章

动力反应堆堆芯

4.1 引言

下面两个准则在确定动力堆堆芯组成成分时起主导作用：①必须在所需功率水平范围内和堆芯使用寿命期内维持临界，直到燃料耗尽。②必须允许裂变产生的热能从堆芯转移出去，而不会使其任何成分过热。需要考虑的其他因素还有很多，例如，堆芯结构的机械支撑，在各种情况下链式反应的稳定性和控制，等等。但是，在确定动力堆堆芯结构上，前面章节中讨论的中子物理和传热之间的相互影响非常强烈。本章首先探讨较为常见的几类动力堆的堆芯布置，其中涉及热传输和中子特性；然后更详细地介绍反应堆栅格结构对中子行为的影响，特别是对增殖的决定性影响。

4.2 堆芯成分

已有的反应堆构造设计多种多样，这包括：由容器中的熔融材料组成的堆芯，其中液态燃料本身通过循环回路的管道流动来实现冷却；在球床反应堆中，燃料由固体球床组成，冷却剂从球床中间循环流过，带走热量。不管怎样，大多数动力反应堆都是圆柱形的，冷却剂流动的通道沿堆芯轴向长度布置。这些通道是由圆柱形燃料元件、冷却剂通道组成的周期性栅格的一个组成部分，在某些热堆中是单独的慢化剂区域。

图 4.1 显示了四种不同类型动力反应堆的燃料、冷却剂、慢化剂的栅格结构。在所有情况下，来自裂变的热量在燃料内产生，并传导至冷却剂通道表面。然后，热量通过对流进入冷却剂，并沿着冷却剂通道轴向输运，离开堆芯。然而，组成图 4.1 的四幅图采用完全不同的比例尺绘制，在所有情况下，燃料元件的直径均在 1 cm 的量级上。燃料元件表面的热流密度和沿着其中心线的温度这两个约束条件限制了燃料元件的直径和其可产生的每单位长度的功率 (称为线热功率密度或 q')。由于允许的线热功率密度通常在几到几十千瓦每米的范围内，被设计产生 1000 MW(t) 或更多热功率的大型动力反应堆必须包含数千个圆柱形燃料元件——通常被称为燃料棒。

包含数千个燃料元件的反应堆换料，若逐一进行替换，将意味着过度的时间消耗，从而是不经济的。因此，将燃料元件分组以形成燃料组件。燃料组件的机械设计允许它们在换料过程中作为一个整体移入和移出反应堆。图 4.2 展现了燃料组件的三种样式。燃料组件的横

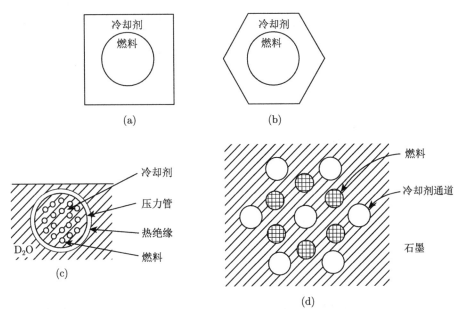

图 4.1 反应堆栅格的截面 (未采用相同的比例尺): (a) 水冷堆, (b) 快堆, (c)CANDU 重水堆, (d) 高温气冷石墨堆

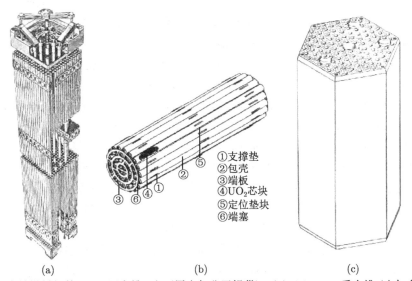

图 4.2 反应堆燃料组件: (a) 压水堆 (由西屋电气公司提供), (b) CANDU 重水堆 (由加拿大原子能有限公司提供), (c) 高温气冷堆 (由通用原子能公司提供)

截面可以是正方形或六边形, 如图 4.2(a) 和 (c) 所示。燃料元件也可以捆扎成环形燃料组件, 如图 4.2(b) 所示。在这三类设计中, 在慢化剂区棒束插入按正方形或六边形阵列布置的管中, 如图 4.1(c) 中的例子所示。

图 4.3 分别描绘了由正方形和六边形燃料组件构成的动力堆堆芯的横截面。图 4.3 中

的阴影表明，在反应堆堆芯中，不是所有燃料组件都相同。为了在整个堆芯中展平功率，燃料组件之间存在差异，或者燃料组件在不同的换料操作过程中被放入堆芯中。控制毒物的放置也可能导致燃料组件不同。

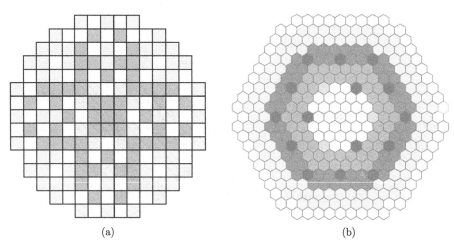

(a)   (b)

图 4.3   由正方形和六边形燃料组件组成的反应堆堆芯 (由阿贡国家实验室 W. S. Yang 提供)：(a) 正方形燃料组件，(b) 六边形燃料组件

除了燃料、冷却剂和 (在热反应堆中的) 慢化剂之外，反应堆必须包含通道，这些通道在整个栅格结构中以精确指定的间隔放置，以允许插入控制棒。这些控制棒由强中子吸收剂 (通常被称为中子毒物) 如硼、镉或铪组成。在带功率运行期间，控制棒的插入控制反应堆的增殖，当它们完全插入时，停止链式反应。某些类型的动力反应堆为控制棒留有空间，在指定的燃料组件内预留有控制棒的通道，图 4.2(a) 和 (c) 所示的组件属于这一类。在其他系统中，控制棒插入在燃料组件之间。例如，具有十字形横截面的控制棒可以放置在正方形组件的交叉点处，或者控制棒可以插入到组件之间的慢化剂区域。

燃料元件的线热功率密度和冷却剂 (和/或慢化剂) 与燃料的体积比 (用 V_x/V_f 表达) 以及一些其他因素共同决定了每一种反应堆类型能够实现的平均功率密度 $\bar{P}'''$，即单位体积产生的平均功率。由于反应堆的功率为 $P = \bar{P}'''V$，对于给定的功率，堆芯体积 V 与平均功率密度成反比。为了在冷却剂的输热能力范围内实现功率密度最大化，必须对堆芯的栅格结构进行优化，以促进传热。再考虑到中子发挥的同样重要的作用，对于给定的燃料富集度，栅格结构与特定的燃料、冷却剂和慢化剂的比例，很大程度上决定了 k_∞ 值。另一方面，随着堆芯体积的增加，不泄漏概率 P_{NL} 接近 1。由于 $k = k_\infty P_{NL}$，因此，在确定动力堆临界状态的问题上，栅格结构和可实现的功率密度密切相关。

表 4.1 比较了一些主要类型的动力反应堆的典型参数。为了更好地理解表格中的值是如何从动力反应堆设计和运行考量中得到的，接下来，根据其燃料、慢化剂和/或冷却剂的中子特性，分别对每一大类反应堆进行单独研究。

表 4.1　代表性反应堆栅格的参数

参数	PWR 压水反 应堆	BWR 沸水反 应堆	PHWR CANDU 重水反应堆	HTGR 碳慢化 反应堆	SFR 钠冷快中 子反应堆	GCFR 氦冷快中 子反应堆
平均线热功率密度 $\bar{q}'$/(kW/m)	17.5	20.7	24.7	3.7	22.9	17.0
体积比 V_x/V_f*	1.95	2.78	17	135	1.25	1.93
平均功率密度 $\bar{P}'''$/(MW/m³)	102	56	7.7	6.6	217	115
3000MW(t) 反应堆的体积 V/m³	29.4	53.7	390	455	13.8	26.1
富集度 $\tilde{e}$(质量分数)/%	4.2	4.2	0.7	15	19	19

*x——热堆的慢化剂和快堆的冷却剂，f——燃料。

资料来源：数据由阿贡国家实验室的 W. S. Yang 提供。

4.2.1　轻水反应堆

压水反应堆 (pressurized water reactor，PWR) 和沸水反应堆 (boiling water reactor，BWR) 都使用普通水作为冷却剂和慢化剂，这两类轻水反应堆 (light water reactor，LWR) 均采用正方形栅格单元，类似于图 4.1(a)。燃料由锆包裹的二氧化铀芯块组成，锆包壳用于结构支撑并防止裂变产物泄漏到冷却剂中。慢化剂与燃料的体积比大约为 2:1，对于水慢化系统中的 k_∞ 最大化，这个比接近最优。最优体积比由表 3.1 中列出的水的中子慢化性能所决定。由于氢的质量小且散射截面很大，水相对于其他慢化剂而言都具有最大的慢化能力。然而，在全部列出的慢化剂中，水也具有最大的热中子吸收截面，其表现为慢化比的值最小。因此，尽管水慢化中子的性能是优异的，但如果在反应堆栅格中采用更大的水与燃料的体积比，那么慢化剂中增加的热中子吸收会导致 k_∞ 降低到无法接受的程度。在所有慢化剂中，水兼备了最大的慢化能力和最小慢化比，这使得在轻水堆的设计中慢化剂与燃料的体积比显著小于重水堆或石墨慢化反应堆。

这些较小的比率 (以及水同时作为慢化剂和冷却剂的实际情况) 导致压水堆和沸水堆具有在所有热堆中最紧凑的栅格结构。如表 4.1 所示，与相同功率的重水反应堆或石墨慢化系统相比，相对较小的慢化剂与燃料的体积比导致了更高的功率密度和更小的反应堆体积。然而，水对热中子的吸收截面很大，这就排除了在轻水堆中使用天然铀作为燃料实现临界的可能性。为了克服这个障碍，水慢化反应堆必须使用低浓缩的燃料，其典型的富集度在 2%到 5%之间。

在压水反应堆中，堆芯放置在加压到 152 bar①(约 2200 psi) 的容器内，以防止冷却剂在大约 316°C(约 600°F) 的工作温度下发生沸腾。如图 4.4(a) 所示，水离开堆芯，流经被称为蒸汽发生器的热交换器，再被泵输送回到堆芯入口。蒸汽发生器的二次侧在较低压力下运行，进入其中的给水发生沸腾，进而向汽轮机供应蒸汽。沸水堆的冷却剂温度与之相似。但其运行在较低的压力 69 bar②(约 1000 psi) 下，允许在冷却剂通道中发生沸腾。如图 4.4(b) 所示，在沸水堆中，给水直接进入反应堆压力容器，反应堆内产生的蒸汽直接通过汽轮机，不再需要蒸汽发生器。

水慢化反应堆在分批模式燃料循环下运行——反应堆定期停堆，时间间隔范围从 1 年到 2 年。停堆过程通常持续数周，在此期间，20%~30%的燃料组件 (在其包含的燃料中，

① 此处原文为 "1520 bar"，疑似有误。——译者
② 此处原文为 "690 bar"，疑似有误。——译者

裂变材料的燃耗最深) 被移除，并被新组件代替。在分批模式下运行，燃料必须被充分富集，以补偿组件留在反应堆中的时间段内发生的铀燃耗。

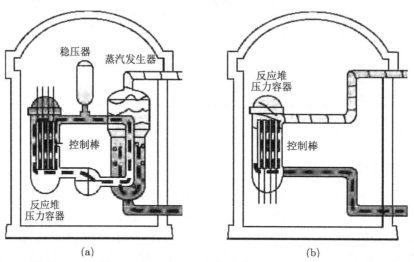

图 4.4　轻水冷却反应堆 (由美国核管理委员会提供)：(a) 压水反应堆，(b) 沸水反应堆

在堆芯寿期内，中子毒物控制反应堆的增殖。在压水堆内，冷却剂中的可溶性硼用来实现此目的，并且在大多数热堆中，布置在燃料中或其他地方的可燃毒物也参与补偿燃料的燃耗。为了快速停止链式反应，必须配置控制棒，而控制棒也可以用于补偿燃料消耗。如图 4.4 所示，压水堆控制棒从顶部插入，而沸水堆的控制棒从底部插入。压水堆的控制棒成束使用，占据图 4.2(a) 所示燃料组件中的通道。在沸水堆中，控制棒具有十字形横截面并且与正方形燃料组件之间的通道匹配，其中心线位于四个组件之间的交点处。

4.2.2　重水反应堆

如表 3.1 所示，质量较大的氘导致重水 (D_2O) 的慢化能力显著低于轻水 (H_2O) 的慢化能力。然而，氘的热中子吸收截面极小，这使得D_2O 具有所有慢化剂中最大的慢化比。因此，与轻水堆相反，由重水慢化的反应堆需要较大的慢化剂与燃料的体积比，来提供充分的中子慢化。同时，由于氘的热中子吸收截面非常小，因此重水堆可以有较大的慢化剂体积。

CANDU 型加压重水反应堆 (PHWR) 是目前最常用的D_2O 慢化的功率系统。CANDU堆芯包括一个侧身放置的大型圆柱形容器，称为排管容器；阵列排布的水平压力管穿过排管容器。每个压力管容纳几个燃料组件段，通常称为燃料棒束，每个燃料棒束包含 30~40个燃料棒，如图 4.1(c) 和图 4.2(b) 所示。燃料棒与轻水堆类似，由包裹在锆中的二氧化铀芯块组成。重水充当冷却剂，通过压力管，由泵输送，循环通过蒸汽发生器 (其设计与压水堆中的类似)，并返回到堆芯入口。在排管容器内，压力管之间的大量间隙被D_2O 填充，这就为反应堆提供了慢化剂与燃料的大体积比。管排容器与压力管隔绝，使得管排容器能够在接近大气压力和室温的条件下工作。因此，只有包含燃料组件的压力管保持在足够高的压力下，才能阻止较小体积的D_2O 冷却剂在运行温度下发生沸腾。

重水的慢化剂性质 (特别是其小的热中子吸收截面) 使得 PHWR 可以用天然铀作为燃

料。然而，由于燃料没有富集，在换料间隔内，反应堆的燃耗水平无法维持一年或更长时间。为此，CANDU 反应堆在运行时进行连续换料：一对在线换料机，每次隔离一根压力管，将新的燃料棒束从一端插入，同时从另一端卸下燃尽的棒束。相对于分批换料，这种操作模式维持反应堆在临界状态需要的控制毒物较少。控制棒穿过排管容器，处于压力管外，主要被用于反应堆停堆。

4.2.3 石墨慢化反应堆

表 3.1 表明，碳的原子质量较重，导致石墨的慢化能力小于轻水或重水。然而，其热中子吸收截面足够小，使其慢化比介于轻水和重水之间。因此，为了使 k_∞ 最大化，在所设计的石墨反应堆栅格中，慢化剂与燃料的体积比非常大。许多早期的动力反应堆设计使用的是天然铀作燃料的二氧化碳冷却–石墨慢化系统。石墨较小的慢化能力和慢化比，使得该任务比使用 D_2O 慢化剂更困难。因此，在后来的设计中，使用部分富集铀来替代天然铀。最近，氦冷却剂与部分富集的燃料相结合，使得在非常高的温度下运行的石墨慢化动力反应堆的设计成为可能。

表 4.1 列出了高温气冷堆 (HTGR) 的参数。堆芯只包含石墨和陶瓷材料，与存在金属包壳或结构的形式相比，氦冷却剂可以获得更高的冷却剂温度。栅格结构与图 4.1(d) 类似；燃料中产生的热，通过石墨慢化剂，再由气体冷却剂带走。燃料由在石墨中压实的碳化铀颗粒压块组成，这样进一步提高了慢化剂与燃料的比例。燃料的富集度非常高。如图 4.2(c) 所示，每个燃料组件由一个石墨棱柱块组成，其上包含两组孔，分别用于燃料和冷却剂。而控制棒占据棱柱形石墨块中的其他轴向孔。氦冷却剂循环通过蒸汽发生器或燃气轮机，并返回到堆芯。HTGR 的换料采用分批模式完成，与水冷反应堆采用的方式类似，所需的大体积的石墨慢化剂导致 HTGR 具有最低的功率密度，以及表 4.1 中列出的所有反应堆中的最大体积。

4.2.4 RBMK 反应堆

迄今为止，我们已经研究的热堆，要么冷却剂与慢化剂相同，要么冷却剂是气体。在后一种情况下，气体密度足够小，使得它所占据的体积对确定 k_∞ 的影响较小。另有一些动力反应堆使用的液体冷却剂与慢化剂不同。例如，类似于 CANDU 系统的设计，将加压或沸腾的轻水冷却剂与重水慢化剂相结合。非常规的是熔盐反应堆，其中的熔融燃料也充当冷却剂，通过由固定的石墨慢化剂结构组成的堆芯进行循环，带走热量。其他冷却剂与慢化剂的组合也被采用过，但大部分仅用在原型堆中，而采用这样组合设计的 RBMK 反应堆已被实际应用于电力生产。

RBMK 反应堆是水冷却–石墨慢化反应堆。对慢化剂大体积的需求转化为低功率密度，体积高达 $1000\,\text{m}^3$。RBMK 与 CANDU 堆设计有一些相似之处：堆芯由包含燃料组件的压力管组成，燃料组件则由锆包覆的圆柱形的二氧化铀燃料元件束构成。压力管承载水冷却剂穿过石墨慢化剂，石墨慢化剂构成了堆芯体积的大部分。与 CANDU 堆一样，RBMK 采用在线换料，每次使用机器隔离一根压力管。然而，RBMK 与 CANDU 之间设计上的差异很大。RBMK 设计的压力管垂直横穿堆芯，并且输送的轻水冷却剂在通过压力管时发生沸腾。在体积巨大的石墨慢化剂中预留孔道，压力管和控制棒配置在其中，燃料的富集度

约为 2‰

4.2.5　快中子反应堆

快堆堆芯含有尽可能少的低原子质量的材料，以防止中子通过弹性散射慢化。即使这样，快堆也需要 10% 或更高的富集度。使用类似于图 4.1(b) 所示的六边形栅格单元，这样可以获得比在正方形栅格中更小的冷却剂与燃料的体积比。如表 4.1 所示，这些紧密的栅格有助于使快堆获得比热堆更高的功率密度、更小的体积。

快堆燃料可以是金属或被封装在金属包壳中的陶瓷。液态金属是最广泛使用的冷却剂，原因在于，它们的原子量大于其他液体，它们具有优异的传热性能，并且可以用于低压系统。钠冷快堆 (SFR) 是最常见的设计。然而，由于钠与水会发生剧烈反应，钠冷快堆需要在反应堆堆芯和蒸汽发生器之间设置中间换热器；如果蒸汽发生器发生泄漏，通过反应堆的钠不会与水接触。一些俄罗斯快堆已使用熔融铅冷却剂。因为气体的低密度使其对中子能谱没有明显的影响，所以以气冷快堆 (GCFR) 提供了液态金属冷却系统的替代方案。然而，为了实现足够的热传输，需要高压和大幅度提高冷却剂温度。与大多数其他系统一样，快堆换料采用分批模式进行。

4.3　快中子反应堆栅格

在第 3 章中，我们研究了中子能谱，假设反应堆堆芯的所有成分都暴露在相同的依赖于能量的中子通量密度 $\varphi(E)$ 中。该章最后使用能量平均截面来表示无限增殖因数为

$$k_\infty = \int_0^\infty \nu \Sigma_{\rm f}(E)\varphi(E){\rm d}E \bigg/ \int_0^\infty \Sigma_{\rm a}(E)\varphi(E){\rm d}E \tag{4.1}$$

这是对快堆和热堆进行更详细分析的出发点。快堆在几个方面与热反应堆存在差异。燃料富集度通常高于热堆，一般会超过 10%。因为低原子量的材料具有降低中子能谱的不利影响，快堆堆芯的设计者会尽最大的可能避免使用这些材料，结果获得的是如图 3.6 所示的快中子能谱。由于中子截面通常随着中子能量的增加而减小，故快堆内在中子能谱上的平均截面明显小于热堆系统。因此，在快堆中，无论是燃料直径还是燃料棒之间的冷却剂厚度，都不会大大超过平均自由程。在这样的条件下，中子通量密度在栅格单元的横截面上的空间分布将是非常平坦的，这允许我们近似地认为，燃料、冷却剂和其他任意结构材料都处于相同的中子通量密度分布 $\varphi(E)$ 下。因此，对于任何反应 x，可以使用式 (2.18) 对燃料、冷却剂和结构材料的中子截面进行体积加权

$$\Sigma_x(E) = (V_{\rm f}/V)\Sigma_x^{\rm f}(E) + (V_{\rm c}/V)\Sigma_x^{\rm c}(E) + (V_{\rm st}/V)\Sigma_x^{\rm st}(E) \tag{4.2}$$

其中，栅格单元的体积是这三个分量的贡献之和：$V = V_{\rm f} + V_{\rm c} + V_{\rm st}$。将式 (4.2) 代入式 (4.1)，得

$$k_\infty = \frac{V_{\rm f}\displaystyle\int_0^\infty \nu\Sigma_{\rm f}^{\rm f}(E)\varphi(E){\rm d}E}{V_{\rm f}\displaystyle\int_0^\infty \Sigma_{\rm a}^{\rm f}(E)\varphi(E){\rm d}E + V_{\rm c}\int_0^\infty \Sigma_{\rm a}^{\rm c}(E)\varphi(E){\rm d}E + V_{\rm st}\int_0^\infty \Sigma_{\rm a}^{\rm st}(E)\varphi(E){\rm d}E} \tag{4.3}$$

其中，只有燃料对分子中的裂变截面有贡献。

下面，可以用能量平均 (也称为单能群) 截面来表示增殖因数。首先将中子通量密度对能量进行积分

$$\phi = \int_0^\infty \varphi(E)\mathrm{d}E \tag{4.4}$$

然后，按照式 (3.38) 定义中子通量密度平均截面，有

$$\bar{\Sigma}_x^y = \int_0^\infty \Sigma_x^y(E)\varphi(E)\mathrm{d}E \bigg/ \int_0^\infty \varphi(E)\mathrm{d}E \tag{4.5}$$

其中，y 表示发生反应的材料。结合这两个方程，则核反应率表达为能量平均截面和中子通量密度的乘积

$$\int_0^\infty \Sigma_x^y(E)\varphi(E)\mathrm{d}E = \bar{\Sigma}_x^y\phi \tag{4.6}$$

然后栅格单元平均核反应率变为

$$\int_0^\infty \Sigma_x(E)\varphi(E)\mathrm{d}E = \left(\frac{V_\mathrm{f}}{V}\bar{\Sigma}_x^\mathrm{f} + \frac{V_\mathrm{c}}{V}\bar{\Sigma}_x^\mathrm{c} + \frac{V_\mathrm{st}}{V}\bar{\Sigma}_x^\mathrm{st} \right)\phi \tag{4.7}$$

并且可以把式 (4.3) 写成

$$k_\infty = \frac{V_\mathrm{f}\nu\bar{\Sigma}_\mathrm{f}^\mathrm{f}}{V_\mathrm{f}\bar{\Sigma}_\mathrm{a}^\mathrm{f} + V_\mathrm{c}\bar{\Sigma}_\mathrm{a}^\mathrm{c} + V_\mathrm{st}\bar{\Sigma}_\mathrm{a}^\mathrm{st}} \tag{4.8}$$

冷却剂和其他材料与燃料核的比率以及燃料富集度成为栅格增殖因数的主要决定因素。为了探究富集度，我们将燃料原子的数量密度写为易裂变材料 (fi) 和可裂变材料 (fe) 贡献的总和

$$N_\mathrm{f} = N_\mathrm{fi} + N_\mathrm{fe} \tag{4.9}$$

将式 (3.6) 中的富集度 $\tilde{e}$ 定义为易裂变核与总燃料核的比例

$$\tilde{e} = N_\mathrm{fi}/N_\mathrm{f} \tag{4.10}$$

接下来，针对在 y 材料中的 x 反应，使用式 (2.5)，以其对应的微观截面来指定宏观截面

$$\bar{\Sigma}_x^y = N_y\bar{\sigma}_x^y \tag{4.11}$$

其中，能量平均微观截面是

$$\bar{\sigma}_x^y = \int_0^\infty \sigma_x^y(E)\varphi(E)\mathrm{d}E \bigg/ \int_0^\infty \varphi(E)\mathrm{d}E \tag{4.12}$$

将燃料按照易裂变和可裂变来划分贡献，由式 (4.11) 导出

$$\bar{\Sigma}_x^\mathrm{f} = N_\mathrm{fi}\bar{\sigma}_x^\mathrm{fi} + N_\mathrm{fe}\bar{\sigma}_x^\mathrm{fe} \tag{4.13}$$

这样，由式 (4.13)，利用式 (4.9)~(4.11)，可以获得燃料的微观截面

$$\bar{\sigma}_x^\mathrm{f} = \tilde{e}\bar{\sigma}_x^\mathrm{fi} + (1 - \tilde{e})\bar{\sigma}_x^\mathrm{fe} \tag{4.14}$$

上述定义允许我们用富集度和这些微观截面来表达 k_∞。因此，式 (4.8) 化为

$$k_\infty = \frac{V_f N_f \left[\tilde{e} \nu^{fi} \bar{\sigma}_f^{fi} + (1 - \tilde{e}) \nu^{fe} \bar{\sigma}_f^{fe} \right]}{V_f N_f \left[\tilde{e} \bar{\sigma}_a^{fi} + (1 - \tilde{e}) \bar{\sigma}_a^{fe} \right] + V_c N_c \bar{\sigma}_a^c + V_{st} N_{st} \bar{\sigma}_a^{st}} \tag{4.15}$$

或者

$$k_\infty = \frac{\tilde{e} \nu^{fi} \bar{\sigma}_f^{fi} + (1 - \tilde{e}) \nu^{fe} \bar{\sigma}_f^{fe}}{\tilde{e} \bar{\sigma}_a^{fi} + (1 - \tilde{e}) \bar{\sigma}_a^{fe} + \left[(V_c N_c)/(V_f N_f) \right] \bar{\sigma}_a^c + \left[(V_{st} N_{st})/(V_f N_f) \right] \bar{\sigma}_a^{st}} \tag{4.16}$$

因为易裂变材料的 $\nu\sigma_f$ 与 σ_a 的比率大于可裂变材料，所以快堆的增殖因数随着富集度的增加而增加。冷却剂和结构材料的影响较敏感。如式 (4.16) 所示，增加冷却剂与燃料的原子比率 [即增加 $(V_c N_c)/(V_f N_f)$] 会增加冷却剂的吸收，从而降低 k_∞；结构材料的存在具有相同的影响。同样重要的是，由于冷却剂和结构材料的原子量低于燃料，所以中子与这些原子核的碰撞会降低中子的能量。因此，存在的冷却剂越多，能谱的降级也就越大。降级的能谱主要通过燃料截面的能量平均值影响式 (4.16)。如图 3.1 所示，随着中子能量的减小，$\nu\sigma_f$ 与 σ_a 的比值也减小，从而增殖因数降低。

4.4 热中子反应堆栅格

式 (4.1) 是处理热堆和快堆栅格的出发点。然而，在热中子和中能中子能量范围内 (这对于理解热堆物理至关重要)，反应截面通常大于高能中子 (这是快堆物理中主要关注的)。此外，热堆中冷却剂和慢化剂区域的尺寸通常大于快堆中冷却剂通道的尺寸。这两个因素的最终结果是，燃料棒的直径以及慢化剂和/或冷却剂的横向尺寸大约有几个平均自由程或更多。在这种情况下，燃料和慢化剂区域中的中子通量密度的大小可能显著不同，在燃料吸收截面大的能量范围内，燃料区域中的中子通量密度变低。

为清晰起见，我们考虑一个简单的双体积模型，其中 V_f 和 V_m 是燃料和慢化剂体积，因此 $V = V_f + V_m$。在这样做时，假设慢化剂也是冷却剂并且占据相同的体积 V_m。该模型可以推广到处理分离区域的冷却剂和慢化剂，以及考虑较少量的结构和控制材料。

简化模型通过将单元的核反应率划分为燃料和慢化剂的贡献，来解释燃料和慢化剂内中子通量密度的差异

$$V \Sigma_x(E) \varphi(E) = V_f \Sigma_x^f(E) \varphi_f(E) + V_m \Sigma_x^m(E) \varphi_m(E) \tag{4.17}$$

其中，x 表示核反应的类型，$\varphi_f(E)$、$\varphi_m(E)$ 和 $\varphi(E)$ 分别是在 V_f、V_m 和 V 上的空间平均值。将式 (4.17) 代入式 (4.1)，得到

$$k_\infty = \frac{V_f \int_0^\infty \nu \Sigma_f^f(E) \varphi_f(E) \mathrm{d}E}{V_f \int_0^\infty \Sigma_a^f(E) \varphi_f(E) \mathrm{d}E + V_m \int_0^\infty \Sigma_a^m(E) \varphi_m(E) \mathrm{d}E} \tag{4.18}$$

其中，由于 $\Sigma_f^m(E) = 0$，故分子中只出现单独的一项。

为了便于进一步分析，根据第 3 章的介绍，这里将能谱划分为热中子能区 (T)、中能中子能区 (I) 和快中子能区 (F)。与之前一样，将 $1.0\,\mathrm{eV}$ 和 $0.1\,\mathrm{MeV}$ 作为热中子、中能中

子和快中子之间的实用分区点。从而，核反应率被划分成这三个区域，在每个区域内有着不同的裂变和俘获模式

$$\int_0^\infty \Sigma_x^y(E)\varphi_y(E)\mathrm{d}E = \int_{\mathrm{T}} \Sigma_x^y(E)\varphi_y(E)\mathrm{d}E + \int_{\mathrm{I}} \Sigma_x^y(E)\varphi_y(E)\mathrm{d}E + \int_{\mathrm{F}} \Sigma_x^y(E)\varphi_y(E)\mathrm{d}E \tag{4.19}$$

裂变主要发生在热中子区内，较少的量来自可裂变材料的快中子裂变。因此，我们从裂变反应中删除中能区，得到

$$\int_0^\infty \nu\Sigma_{\mathrm{f}}(E)\varphi_{\mathrm{f}}(E)\mathrm{d}E \approx \int_{\mathrm{T}} \nu\Sigma_{\mathrm{f}}(E)\varphi_{\mathrm{f}}(E)\mathrm{d}E + \int_{\mathrm{F}} \nu\Sigma_{\mathrm{f}}(E)\varphi_{\mathrm{f}}(E)\mathrm{d}E \tag{4.20}$$

由于慢化剂材料仅对热中子具有显著的吸收截面，因此做进一步简化

$$\int_0^\infty \Sigma_{\mathrm{a}}^{\mathrm{m}}(E)\varphi_{\mathrm{m}}(E)\mathrm{d}E \approx \int_{\mathrm{T}} \Sigma_{\mathrm{a}}^{\mathrm{m}}(E)\varphi_{\mathrm{m}}(E)\mathrm{d}E \tag{4.21}$$

最后，燃料吸收中能中子 (通过共振俘获) 和热中子，而吸收快中子最少。从而

$$\int_0^\infty \Sigma_{\mathrm{a}}^{\mathrm{f}}(E)\varphi_{\mathrm{f}}(E)\mathrm{d}E \approx \int_{\mathrm{T}} \Sigma_{\mathrm{a}}^{\mathrm{f}}(E)\varphi_{\mathrm{f}}(E)\mathrm{d}E + \int_{\mathrm{I}} \Sigma_{\mathrm{a}}^{\mathrm{f}}(E)\varphi_{\mathrm{f}}(E)\mathrm{d}E \tag{4.22}$$

这些简化将式 (4.18) 归纳为更明确的形式

$$k_\infty = \frac{V_{\mathrm{f}}\left[\int_{\mathrm{T}} \nu\Sigma_{\mathrm{f}}^{\mathrm{f}}(E)\varphi_{\mathrm{f}}(E)\mathrm{d}E + \int_{\mathrm{F}} \nu\Sigma_{\mathrm{f}}^{\mathrm{f}}(E)\varphi_{\mathrm{f}}(E)\mathrm{d}E\right]}{V_{\mathrm{f}}\left[\int_{\mathrm{T}} \Sigma_{\mathrm{a}}^{\mathrm{f}}(E)\varphi_{\mathrm{f}}(E)\mathrm{d}E + \int_{\mathrm{I}} \Sigma_{\mathrm{a}}^{\mathrm{f}}(E)\varphi_{\mathrm{f}}(E)\mathrm{d}E\right] + V_{\mathrm{m}}\int_{\mathrm{T}} \Sigma_{\mathrm{a}}^{\mathrm{m}}(E)\varphi_{\mathrm{m}}(E)\mathrm{d}E} \tag{4.23}$$

4.4.1 四因子公式

虽然式 (4.23) 揭示了热中子的重要性 (五个积分中的三个在热中子范围内)，但是该式只能隐晦地表达中子慢化对于决定栅格增殖因数的核心作用。为了使物理过程更加明确，在反应堆物理发展史的早期建立了简化模型——k_∞ 的四因子公式。虽然这是建立在当时能够开展的测量活动和物理论据的基础之上，但是四因子公式仍然是理解热堆内中子循环的有价值的工具，特别是将中子特性与第 9 章中讨论的热工水力反馈特性相关联的问题。在下文中，我们将先定性后定量地对四个因素进行描述。之后，在最后的小节中，使用公式来探究富集度、慢化剂与燃料的体积比，以及确定压水堆栅格增殖因数的其他设计参数。

图 4.5 示意性地说明了由燃料和慢化剂组成的热反应堆栅格内中子的特性。横轴表示从栅格单元 (由慢化剂包围的圆柱形燃料元件组成) 的中心到外部的径向距离；它分为燃料和慢化剂区域。纵轴表示中子能量范围为 $0.01\,\mathrm{eV}\sim 10\,\mathrm{MeV}$，中子能量分为热中子区 (T)、中能中子区 (I) 和快中子区 (F)。

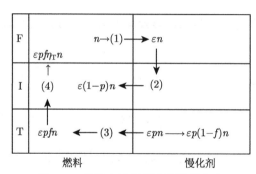

图 4.5　热堆中子循环的四因子公式

大多数裂变中子是由于燃料中热中子的吸收而产生的，并以快中子的形式出现。假设 n 个这样的快中子从燃料中产生，如图 4.5 所示。部分快中子将引起可裂变材料发生快中子裂变，导致总数为 $\varepsilon n(\varepsilon > 1)$ 的快中子从裂变中产生，其中 ε 是快中子裂变因数。如图 4.5 中的第 (1) 步所示，εn 个裂变中子迁移到慢化剂区域。接着，由于与轻原子量的慢化剂的核发生碰撞，这些裂变中子经历慢化，如步骤 (2) 所示。然而，只有份额为 p 的中子能够存活到热能区，剩余的中子由于燃料内的共振俘获而损失；$p(< 1)$ 被称为逃脱共振俘获概率。在经历慢化的 εn 个中子中，$\varepsilon p n$ 个中子达到热能区，而 $\varepsilon(1-p)n$ 个中子在共振中被俘获。在到达热能区之后，一些中子被慢化剂吸收而丢失。然而，在步骤 (3) 中，较大的比例 $f(f < 1)$ 的中子进入燃料并被吸收，f 被称为热中子利用系数。这样，燃料吸收 $\varepsilon p f n$ 个中子，同时慢化剂吸收 $\varepsilon p(1 - f)n$ 个中子。燃料每吸收一个热中子，产生 $\eta_{\mathrm{T}}(\eta_{\mathrm{T}} > 1)$ 个裂变中子。因此，如步骤 (4) 的符号表示，$\varepsilon p f \eta_{\mathrm{T}} n$ 个具有兆电子伏量级能量的裂变中子从热裂变中出现，这是由前一代的 n 个裂变中子产生的。这样，根据式 (3.1) 和 (3.2) 的定义，可得

$$k_{\infty} = \varepsilon p f \eta_{\mathrm{T}} \tag{4.24}$$

表 4.2 列出了对主要类型热堆的 k_{∞} 有贡献的四个因子的典型值。k_{∞} 的值大体上大于 1，代表正常运行工况。但要明白，这个结果是在没有任何控制毒物的情况下，按照新燃料计算得到的。当然，在运行的反应堆中，燃料消耗会降低 η_{T}，控制棒或其他控制毒物的存在会降低 f，当考虑不泄漏概率 P_{NL} 时，必然会有 $k = k_{\infty}P_{\mathrm{NL}} = 1$。为了更好地理解中子慢化剂的重要性，我们会根据在热中子 (T)、中能中子 (I) 和快中子 (F) 能量范围内的中子通量密度和反应截面，更加定量地研究四个因子中的每一个。

表 4.2　热堆的四因子和 k_{∞} 的典型值

	PWR 压水反应堆	BWR 沸水反应堆	PHWR CANDU 重水反应堆	HTGR 碳慢化反应堆
ε	1.27	1.28	1.08	1.20
p	0.63	0.63	0.84	0.62
f	0.94	0.94	0.97	0.98
η_{T}	1.89	1.89	1.31	2.02
k_{∞}*	1.41	1.40	1.12	1.47

* 没有中子毒物的新燃料。

资料来源：数据由阿贡国家实验室 W. S. Yang 提供。

1. 快中子裂变因数

快中子裂变因数是产生的全部裂变中子与热裂变中子的比率。由于中能中子裂变产生的中子可以忽略不计，则

$$\varepsilon = \frac{\int_T \nu \Sigma_f^f(E)\varphi_f(E)dE + \int_F \nu \Sigma_f^f(E)\varphi_f(E)dE}{\int_T \nu \Sigma_f^f(E)\varphi_f(E)dE} \tag{4.25}$$

或等价的

$$\varepsilon = 1 + \frac{\int_F \nu \Sigma_f^f(E)\varphi_f(E)dE}{\int_T \nu \Sigma_f^f(E)\varphi_f(E)dE} \tag{4.26}$$

其中，右侧积分的比值随着采用的慢化剂和燃料的富集度而显著变化，介于 0.02 和 0.30 之间。

2. 逃脱共振俘获概率

所有在能量中向下散射的快中子，不是被燃料的共振俘获截面在中能区内吸收，就是被燃料或慢化剂在热能区内吸收。中子在慢化过程中由于燃料的共振俘获而损失，所以中子存活到热能区的比例就是逃脱共振俘获概率

$$p = \frac{V_f \int_T \Sigma_a^f(E)\varphi_f(E)dE + V_m \int_T \Sigma_a^m(E)\varphi_m(E)dE}{V_f\left[\int_T \Sigma_a^f(E)\varphi_f(E)dE + \int_I \Sigma_a^f(E)\varphi_f(E)dE\right] + V_m \int_T \Sigma_a^m(E)\varphi_m(E)dE} \tag{4.27}$$

在分子中加上和减去 $V_f \int_I \Sigma_a^f(E)\varphi_f(E)dE$，则可以将此概率重写为

$$p = 1 - \frac{V_f \int_I \Sigma_a^f(E)\varphi_f(E)dE}{V_f\left[\int_T \Sigma_a^f(E)\varphi_f(E)dE + \int_I \Sigma_a^f(E)\varphi_f(E)dE\right] + V_m \int_T \Sigma_a^m(E)\varphi_m(E)dE} \tag{4.28}$$

作为分母的总吸收必须等于慢化的中子总数或 Vq，其中 q 是在栅元上平均的慢化密度 (第 3 章中介绍过)。接下来，将栅元平均慢化密度分为源自燃料区和慢化剂区的贡献 q_f 和 q_m：

$$q = \frac{V_f}{V}q_f + \frac{V_m}{V}q_m \tag{4.29}$$

因为燃料的原子核具有比慢化剂大得多的原子量，所以在燃料中的中子慢化可以被忽略，只作初步近似。那么，可以得到

$$Vq \approx V_m q_m \tag{4.30}$$

用 $V_m q_m$ 代替式 (4.28) 中的分母，得到

$$p = 1 - \frac{V_f}{V_m q_m}\int_I \Sigma_a^{fe}(E)\varphi_f(E)dE \tag{4.31}$$

式中，也可以用 $\Sigma_{\rm a}^{\rm fe}(E)$ 取代 $\Sigma_{\rm a}^{\rm f}(E)$，这是因为占主导地位的共振俘获发生在可裂变材料中。

在中能区内，慢化剂可以被近似为纯散射材料。在这种情况下，式 (3.26) 与中子通量密度和慢化密度相关；如果慢化剂的散射截面 $\Sigma_{\rm s}^{\rm m}$ 与能量无关，那么中子通量密度为 $1/E$，式 (3.26) 化简为

$$q_{\rm m} = \xi^{\rm m} \Sigma_{\rm s}^{\rm m} E \varphi_{\rm m}(E) \tag{4.32}$$

其中，$\xi^{\rm m}$ 是第 2 章中定义的慢化剂平均对数能降。将此表达式代入式 (4.31) 可得

$$p = 1 - \frac{V_{\rm f}}{V_{\rm m} \xi^{\rm m} \Sigma_{\rm s}^{\rm m} E \varphi_{\rm m}(E)} \int_{\rm I} \Sigma_{\rm a}^{\rm fe}(E') \varphi_{\rm f}(E') {\rm d}E' \tag{4.33}$$

因为 $q_{\rm m}$ 和 $\xi^{\rm m} \Sigma_{\rm s}^{\rm m}$ 是常数，所以式 (4.32) 表明 $E\varphi_{\rm m}(E)$ 也必须独立于能量，因此可以将其移到积分内。接着，写出 $\Sigma_{\rm a}^{\rm fe}(E) = N_{\rm fe} \sigma_{\rm a}^{\rm fe}(E)$，获得逃脱共振俘获概率的惯用形式

$$p = 1 - \frac{V_{\rm f} N_{\rm fe}}{V_{\rm m} \xi^{\rm m} \Sigma_{\rm s}^{\rm m}} I \tag{4.34}$$

其中，共振积分定义为

$$I = \int_{\rm I} \frac{\sigma_{\rm a}^{\rm fe}(E) \varphi_{\rm f}(E)}{E \varphi_m(E)} {\rm d}E \tag{4.35}$$

大多数共振的间隔足够大，以至于在它们之间的能量区域内，可以重新建立 $1/E$ 中子通量密度分布，但慢化密度与被吸收的中子的份额成比例地减小。既然如此，我们可以将前面两个方程应用于第 i 个共振

$$p_i = 1 - \frac{V_{\rm f} N_{\rm fe}}{V_{\rm m} \xi^{\rm m} \Sigma_{\rm s}^{\rm m}} I_i \tag{4.36}$$

和

$$I_i = \int_{\rm I} \frac{\sigma_{{\rm a},i}^{\rm fe}(E) \varphi_{\rm f}(E)}{E \varphi_{\rm m}(E)} {\rm d}E \tag{4.37}$$

并将逃脱共振俘获概率写为 p_i 的乘积。如果 T 是共振的总数，那么

$$p = p_1 p_2 p_3 \cdots p_i \cdots p_{T-1} p_T \tag{4.38}$$

通常，单个共振的逃脱概率充分地接近于 1，那么，式 (4.36) 是对于指数函数的合理的两项式近似。因此，可以取

$$p_i = \exp\left(-\frac{V_{\rm f} N_{\rm fe}}{V_{\rm m} \xi^{\rm m} \Sigma_{\rm s}^{\rm m}} I_i\right) \tag{4.39}$$

并将此结果代入式 (4.38)，得到

$$p = \exp\left(-\frac{V_{\rm f} N_{\rm fe}}{V_{\rm m} \xi^{\rm m} \Sigma_{\rm s}^{\rm m}} I\right) \tag{4.40}$$

其中，共振积分是各个共振的贡献之和

$$I = \sum_{i=1}^{T} I_i \tag{4.41}$$

　　图 3.4 说明能量自屏效应减少了可裂变材料的共振中的中子俘获。事实上，燃料与慢化剂的分离增强了空间能量自屏效应的期望效果，即在吸收截面 $\sigma_a^{fe}(E)$ 中出现共振峰的能量处，降低了式 (4.37) 中 $\varphi_f(E)/\varphi_m(E)$ 的值。图 4.6 显示了空间自屏效应以及温度对其的影响。图 4.6(a) 阐明了共振吸收截面和当温度从 T_1 增加到 T_2 时发生的多普勒展宽。在图 4.6(b) 中，我们看到，相对于慢化剂中的中子通量密度 $\varphi_m(E)$，燃料中的中子通量密度 $\varphi_f(E)$ 下沉。图示指出，温度升高，降低了共振峰处的自屏效应，相应地，当温度升高时，这会增加共振吸收。

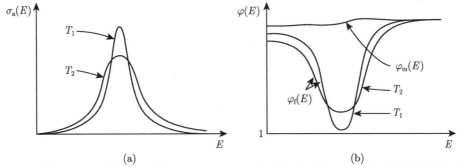

图 4.6　多普勒展宽对自屏效应的影响 $(T_2 > T_1)$：(a) 共振吸收截面，(b) 燃料和慢化剂中的中子通量密度

　　只有由燃料与慢化剂分离引起的逃脱共振俘获概率增加，才允许建造以天然铀为燃料、以石墨为慢化剂的反应堆。如果没有燃料与慢化剂分离所提供的空间自屏蔽，那么只有当重水是慢化剂时，采用天然铀作燃料的 k_∞ 值才有可能大于 1。即使利用了空间自屏蔽，实现轻水慢化系统中的临界也需要低浓缩铀。

　　更高阶教材包括对空间能量自屏蔽的详细分析。这里，实验研究获得的铀-238 燃料棒的共振积分的经验公式在表 4.3 中给出。共振积分的单位是靶恩 (b)，密度 ρ 的单位是 g/cm^3，棒直径 D 的单位是 cm。这些方程适用于 $0.2\,cm < D < 3.5\,cm$ 的孤立棒；如果燃料棒位于紧密排列的栅格中，则自屏效应通过所谓的丹可夫校正略微增加。在任何一种情况下，空间自屏蔽都是明显的，随着燃料直径的增加，共振积分减小，因此中子吸收也减小。

表 4.3　燃料棒的共振积分

铀金属	$I = 2.95 + 25.8\sqrt{4/\rho D}$
UO$_2$	$I = 4.45 + 26.6\sqrt{4/\rho D}$

资料来源: Nordheim, L. W., "The Doppler Coefficient," *The Technology of Nuclear Reactor Safety*, T. J. Thompson and J. G. Beckerley, eds., Vol. 1, MIT Press, Cambridge, MA, 1966.

3. 热中子利用系数和 η_T

　　热中子利用率 f 是热中子被燃料吸收的比例。由于所有热中子一定在燃料或慢化剂中被吸收，则

$$f = \frac{V_f \int_T \Sigma_a^f(E)\varphi_f(E)\mathrm{d}E}{V_f \int_T \Sigma_a^f(E)\varphi_f(E)\mathrm{d}E + V_m \int_T \Sigma_a^m(E)\varphi_m(E)\mathrm{d}E} \tag{4.42}$$

最后，燃料每吸收一个热中子产生的裂变中子的数量是

$$\eta_T = \frac{\int_T \nu \Sigma_f^f(E)\varphi_f(E)\mathrm{d}E}{\int_T \Sigma_a^f(E)\varphi_f(E)\mathrm{d}E} \tag{4.43}$$

通过仅在热中子能谱上定义平均截面，f 和 η_T 的表达式得到相当大的简化。设

$$\bar{\varphi}_{f,T} = \int_T \varphi_f(E)\mathrm{d}E \tag{4.44}$$

和

$$\bar{\varphi}_{m,T} = \int_T \varphi_m(E)\mathrm{d}E \tag{4.45}$$

分别是在燃料和慢化剂区域上空间平均的热中子通量密度。那么，燃料和慢化剂的热中子截面变为

$$\bar{\Sigma}_{x,T}^f = \bar{\varphi}_{f,T}^{-1} \int_T \Sigma_x^f \varphi_f(E)\mathrm{d}E \tag{4.46}$$

和

$$\bar{\Sigma}_{x,T}^m = \bar{\varphi}_{m,T}^{-1} \int_T \Sigma_x^m \varphi_m(E)\mathrm{d}E \tag{4.47}$$

利用这些热中子截面，f 和 η_T 的定义简化为

$$f = \frac{1}{1 + \varsigma \left(V_m \bar{\Sigma}_{a,T}^m / V_f \bar{\Sigma}_{a,T}^f\right)} \tag{4.48}$$

和

$$\eta_T = \frac{\nu \bar{\Sigma}_{f,T}^f}{\bar{\Sigma}_{a,T}^f} \tag{4.49}$$

其中，热中子不利因子定义为慢化剂中的热中子通量密度与燃料中的热中子通量密度之比

$$\varsigma = \bar{\varphi}_{mT}/\bar{\varphi}_{fT} \tag{4.50}$$

这个"不利"的含义是：如果在慢化剂内中子通量密度越大，被其俘获的中子就越多，那么在燃料中可以用来产生裂变的中子就越少。

4. 重新考虑的 k_∞

仍有一个问题存在，四因子公式如何与式 (4.23) 给出的 k_∞ 值相关联？要获得答案，将对应 ε、p、f 和 η_T 的式 (4.25)、(4.27)、(4.42) 和 (4.43) 代入 $k_\infty = \varepsilon p f \eta_T$ 中，然后约分消项，我们可以看到与式 (4.23) 相同的结果

$$k_\infty = \frac{\displaystyle\int_T \nu \Sigma_f^f(E)\varphi_f(E)\mathrm{d}E + \int_F \nu \Sigma_f^f(E)\varphi_f(E)\mathrm{d}E}{\cancel{\displaystyle\int_T \nu \Sigma_f^f(E)\varphi_f(E)\mathrm{d}E}}$$

$$\times \frac{\cancel{V_f \displaystyle\int_T \Sigma_a^f(E)\varphi_f(E)\mathrm{d}E + V_m \int_T \Sigma_a^m(E)\varphi_m(E)\mathrm{d}E}}{V_f\left[\displaystyle\int_T \Sigma_a^f(E)\varphi_f(E)\mathrm{d}E + \int_I \Sigma_a^f(E)\varphi_f(E)\mathrm{d}E\right] + V_m \int_T \Sigma_a^m(E)\varphi_m(E)\mathrm{d}E}$$

$$\times \frac{\cancel{V_f \displaystyle\int_T \Sigma_a^f(E)\varphi_f(E)\mathrm{d}E}}{\cancel{V_f \displaystyle\int_T \Sigma_a^f(E)\varphi_f(E)\mathrm{d}E + V_m \int_T \Sigma_a^m(E)\varphi_m(E)\mathrm{d}E}}$$

$$\times \frac{\cancel{\displaystyle\int_T \nu \Sigma_f^f(E)\varphi_f(E)\mathrm{d}E}}{\cancel{\displaystyle\int_T \Sigma_a^f(E)\varphi_f(E)\mathrm{d}E}} \tag{4.51}$$

因此，式 (4.23) 与四因子公式一致。

4.4.2 压水堆示例

热堆堆芯增殖因数的两个主要决定因素是燃料富集度和慢化剂与燃料的体积比。增殖因数随着富集度而单调增加，但在绘制关于慢化剂与燃料的比例的曲线中出现最大值。欠慢化和过慢化的栅格是指那些慢化剂与燃料的比例小于或大于最佳值的栅格。我们以 UO_2 压水堆栅格为例，说明富集度、慢化剂与燃料的比例，以及其他设计参数对增殖因数的影响。

首先，用富集度和慢化剂与燃料的原子比来表达四个因子。式 (4.9) 和 (4.10) 根据易裂变 (fi) 和可裂变 (fe) 原子密度来定义富集度 $\tilde{e}$。因此，类似于快堆的方程 (4.14)，对于热反应堆，有

$$\bar{\sigma}_{a,T}^f = \tilde{e}\bar{\sigma}_{a,T}^{fi} + (1 - \tilde{e})\bar{\sigma}_{a,T}^{fe} \tag{4.52}$$

然而，现在的能量平均仅用于热能区，使用下标 T 标识。有了这个命名法，可以用富集度和易裂变材料的 η_{fi} 表示 η_T

$$\eta_T = \eta_T^{fi} \bigg/ \left[1 + \frac{(1 - \tilde{e})\bar{\sigma}_{a,T}^{fe}}{\tilde{e}\bar{\sigma}_{a,T}^{fi}}\right] \tag{4.53}$$

逃脱共振俘获概率是富集度和慢化剂与燃料的核数比 $(V_m N_m)/(V_f N_f)$ 的函数。由于 $N_{fe} = (1 - \tilde{e})N_f$，可以将式 (4.40) 重写为

$$p = \exp\left[-\frac{1 - \tilde{e}}{(V_m N_m)/(V_f N_f)}\frac{I}{\xi \sigma_s^m}\right] \tag{4.54}$$

其中，$\Sigma_s^m = N_m\sigma_s^m$。用慢化剂与燃料的原子比表示，由式 (4.48) 给出的热中子利用系数变为

$$f = \cfrac{1}{1 + \varsigma\,\cfrac{V_m N_m}{V_f N_f}\,\cfrac{\bar\sigma_{a,T}^m}{\bar\sigma_{a,T}^f}} \tag{4.55}$$

其中，用核数密度和微观截面重新表示宏观截面：$\bar\Sigma_{a,T}^m = N_m\bar\sigma_{a,T}^m$ 和 $\bar\Sigma_{a,T}^f = N_f\bar\sigma_{a,T}^f$。最后，当采用微观截面来书写时，由式 (4.26) 给出的快中子裂变因数表示为

$$\varepsilon = 1 + \frac{(1-\tilde e)}{\tilde e}\,\frac{\nu^{fe}\bar\sigma_{f,F}^{fe}}{\nu^{fi}\bar\sigma_{f,F}^{fi}} \tag{4.56}$$

慢化剂与燃料的比例 $(V_m N_m)/(V_f N_f)$ 增加，两种现象之间发生竞争。式 (4.54) 表明 $(V_m N_m)/(V_f N_f)$ 增加会导致逃脱共振俘获概率增加，从而在经历过共振俘获后慢化剂使中子慢化的能力更强。相反，式 (4.55) 表明，较大的 $(V_m N_m)/(V_f N_f)$ 值导致更多的热中子在慢化剂中被俘获，从而降低了热中子利用系数。由于这些对立现象，慢化剂与燃料的比例存在最佳值，对于给定的富集度、燃料元件尺寸和可溶性吸收剂浓度，会导出 k_∞ 的最大值。图 4.7 表明了这些效应。

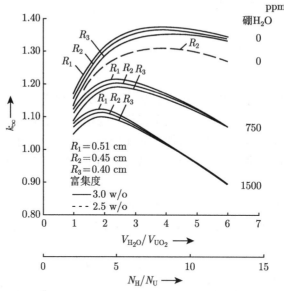

图 4.7　在不同的燃料棒半径、硼浓度和富集度条件下，压水堆栅格的 k_∞ 关于慢化剂与燃料的体积比的函数 (经 VGB, Essen 许可，改编自 D. Emendorfer 和 K. H. Hocker 的 *Theorie der Kernreaktoren*[①]，1982)

图 4.7 还阐明了许多其他效应。增加慢化剂中硼毒物的浓度会降低增殖因数，正如人们所期望的那样，随着慢化剂与燃料的体积比的增加，效果更强烈。同样，增大燃料棒的半径会提高增殖因数，但提高的量较小。这是由于俘获共振的空间自屏效应增加：增加的自屏蔽降低了表 4.3 中给出的共振积分，随后增加了式 (4.40) 中表示的逃脱共振俘获概率。

[①] 德语：反应堆理论。——译者

最后，通过观察在其他参数保持恒定状况下 2.5％(虚线) 和 3.0％(实线) 富集度的曲线，可以很明显地看出富集度对增加 k_∞ 具有显著影响。

在运行工况下，液体慢化系统中堆芯总是被设计成欠慢化的 (慢化剂少于最佳值)，这是为了确保稳定。由于随着堆芯温度的升高，液体比固体燃料膨胀得更快，慢化剂与燃料的原子比随温度的增加而降低。这将使图 4.7 中曲线上的工作点向左移动。因此，在欠慢化的堆芯中 k_∞ 的值将随着温度的升高而降低，形成稳定系统所需的负反馈。相反，过慢化的堆芯会产生正的温度反馈，并导致不稳定的系统，除非负反馈机制 (如第 3 章中所讨论的多普勒展宽) 超过正反馈效应。然而，正如我们将在第 9 章中详细讨论的那样，过多的负反馈会产生其他困难。反应堆设计者必须平衡慢化剂密度、燃料温度和其他现象的复合效应，以确保在所有运行工况下的系统稳定性。

在固体慢化反应堆中，情况可能更为复杂，例如采用石墨的情况，这是因为两种固体膨胀系数的相对值将起作用。此外，虽然气体冷却剂的原子密度可能太小而没有可测量的影响，但是冷却剂通道直径的相对膨胀可能成为一个重要影响因素。如果液体冷却剂与石墨结合使用，例如在 RBMK 反应堆中，那么相互作用就更复杂，原因在于，燃料、冷却剂和慢化剂之间相互作用的温度效应必须先分别考虑，再结合起来考虑。

参考文献

Bell, George I., and Samuel Glasstone, *Nuclear Reactor Theory*, Van Nostrand Reinhold, NY, 1970.

Bonalumi, R. A., "In-Core Fuel Management in CANDU-PHR Reactors," *Handbook of Nuclear Reactors Calculations, II*, Yigan Ronen, ed., CRC Press, Boca Raton, FL, 1986.

Duderstadt, James J., and Louis J. Hamilton, *Nuclear Reactor Analysis*, Wiley, NY, 1976.

Emendorfer, D., and K. H. Hocker, *Theorie der Kernreaktoren*, Bibliographisches Institut AG, Zurich, 1982.

Glasstone, Samuel, and Alexander Sesonske, *Nuclear Reactor Engineering*, 3rd ed., Van Nostrand Reinhold, NY, 1981.

Lamarsh, John, and Anthony J. Baratta, *Introduction to Nuclear Engineering*, 3rd ed., Prentice-Hall, 2001.

Nordheim, L. W., "The Doppler Coefficient," *The Technology of Nuclear Reactor Safety*, T. J. Thompson and J. G. Beckerley, eds., Vol. 1, MIT Press, Cambridge, MA, 1966.

Salvatores, Max, "Fast Reactor Calculations," *Handbook of Nuclear Reactors Calculations, III*, Yigan Ronen, ed., CRC Press, Boca Raton, FL, 1986.

Steward, H. B., and M. H. Merril, "Kinetics of Solid-Moderators Reactor", *Technology of Nuclear Reactor Safety*, T. J. Thompson and J.G. Beckerley, eds., Vol. 1, MIT Press, Cambridge, MA, 1966.

Turinsky, Paul J., "Thermal Reactor Calculations," *Handbook of Nuclear Reactors Calculations, III*, Yigan Ronen, ed., CRC Press, Boca Raton, FL, 1986.

习题

4.1 构建一座反应堆，燃料棒的直径为 1.2cm，采用液体慢化剂，其慢化剂与燃料的体积比为 2:1。对于下列两种情况，问最近的燃料中心线之间的距离是多少？

  a. 正方形栅格；

  b. 六边形栅格。

4.2 在快堆中，设计者经常希望最小化冷却剂与燃料的体积比来实现最小化中子慢化的量。从几何角度来看，对于下列两种情况，可以获得的冷却剂与燃料的体积比最小值的理论极限是多少？

  a. 正方形栅格；

  b. 六边形栅格。

4.3 钠冷快堆采用混合了贫化UO_2的PuO_2为燃料，结构材料是铁。在快中子谱上取平均的微观截面和密度如下表：

	σ_f/b	σ_a/b	σ_t/b	$\rho/(g/cm^3)$
PuO_2	1.95	2.40	8.6	11.0
UO_2	0.05	0.404	8.2	11.0
Na	—	0.0018	3.7	0.97
Fe	—	0.0087	3.6	7.87

  按体积计算，燃料包括 15% 的PuO_2和 85% 的UO_2。堆芯的体积构成为 30% 燃料、50% 冷却剂和 20% 结构材料。假设快中子谱中钚和铀的 ν 值分别为 2.98 和 2.47，并且氧的中子截面可以被忽略，试计算 k_∞。堆芯中燃料的质量份额是多少？

4.4 假设习题 4.3 中规定的钠冷快堆的不泄漏概率为 0.90。使用习题 4.3 中的数据，调整燃料中PuO_2和UO_2的体积份额，使 $k = 1.0$。燃料中PuO_2的体积百分比是多少？

4.5 验证式 (4.18)。

4.6 压水堆中，燃料棒由富集度为 3% 的UO_2构成，直径为 1.0 cm、密度为 11.0 g/cm³；慢化剂与燃料的体积比为 2:1；假设 $\varepsilon = 1.24$，热中子不利因子 $\varsigma = 1.16$，试计算室温下的 η_T、p、f 和 k_∞。对于共振积分计算的丹可夫校正使燃料直径增加 10%。(使用习题 3.4 的燃料数据)

4.7 假设将习题 4.6 中的燃料棒应用在D_2O慢化反应堆中。

  a. 提供与习题 4.6 中H_2O栅格相同的 p 值，需要慢化剂与燃料的体积比是多少？(假设无丹可夫校正。)

  b. 提供与习题 4.6 中H_2O栅格相同的 f 值，需要慢化剂与燃料的体积比是多少？(假设 ς 不变。)

4.8 反应堆的栅格由重水慢化剂中的铀棒组成，若用轻水来替代重水，则

  a. 逃脱共振俘获概率增加还是减少？为什么？

  b. 热中子利用系数增加还是减少？为什么？

  c. 你认为对 k_∞ 的净效应是什么？为什么？

4.9 假设压水堆中冷却剂与燃料的体积比增加，则

  a. 快中子裂变因数增加，减少，还是保持不变？为什么？

  b. 逃脱共振俘获概率增加，减少，还是保持不变？为什么？

  c. 热中子利用系数增加，减少，还是保持不变？为什么？

  d. η_T 值增加，减少，还是保持不变？为什么？

4.10 利用习题 4.6 中的数据，令冷却剂与燃料的体积比在 0.5 和 2.5 之间变化，绘制下列 a、b、c 项各量与 V_m/V_f 关系曲线，并回答 d、e 项。

  a. 逃脱共振俘获概率；

  b. 热中子利用系数；

  c. k_∞；

  d. 确定产生最大 k_∞ 的慢化剂与燃料的体积比；

  e. k_∞ 最大值是多少？

  你可以假设快中子裂变因数和热中子不利因子的变化是可以忽略不计的。

4.11 反应堆设计者决定在水冷反应堆中用燃料UO_2代替铀，保持富集度、燃料直径和水与燃料的体积比相同，则

　　a. p 增加，减少，还是保持不变？为什么？

　　b. f 增加，减少，还是保持不变？为什么？

　　c. η_T 增加，减少，还是保持不变？为什么？

4.12 用于热堆的燃料的组成具有下列原子比：铀 235——2%、钚 239——1%、铀 238——97%。计算用于四因子公式中的此燃料的 η_T 值。(使用习题 3.4 给出的数据)

第5章

反应堆动力学

5.1 引言

本章详细地研究了中子链式反应的时间依赖行为。为了强调时间变量，我们做了两个简化来避免同时处理中子的能量和空间变量。第一，假设第 3 章和第 4 章的方法已经用于对中子分布和相关反应截面进行能量平均；第二，推迟对空间效应的明确处理，暂时假设从系统中泄漏的中子可以忽略不计，或者可以通过前面引入的不逃脱概率近似处理。

通过引入一系列中子平衡方程及其时间依赖特性开始本章的研究。首先，研究一个不存在裂变材料的系统，这种系统被称为非增殖的。随后，添加裂变同位素，并探究相应增殖系统的行为。在这两种情况下，假设从系统中泄漏的中子可以忽略不计。之后，结合泄漏的影响研究在有限尺寸的系统中的临界现象。

在这些方程中最值得注意的简化是，假设所有中子都是在裂变瞬间产生的。实际上，小部分裂变中子是延迟产生的，因为它们是由某些裂变产物衰变释放出来的。这些缓发中子对链式反应行为的影响非常大。本章的其余部分涉及反应堆动力学，这是由瞬发和缓发的裂变中子的综合效应产生的。

5.2 中子平衡方程

为了获得中子平衡方程，我们使用下列定义：

$n(t)$——t 时刻中子总数；

$\bar{v}$——平均中子速度；

Σ_x——x 型反应的能量平均反应截面。

这里 $n(t)$ 是指系统中的所有中子，不管其位置或动能。同样地，$\bar{v}$ 和 Σ_x 是对所有中子能量进行平均获得的结果；对于 Σ_x，我们也假设在动力反应堆中，它是在栅格单元上空间平均的结果。

5.2.1 无限介质非增殖系统

首先确定在非增殖系统 (即系统内不含裂变材料) 内中子数 $n(t)$ 的时间变化率。此

外，假设系统的尺寸很大，以至于从其表面泄漏的一小部分中子可以忽略不计，则中子平衡方程为

$$\frac{\mathrm{d}}{\mathrm{d}t}n(t) = 源中子产生速率 - 中子吸收速率 \tag{5.1}$$

我们用中子源 $S(t)$(定义为每秒引入的中子数) 代替上式右边的第一项。回想一下，宏观吸收截面 Σ_a 是中子在飞行单位行程内被吸收的概率。因此，$\bar{v}\Sigma_a$ 是中子在单位时间内被吸收的概率，而 $\Sigma_a\bar{v}n(t)$ 是中子在单位时间内被吸收的数量。方程 (5.1) 变为

$$\frac{\mathrm{d}}{\mathrm{d}t}n(t) = S(t) - \Sigma_a\bar{v}n(t) \tag{5.2}$$

为了确定中子从产生到被吸收的平均寿命，假设在 $t = 0$ 时，系统包含 $n(0)$ 个中子，并且没有产生中子。因此，在方程 (5.2) 中 $S(t) = 0$，有

$$\frac{\mathrm{d}}{\mathrm{d}t}n(t) = -\Sigma_a\bar{v}n(t) \tag{5.3}$$

与第 1 章中的放射性衰变方程形式类似，方程 (5.3) 的解为

$$n(t) = n(0)\exp(-t/l_\infty) \tag{5.4}$$

其中，我们定义了

$$l_\infty = 1/(\bar{v}\Sigma_a) \tag{5.5}$$

因为 l_∞ 具有时间的单位，所以称之为中子寿命。下标表示是在无限介质中，寿命不会因为中子从系统泄漏而缩短。将 l_∞ 确定为中子寿命的更正式的理由源自平均中子寿命 $\bar{t}$ 的定义

$$\bar{t} \equiv \frac{\displaystyle\int_0^\infty tn(t)\mathrm{d}t}{\displaystyle\int_0^\infty n(t)\mathrm{d}t} = 1/(\bar{v}\Sigma_a) = l_\infty \tag{5.6}$$

利用中子寿命的这个定义，可以把方程 (5.2) 写为

$$\frac{\mathrm{d}}{\mathrm{d}t}n(t) = S_0 - \frac{1}{l_\infty}n(t) \tag{5.7}$$

其中，假设中子源与时间无关：$S(t) \to S_0$。接下来考虑的情况是：$t = 0$ 时刻，引入中子源；在此之前，没有中子存在。使用初始条件 $n(0) = 0$，求解方程 (5.7)，可得

$$n(t) = l_\infty S_0[1 - \exp((-t)/l_\infty)] \tag{5.8}$$

因此，中子群在初期是增长的，但之后稳定在 $n(\infty) = l_\infty S_0$。

上述方程表明，中子群建立或衰变的速度强烈地依赖于中子寿命。因为在非增殖系统内的中子寿命在 $10^{-8} \sim 10^{-4}\,\mathrm{s}$，相应地，这些过程发生非常的迅速。在系统内，若中子在被吸收之前能到达热能区，则中子具有较长的寿命，为此，对于式 (5.5) 中的速度，慢中子占据主导地位；若在慢化发生之前，大多数中子在较高能量时被吸收，则中子具有较短的寿命。

5.2.2　无限介质增殖系统

接下来考虑增殖系统，即其中存在裂变材料的系统。通过假设系统的尺寸无限大，可以再次忽略泄漏效应。暂时还是假设所有来自裂变的中子都是瞬间发射的，因此忽略了延迟发射的小部分但却重要的裂变中子。利用这些假设，中子平衡方程变为

$$\frac{\mathrm{d}}{\mathrm{d}t}n(t) = 源中子产生速率 + 裂变中子产生速率 - 中子吸收速率 \tag{5.9}$$

源项和吸收项的形式与前面的讨论相同。为了获得裂变项，首先注意到每秒裂变反应的次数是 $\Sigma_{\mathrm{f}}\bar{v}n(t)$。$\nu$ 代表每次裂变产生的平均中子数，每秒产生的裂变中子数是 $\nu\Sigma_{\mathrm{f}}\bar{v}n(t)$。因此，平衡方程变为

$$\frac{\mathrm{d}}{\mathrm{d}t}n(t) = S(t) + \nu\Sigma_{\mathrm{f}}\bar{v}n(t) - \Sigma_{\mathrm{a}}\bar{v}n(t) \tag{5.10}$$

利用式 (3.61) 定义的无限介质增殖因数

$$k_{\infty} = \nu\Sigma_{\mathrm{f}}/\Sigma_{\mathrm{a}} \tag{5.11}$$

和式 (5.5) 定义的 l_{∞}，可以把方程 (5.10) 改写成

$$\frac{\mathrm{d}}{\mathrm{d}t}n(t) = S(t) + \frac{k_{\infty}-1}{l_{\infty}}n(t) \tag{5.12}$$

前几章中介绍的临界和增殖因数的概念是密切相关的。假设在一个系统中，除了裂变中子之外，没有中子源。相应地，在式 (5.12) 中设 $S(t) = 0$，得到

$$\frac{\mathrm{d}}{\mathrm{d}t}n(t) = \frac{k_{\infty}-1}{l_{\infty}}n(t) \tag{5.13}$$

在没有外中子源的情况下，中子数量与时间无关，则此系统被定义为临界的。因此，若系统是临界的，则此表达式左侧的导数必须为零。从而，对于临界系统来说，增殖因数 k_{∞} 必须等于 1。如果在没有外中子源的情况下，中子数量随时间减少或增加，那么此系统被认为是次临界的或超临界的。式 (5.13) 表明：根据 $k_{\infty} < 1$，$k_{\infty} = 1$ 或 $k_{\infty} > 1$，无限介质系统分别处于次临界、临界或超临界状态。

5.2.3　有限介质增殖系统

接下来，在更接近实际的情况下修正中子平衡方程。反应堆的尺寸是有限的，因此从系统泄漏的中子必须被考虑。以式 (5.9) 为基础，增加损失项来解释中子泄漏

$$\frac{\mathrm{d}}{\mathrm{d}t}n(t) = 源中子产生速率 + 裂变中子产生速率 - 中子吸收速率$$
$$- 中子从系统泄漏的速率 \tag{5.14}$$

只有泄漏项不同于式 (5.10) 中的各项。我们将其写为 $\Gamma\Sigma_{\mathrm{a}}\bar{v}n(t)$，这里假设从系统中泄漏的中子数量与每秒钟被吸收的中子数量成正比，比例系数为 Γ。将泄漏项表达为 $\Gamma\Sigma_{\mathrm{a}}\bar{v}n(t)$，则式 (5.14) 成为

$$\frac{\mathrm{d}}{\mathrm{d}t}n(t) = S(t) + \nu\Sigma_{\mathrm{f}}\bar{v}n(t) - \Sigma_{\mathrm{a}}\bar{v}n(t) - \Gamma\Sigma_{\mathrm{a}}\bar{v}n(t) \tag{5.15}$$

我们可以用泄漏和不泄漏概率来表示 Γ，从而将此方程改写为更具有物理意义的形式。中子的产生可能来自外部中子源 S，或者来自裂变反应。接下来，它们经历了一系列的散射碰撞，最后终止于两种结果之一：被吸收或者从系统中泄漏。从系统中泄漏的概率是

$$P_{\mathrm{L}} = \frac{\Gamma \Sigma_{\mathrm{a}} \bar{v} n}{\Sigma_{\mathrm{a}} \bar{v} n + \Gamma \Sigma_{\mathrm{a}} \bar{v} n} = \frac{\Gamma}{1 + \Gamma} \tag{5.16}$$

因此，中子不泄漏概率是 $1 - P_{\mathrm{L}}$ 或者

$$P_{\mathrm{NL}} = \frac{1}{1 + \Gamma} \tag{5.17}$$

当反应堆变得非常大时，不泄漏概率增大并趋近于 1，Γ 随着反应堆尺寸的增大而减小。

中子不泄漏概率的定义有助于将方程 (5.15) 写成更紧凑的形式。首先，我们将其乘以中子不泄漏概率，并使用式 (5.17) 消去方程中的 Γ，得到

$$P_{\mathrm{NL}} \frac{\mathrm{d}}{\mathrm{d}t} n(t) = P_{\mathrm{NL}} S(t) + P_{\mathrm{NL}} (\nu \Sigma_{\mathrm{f}}) \bar{v} n(t) - \Sigma_{\mathrm{a}} \bar{v} n(t) \tag{5.18}$$

由式 (5.11) 和 (5.5)，合并上式的最后两项，并使用 k_{∞} 和 l_{∞} 来书写

$$P_{\mathrm{NL}} \frac{\mathrm{d}}{\mathrm{d}t} n(t) = P_{\mathrm{NL}} S(t) + \frac{P_{\mathrm{NL}} k_{\infty} - 1}{l_{\infty}} n(t) \tag{5.19}$$

最后，将这个表达式除以 P_{NL}，并定义有限介质增殖因数和中子寿命分别为

$$k = P_{\mathrm{NL}} k_{\infty} \tag{5.20}$$

和

$$l = P_{\mathrm{NL}} l_{\infty} \tag{5.21}$$

则式 (5.19) 变换为

$$\frac{\mathrm{d}}{\mathrm{d}t} n(t) = S(t) + \frac{k-1}{l} n(t) \tag{5.22}$$

如果删除了无限介质的下标，则上式与式 (5.12) 相同。由于中子发生泄漏而损失，有限介质系统的增殖因数和中子寿命都比无限介质系统的小。

5.3 增殖系统的动态行为

虽然式 (5.22) 不包含缓发中子的影响，但它为我们提供了关于增殖系统简化的、定性上正确的描述。临界的定义再次来自在方程中将外中子源项 $S(t)$ 设为零的形式

$$\frac{\mathrm{d}}{\mathrm{d}t} n(t) = \frac{k-1}{l} n(t) \tag{5.23}$$

如果在 $t = 0$ 时的系统中存在中子，即如果 $n(0) > 0$，则在没有外中子源的情况下

$$n(t) = n(0) \exp\left(\frac{k-1}{l} t\right) \tag{5.24}$$

　　如果在没有外中子源的条件下，存在与时间无关的链式反应，那么该系统被认为是临界的。很明显，当增殖因数 k 等于 1 时，系统是临界的。类似于无限介质，有

$$
\begin{cases}
k > 1, & \text{超临界} \\
k = 1, & \text{临界} \\
k < 1, & \text{次临界}
\end{cases}
\tag{5.25}
$$

图 5.1(a) 显示了在无中子源的条件下增殖系统的动态行为。

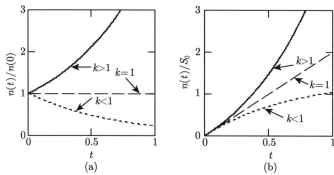

图 5.1　次临界、临界、超临界系统中的中子数量：(a) $n(0) = 1$，无中子源存在；(b) $n(0) = 0$，有中子源存在

　　考虑到在系统中存在与时间无关的中子源，必须用 $S(t) \to S_0$ 来求解方程 (5.22)。应用附录 A 中阐明的积分因子法，在初始条件 $n(0) = 0$ 下，得到

$$
n(t) = \frac{lS_0}{k-1}\left[\exp\left(\frac{k-1}{l}t\right) - 1\right]
\tag{5.26}
$$

图 5.1(b) 显示了其中存在与时间无关的中子源的增殖系统的动态行为。对于 $k > 1$ 的超临界系统，中子数量按照增加的速率增长，在长时间内呈指数形态。如果我们对式 (5.26) 的负号做一下变换，重写为

$$
n(t) = \frac{lS_0}{(1-k)}\left\{1 - \exp\left[\frac{-(1-k)}{l}t\right]\right\}
\tag{5.27}
$$

则 $k < 1$ 的次临界系统的动态行为变得更加显然。因此，对于 $k < 1$(次临界情况)，中子数首先增加，之后随着指数项衰减，在长时间后稳定在一个与时间无关的解

$$
n(\infty) = \frac{lS_0}{1-k}
\tag{5.28}
$$

　　对于临界系统来说，$k = 1$，式 (5.26) 或 (5.27) 的动态行为更加敏感，原因在于，括号内的项和分母都等于零。但是，如果设定极限为 $k \to 1$，那么可以将式 (5.26) 中的指数函数展开成幂级数 $\exp(x) = 1 + x + \frac{1}{2}x^2 + \cdots$，从而得到

$$
n(t) = \frac{lS_0}{k-1}\left[1 + \frac{k-1}{l}t + \frac{1}{2}\frac{(k-1)^2}{l^2}t^2 + \cdots - 1\right]
\tag{5.29}
$$

消项，取极限，可得

$$n(t) = S_0 t \tag{5.30}$$

因此，在存在与时间无关的中子源的临界系统中，中子数量会随时间线性增加。

上述考虑的结果概括在图 5.1 中。只有在两种情况下可以建立起与时间无关的中子群：① 不存在外中子源的临界系统 ($k = 1$ 且 $S = 0$)，② 存在中子源的次临界系统 ($k < 1$ 且 $S > 0$)。注意：临界的定义只取决于增殖因数 k，而与中子源无关。然而，系统的动态行为很大程度上取决于是否存在中子源。

即使增殖因数从 1 偏离很小，中子数量随时间的变化率也会很大。原因在于，出现在指数的分母中的中子寿命的数值很小，其数值范围通常是 $10^{-8} \sim 10^{-4}\,\mathrm{s}$。中子寿命如此之小，如果所有中子都是裂变瞬间产生的，那么核反应堆控制将是非常困难的。幸运的是，由于缓发中子 (直到现在还被忽略) 的存在，只要满足某些限制，就能大大降低中子数目的变化速率，并使其处于容易控制的水平。

5.4 缓发中子动力学

超过 99% 的裂变中子都是在裂变的瞬间产生的。剩下的份额 β 来自发射中子的裂变产物的衰变。这些缓发中子先驱核通常被集总化为六组，其半衰期从几分之一秒到大约一分钟。表 5.1 列出了三种最常见裂变同位素的六组缓发中子份额以及相应的半衰期。注意，β 是每组缓发份额的和

$$\beta = \sum_{i=1}^{6} \beta_i \tag{5.31}$$

如果用 $t_{i,1/2}$ 来表示第 i 组缓发中子的半衰期，那么缓发中子的平均半衰期是

$$t_{1/2} = \frac{1}{\beta} \sum_{i=1}^{6} \beta_i t_{i,1/2} \tag{5.32}$$

而且，因为半衰期与衰变常数的关系为

$$t_{i,1/2} = 0.693/\lambda_i \tag{5.33}$$

则平均衰变常数可以定义为

$$\frac{1}{\lambda} = \frac{1}{\beta} \sum_{i=1}^{6} \beta_i \frac{1}{\lambda_i} \tag{5.34}$$

在前面的方程中，l 表示瞬发中子寿命，是在裂变时瞬间产生的中子的平均寿命。如果把从裂变到缓发中子被吸收或从系统泄漏掉的时间间隔定义为平均缓发中子寿命 l_d，则有

$$l_\mathrm{d} = l + \frac{t_{1/2}}{0.693} = l + \frac{1}{\lambda} \tag{5.35}$$

因此，包括瞬发中子和缓发中子的寿命，我们得到平均中子寿命为

$$\bar{l} = (1 - \beta)l + \beta l_\mathrm{d} = l + \beta/\lambda \tag{5.36}$$

表 5.1   缓发中子特性

近似半衰期/s	缓发中子份额		
	^{233}U	^{235}U	^{239}U
56	0.00023	0.00021	0.00007
23	0.00078	0.00142	0.00063
6.2	0.00064	0.00128	0.00044
2.3	0.00074	0.00257	0.00069
0.61	0.00014	0.00075	0.00018
0.23	0.00008	0.00027	0.00009
总衰变份额	0.00261	0.00650	0.00210
每次裂变产生的总中子数	2.50	2.43	2.90

虽然缓发中子在总数中占很小的份额，但是由于 $\beta/\lambda \gg l$，故它们在确定平均中子寿命上处于支配地位。缓发中子对链式反应的动态行为有深刻的影响。但是，在前述的方程中，简单地用 $\bar{l}$ 代替 l，没有充分地描述这种影响。严格的做法应该是，用微分方程组来解释与时间相关的瞬发中子和缓发中子的动态行为。

5.4.1   动力学方程

为了获得包含缓发中子效应的中子平衡方程，可以将式 (5.15) 中的裂变项分为瞬发作用和缓发作用。如果 β 是缓发中子份额，则瞬发中子的产生速率为 $(1-\beta)\nu\Sigma_{\mathrm{f}}\bar{v}n(t)$。另一方面，缓发中子是由裂变产物衰变产生的。如果我们定义 $C_i(t)$ 为产生半衰期为 $t_{i,1/2}$ 的中子的缓发中子先驱核的数量，那么缓发中子产生的速率是 $\lambda_i C_i(t)$。裂变项分为瞬发作用和缓发作用，式 (5.15) 变为

$$\frac{\mathrm{d}}{\mathrm{d}t}n(t) = S(t) + (1-\beta)\nu\Sigma_{\mathrm{f}}\bar{v}n(t) + \sum_i \lambda_i C_i(t) - \Sigma_{\mathrm{a}}\bar{v}n(t) - \Gamma\bar{v}n(t) \tag{5.37}$$

我们需要六个附加方程来确定每组缓发中子的先驱核浓度。每组的平衡方程的形式为

$$\frac{\mathrm{d}}{\mathrm{d}t}C_i(t) = 先驱核产生速率 - 先驱核衰变速率 \tag{5.38}$$

每秒产生 i 类先驱核的数量为 $\beta_i \nu \Sigma_{\mathrm{f}} \bar{v}n(t)$，而衰变速率为 $\lambda_i C_i(t)$。因此

$$\frac{\mathrm{d}}{\mathrm{d}t}C_i(t) = \beta_i \nu \Sigma_{\mathrm{f}}\bar{v}n(t) - \lambda_i C_i(t), \quad i = 1, 2, \cdots, 6 \tag{5.39}$$

联立式 (5.37) 和 (5.39)，构成中子动力学方程组。用式 (5.5)、(5.11)、(5.20) 和 (5.21) 定义的增殖因数和瞬发中子寿命来表达，这些方程变换为

$$\frac{\mathrm{d}}{\mathrm{d}t}n(t) = S(t) + \frac{1}{l}[(1-\beta)k - 1]n(t) + \sum_i \lambda_i C_i(t) \tag{5.40}$$

和

$$\frac{\mathrm{d}}{\mathrm{d}t}C_i(t) = \beta_i \frac{k}{l}n(t) - \lambda_i C_i(t), \quad i = 1, 2, \cdots, 6 \tag{5.41}$$

大家可能会问，在什么条件下，这些方程可以有稳态解，即 n 和 C_i 与时间无关并使左边的导数消失的解. 对于与时间无关的中子源 S_0，我们有

$$0 = S_0 + \frac{1}{l}[(1-\beta)k - 1]n + \sum_i \lambda_i C_i \tag{5.42}$$

和

$$0 = \beta_i \frac{k}{l} n - \lambda_i C_i, \quad i = 1, 2, \cdots, 6, \tag{5.43}$$

求解 C_i，将结果代入式 (5.42)，并利用式 (5.31)，得到

$$0 = S_0 + \frac{k-1}{l} n \tag{5.44}$$

因此，对于存在中子源的情况，仅当 $k < 1$，即系统是次临界时，$n = lS_0/(1-k)$ 才能给出正值结果。在无中子源的情况下，只有当 $k = 1$，即系统是临界时，与时间无关的中子数 n 满足式 (5.44)。此外，如果 $k = 1$，则 n 的任何值都满足方程。对于式 (5.24) 和 (5.28) 给出的图 5.1 所示的稳态解，这些条件是相同的。这样，缓发中子的存在对实现稳态中子分布没有影响。

5.4.2 反应性的表达方式

与时间相关的反应堆的动态行为，对增殖因数在 1 附近的微小变动非常敏感。用反应性来书写动力学方程组可以突显这个动态行为，反应性定义为

$$\rho = \frac{k-1}{k} \tag{5.45}$$

因此

$$\begin{cases} \rho > 0, & \text{超临界} \\ \rho = 0, & \text{临界} \\ \rho < 0, & \text{次临界} \end{cases}$$

指定瞬发中子代时间为

$$\Lambda = 1/k \tag{5.46}$$

并利用 ρ 和 Λ 的定义，可以将动力学方程组 (5.40)、(5.41) 简化为

$$\frac{\mathrm{d}}{\mathrm{d}t} n(t) = S(t) + \frac{\rho - \beta}{\Lambda} n(t) + \sum_i \lambda_i C_i(t) \tag{5.47}$$

和

$$\frac{\mathrm{d}}{\mathrm{d}t} C_i(t) = \frac{\beta_i}{\Lambda} n(t) - \lambda_i C_i(t), \quad i = 1, 2, \cdots, 6 \tag{5.48}$$

在许多情况下反应性不大，因此 $k \approx 1$，此时能够近似得到 $\Lambda \approx 1$，而对方程的解无明显的影响。

式 (5.44) 给出的稳态条件，也可以通过把方程 (5.47) 和 (5.48) 中的导数设置为零并用 ρ 和 Λ 来表达——先驱核浓度的解为 $C_i = [\beta_i/(\lambda_i \Lambda)]n$。从而，对于 $S(t) = S_0$ 的次临

界系统，由式 (5.47) 得出 $n = \Lambda S_0/|\rho|$；对于临界系统，$\rho = 0$，如果 $S(t) = 0$，则式 (5.47) 中 n 的解可以是任何正值。最后，我们注意到，在大多数系统中 $\lambda_i \Lambda / \beta_i \ll 1$，故在稳态条件下 $C_i \gg n$。因此，在反应堆中，发射中子的裂变产物的数量远大于中子的数量。

5.5 反应性阶跃变化

我们接下来考虑，在稳态运行的临界反应堆中，当引入反应性阶跃变化时会发生什么。图 5.2 中的两条曲线显示了对于引入正负反应性后式 (5.47) 和 (5.48) 的解。乍看之下，此曲线与图 5.1(a) 中的曲线相似。然而，在进一步的观察中，我们发现，图 5.2 中的曲线变化更加缓慢，这是由于同时考虑了瞬发中子和缓发中子的结果。最初，时间在 1s 之内，中子数量瞬发阶跃，这个跳变是突然的，这是由于它受瞬发中子寿命控制，此时取 $\Lambda = 50 \times 10^{-6}\,\mathrm{s}$，这是水冷反应堆的典型值。接下来，图中出现类似于图 5.1(a) 中的指数增长或衰变。因为在瞬发跳变之后，发射中子的裂变产物的半衰期是中子数量增长或降低的主要决定因素，所以图 5.2 显示的指数动态行为发生得很慢。

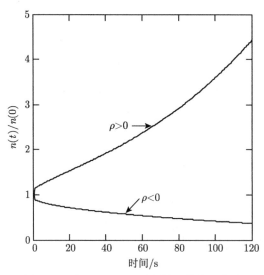

图 5.2   引入 $\pm 0.10\beta$ 反应性后的中子数量

渐进特性可以用 $n(t) \propto \exp(t/T)$ 来表示，其中 T 被定义为反应堆周期。此周期是正的或负的，取决于反应堆是超临界的还是次临界的；它是反应堆功率增加或减少 e 倍所需的时间，可以认为是从中子动力学方程导出的最重要的量。

5.5.1 反应堆周期

我们通过在中子动力学方程中设定中子源等于零来确定反应堆周期。首先，寻找由七个方程构成的方程组的解，其形式为

$$n(t) = A\exp(\omega t)$$

和

$$C_i(t) = B_i \exp(\omega t)$$

其中，A、B_i 和 ω 是常数。将这些表达式代入式 (5.47) 和 (5.48)，导出

$$\omega A = \frac{\rho - \beta}{\Lambda} A + \sum_i \lambda_i B_i \tag{5.49}$$

和

$$\omega B_i = \frac{\beta_i}{\Lambda} A - \lambda_i B_i \tag{5.50}$$

由 A 来求解第二个方程中的 B_i，并将结果代入第一个方程，在消掉 A 后，得到

$$\omega = \frac{\rho - \beta}{\Lambda} + \frac{1}{\Lambda} \sum_i \frac{\beta_i \lambda_i}{\omega + \lambda_i} \tag{5.51}$$

接下来，利用式 (5.31)，整理上式右侧的项，可得

$$\omega = \frac{\rho}{\Lambda} - \frac{1}{\Lambda} \sum_i \frac{\beta_i}{\omega + \lambda_i} \omega \tag{5.52}$$

最后，求解得到

$$\rho = \left(\Lambda + \sum_i \frac{\beta_i}{\omega + \lambda_i} \right) \omega \tag{5.53}$$

由于 ω 的单位通常被认为是小时的倒数，这被称为倒时方程。

如图 5.3 所示，对式 (5.53) 的右端绘制关于 ω 的曲线图来考察此式的解。通过绘制特定 ρ 值的水平线，无论反应性是正的还是负的，均可以观察到 7 个根，即 $\omega_1 > \omega_2 > \cdots > \omega_7$。相应地，中子数量为

$$n(t) = \sum_{i=1}^{7} A_i \exp(\omega_i t) \tag{5.54}$$

图 5.3 表明，对于正反应性，只有 ω_1 是正值。其余各项迅速衰减而趋于零，得到渐近解为

$$n(t) \approx A_1 \exp(t/T) \tag{5.55}$$

其中，$T = 1/\omega_1$ 是反应堆周期。图 5.3 也显示了负反应性导致负周期：所有的 ω_i 都是负的，但 $T = 1/\omega_1$ 将比其他项衰减得更慢。因此，式 (5.55) 对负反应性和正反应性都是有效的。

图 5.2 中的曲线图是对于反应性为 $\rho = \pm 0.1\beta$，采用铀-235 的参数和 $\Lambda = 50 \times 10^{-6}\,\mathrm{s}$ 绘制的。在曲线的开始，瞬发跳变的幅值约为 $|A_1 - n(0)|$。

为了确定产生给定周期所需的反应性，必须用特定裂变核素或同位素的缓发中子数据和给定的瞬发中子寿命来构造 ρ-T 图。使用铀-235 的数据绘制此图，如图 5.4 所示。注意：当 ρ 超过 β 时，周期减少得非常快。条件 $\rho = \beta$ 定义为瞬发临界，在此条件下，即使没有缓发中子参与，链式裂变反应也是可持续的。式 (5.47) 中第二项符号从负到正的变化表明了这一点。

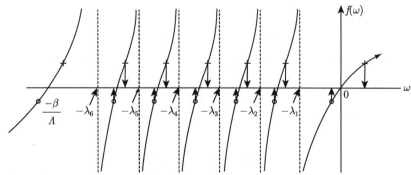

图 5.3　倒时方程的解 (经麻省理工学院出版社许可，改编自 A. F. Henry, *Nuclear-Reactor Analysis*, 1975.)

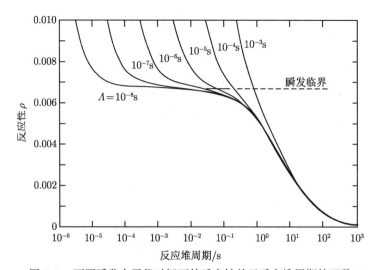

图 5.4　不同瞬发中子代时间下的反应性关于反应堆周期的函数

当反应堆超过瞬发临界时，瞬发跳变和反应堆周期之间的区别消失了，这是由于瞬发中子寿命而不是缓发中子半衰期，在很大程度上决定了指数增长的速率。事实上，当反应堆超过瞬发临界时，瞬发跳变和反应堆周期之间的区别消失了，此时是瞬发中子寿命而不是缓发中子半衰期，在很大程度上决定了指数增长的速率。事实上，当接近瞬发临界时，周期变短，以至于，即使可能，通过机械手段（如控制棒的运动）来控制反应堆也变得极度困难。因此，避免接近瞬发临界是非常重要的。经常使用的反应性的度量单位是元 (dollar)，$\$ = \rho/\beta$，或分 (cent)。

对于负反应性，中子数量能够以多快的速度减少，是有渐近极限的。由图 5.3 可见，可能的最小负周期，即在初始瞬间下降后反应堆功率最快的降低速率是由缓发中子的最长的半衰期 $T = 1/\lambda_1 = 0.693 t_{1/2}|_{\max}$ 决定的，对于以铀作为燃料的反应堆，这个值约为 56 s。

图 5.3 表明了反应性较小时的情况，最大的 ω 值是 ω_1。设在小反应性下，对于所有的 λ_i 取 $\omega_1 \ll \lambda_i$，则可以从式 (5.53) 的分母中消去 ω，得到

$$\rho = \left(\Lambda + \sum_i \frac{\beta_i}{\lambda_i} \right) \omega_1 \tag{5.56}$$

利用式 (5.34) 消去上式中的和项，并求解 ω，得到

$$\omega_1 = \rho/(\Lambda + \beta/\lambda)$$

通常 $\Lambda \ll \beta/\lambda$，从而导出

$$T \approx \beta/(\rho\lambda) \tag{5.57}$$

因此，对于小的反应性，不管正负，反应堆周期几乎完全由缓发中子特性 β 和 λ 控制。这似乎是令人惊讶的，因为缓发中子仅是所产生的裂变中子的一小部分。但是，当这一小部分乘以平均半衰期 $\beta/\lambda = 0.693\beta t_{1/2}$ 时，结果是，所得时间比瞬发中子寿命长很多。

前面瞬发临界的周期很小，因此 ω_1 非常大。在这种情况下，可以在式 (5.53) 中对于所有的 λ_i 取 $\omega_1 \gg \lambda_i$，简化得到

$$\rho = \Lambda\omega_1 + \beta$$

或者等价地

$$\omega_1 = (\rho - \beta)/\Lambda$$

因此，当 $\rho > \beta$ 时，反应堆周期非常短，与瞬发中子代时间成正比，而与缓发中子半衰期无关

$$T \approx \Lambda/(\rho - \beta) \tag{5.58}$$

5.5.2 瞬跳近似

在反应性小的阶跃变化后发生的瞬发阶跃可以用来进行反应堆参数的实验测定，可利用的方法有落棒法和跳源法。在图 5.5 中可以观察到这种跳变，此处我们放大了图 5.2 中出现的中子通量密度瞬态的初始部分。值得注意的是，虽然最初中子数量突增，但是后来它经历的变化却要慢得多。先驱核浓度的动态行为比中子数量缓慢得多,在中子经历初始的突

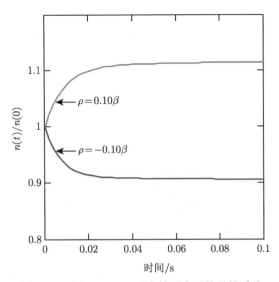

图 5.5 引入 $\pm 0.10\beta$ 反应性后中子数量的瞬跳

增或突减时，先驱核浓度一直都是几乎不发生变化。造成这种特性的原因在于，与瞬发中子的代时间相比，先驱核的半衰期更长。由于衰变常数乘以 C_i 很小，即使是应对中子数目快速变化时，受式 (5.48) 支配的先驱核动态行为也是比较迟缓的。与此相反，由于式 (5.47)分母中的瞬发中子代时间 Λ 的值很小，故最初中子数量的响应非常迅速。然而，由于式 (5.48) 中最后一项的值变化更慢，所以经过很短的一段时间，中子数量响应变慢。我们可以利用这种特性来估计下列两种情况下瞬发跳变的大小。

1. 落棒

假设我们有一个无源的临界反应堆在稳态下运行。根据式 (5.48)，先驱核浓度与中子数量的关系为

$$C_{i,0} = [\beta_i/(\lambda_i \Lambda)]n_0 \tag{5.59}$$

紧接着控制棒的插入，只要 $\lambda_i t \ll 1$，先驱核的浓度 $C_{i,0}$ 将基本上不会改变。因此，式 (5.47)的无源形式变为

$$\frac{\mathrm{d}}{\mathrm{d}t}n(t) = -\frac{|\rho| + \beta}{\Lambda}n(t) + \frac{\beta}{\Lambda}n_0, \quad t \ll 1/\lambda_i \tag{5.60}$$

其中，利用了式 (5.31)，并用 $\rho = -|\rho|$ 来指示负反应性。这里应用附录 A 中详述的积分因子法来求解。利用积分因子 $\exp[(|\rho| + \beta)/\Lambda]$ 和初始条件 $n(0) = n_0$，经过简化后得到

$$n(t) = \frac{\beta}{|\rho| + \beta}n_0 + \frac{|\rho|}{|\rho| + \beta}n_0\mathrm{e}^{-\frac{1}{\Lambda}(|\rho| + \beta)t} \tag{5.61}$$

其中，第二项衰减非常迅速，衰变时间远大于瞬发中子代时间，但小于缓发中子的半衰期[即 $\Lambda/(|\rho| + \beta) \ll t \ll 1/\lambda_i$]，中子数量近似为

$$n_1 = \frac{\beta}{|\rho| + \beta}n_0 \tag{5.62}$$

因此，以"元"为单位的反应性下降，可以用控制棒插入的紧接之前与紧接之后的中子比率来测量

$$|\rho|/\beta = \frac{n_0}{n_1} - 1 \tag{5.63}$$

2. 跳源

跳源法是在次临界反应堆上进行的，$\rho = -|\rho|$，包含中子源 S_0。由于系统处于稳态，式 (5.43) 成立，实验的初始条件是 $C_{i,0} = (\beta_i/\lambda_i \Lambda)n_0$。在中子源突然被移除 (即跳动) 之后，中子数量经历急剧的负跳变。我们可以再用式 (5.47) 对瞬态进行建模，其中设中子源项为零，当时间 $t \ll 1/\lambda_i$ 时，用 $C_{i,0}$ 替换 $C_i(t)$。由式 (5.60) 再次得到的结果、式 (5.61) 给出的解，以及式 (5.62) 和 (5.63) 对于描述反应性、缓发中子份额与中子数量减少之间的关系仍然有效。因此，无论是在临界反应堆中引入负反应性 $\rho = -|\rho|$(落棒实验)，还是在反应性为 $\rho = -|\rho|$ 的次临界系统中将中子源移除 (跳源实验)，都会导致可测量的中子数量从 n_0 下降到 n_1。

3. 棒振荡器

另有第三种实验手段，其过程可以用方程 (5.47) 和 (5.48) 来分析。然而，在棒振荡器实验中，方程不能简单地求解。由于反应性呈现正弦形式 $\rho(t) = \rho_0 \sin(\omega t)$，求解方程须使用拉普拉斯变换或相关方法。这里，我们只简单地陈述结果：如果 n_0 是初始的中子数量，那么在瞬变消失后，中子数量将振荡为

$$n(t) = n_0[1 + A(\omega)\sin(\omega t) + \omega\rho_0/\Lambda] \tag{5.64}$$

其中，$A(\omega)$ 是频率的函数。如果 $\sin(\omega t)$ 按时间平均，那么正弦项消失，剩下 $\bar{n} = n_0(1 + \omega\rho_0/\Lambda)$。因此，$\bar{n}/n_0$ 关于频率的曲线决定了反应性与瞬发中子代时间的比率 ρ_0/Λ。

5.6 反应堆动态特性简介

到目前为止，我们对链式反应的时间依赖特性的处理尚未考虑温度反馈效应。由于这个原因，这样的处理通常被称为零功率动力学。然而，如果裂变产生的能量足够大，导致系统的温度升高，那么材料的密度就会发生变化。由于宏观截面与密度成正比，所以它们也会发生变化。除了材料密度变化之外，作为第 4 章中讨论的多普勒展宽的结果，共振截面随着温度的升高而变宽和变平坦，这样就会产生额外的反馈效应。在热中子反应堆中，由于麦克斯韦–玻尔兹曼分布的温度依赖性，能谱也会硬化。总之，这些反馈效应将改变动力学方程中的参数。到目前为止，最大的影响是作用在反应性上。因此，反应堆设计必须确保在所有运行工况下对温度升高的反馈是负的。

例如，负反馈通过下列方式影响图 5.2 中的曲线。当中子数量变得足够大而使温度升高时，如果存在负反馈，则曲线将变平缓，然后稳定下来，可能随时间而减小。在图 5.6 中，我们用对数坐标重新绘制了图 5.2 中的正反应性曲线，图中同时绘制了引入相同反应性但包括负温度反馈效应的曲线。请注意，两条曲线最初在对数图中的直线特性表明其具有相

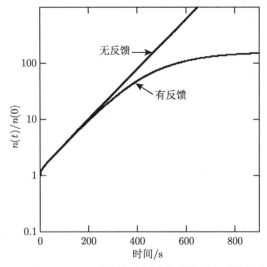

图 5.6　引入 $+0.10\beta$ 反应性后负温度反馈对中子数量的影响

同的周期。但随着功率增大，带反馈的曲线向下凹陷并稳定在恒定功率。此时，负反馈已完全补偿了初始的反应性引入。在第 9 章中，我们将详细讨论反应性反馈，并研究其与反应堆动力学的相互影响，以确定动力反应堆的瞬态行为。

参考文献

Bell, George I., and Samuel Glasstone, *Nuclear Reactor Theory*, Van Nostrand Reinhold, NY, 1970.

Duderstadt, James J., and Louis J. Hamilton, *Nuclear Reactor Analysis*, Wiley, NY, 1976.

Henry, Allen F., *Nuclear-Reactor Analysis*, MIT Press, Cambridge, MA, 1975.

Hetrick, David, *Dynamics of Nuclear Systems*, American Nuclear Society, 1993.

Keepin, G. R., *Physics of Nuclear Kinetics*, Addison-Wesley, Reading, MA, 1965.

Knief, Ronald A., *Nuclear Energy Technology: Theory and Practice of Commerical Nuclear Power*, McGraw-Hill, 1981.

Lewis, E. E., *Nuclear Power Reactor Safety*, Wiley, NY, 1977.

Ott, Karl O., and Robert J. Neuhold, *Introductory Nuclear Reactor Dynamics*, American Nuclear Society, 1985.

Schultz, M. A., *Control of Nuclear Reactors and Power Plants*, McGraw-Hill, NY, 1961.

Stacey, Weston M., *Nuclear Reactor Physics*, Wiley, NY, 2001.

习题

5.1　a. 石墨中的 $0.0253\,\text{eV}$ 热中子的 l_∞ 是多少？（$\Sigma_a = 0.273 \times 10^{-3}\,\text{cm}^{-1}$）

　　　b. 铁中 $1\,\text{MeV}$ 快中子的 l_∞ 是多少？（$\Sigma_a = 0.738 \times 10^{-3}\,\text{cm}^{-1}$）

　　　（注：$0.0253\,\text{eV}$ 中子的速度为 $2200\,\text{m/s}$）

5.2　动力堆以低浓缩铀为燃料。在堆芯的寿期末，30% 的功率来自积累的钚-239 的裂变。计算在堆芯的寿期初和寿期末的 β 的有效值，确定增加或减少的百分比。

5.3　在 $t = 0$ 时，反应堆中没有中子。在 $t = 0$ 时将中子源放入反应堆中，之后在 $t = 1\,\text{min}$ 时将其取出。对于下列情况，绘制在 $0 \leqslant t \leqslant 2\,\text{min}$ 内中子数量的示意图：

　　　a. 次临界反应堆；

　　　b. 临界反应堆。

5.4　假设发现一种易裂变材料，其产生的所有中子都是瞬发中子。中子分布由式 (5.22) 给出。此外，假设以这种材料作为燃料的反应堆的瞬发中子寿命为 $0.002\,\text{s}$。

　　　a. 如果反应堆最初是临界的，并且无中子源存在，若其功率在 $10\,\text{s}$ 内增加到三倍，那么反应堆周期是多少？

　　　b. 问题 a 中需要的反应性 ρ 是多少？

5.5　说明：式 (5.47) 和 (5.48) 是在式 (5.40) 和 (5.41) 中引入 ρ 和 Λ 的定义得到的。

5.6　以铀为燃料的热堆运行功率为 $1.0\,\text{W}$，操作员在 $2\,\text{h}$ 内持续地将功率增加到 $1.0\,\text{kW}$。

　　　a. 此反应堆的周期应为多少？

　　　b. 要获得问题 a 中的周期，必须提供的反应性是多少分？

5.7　以铀为燃料的热堆运行功率为 $1.0\,\text{W}$，操作员设定反应堆周期为 $15\,\text{min}$，反应堆的功率达到 $1.0\,\text{MW}$ 需要多长时间？

5.8　说明由方程 (5.51) 得到方程 (5.53) 的过程。

5.9　在下列条件下，求出采用铀-235、钚-239 和铀-233 作为燃料的反应堆的周期：

　　a. 临界系统的反应性增加一分；

　　b. 临界系统的反应性减少一分。

5.10　单组缓发中子近似结果是由将六组缓发中子集总为一组得到的，$C(t) = \sum\limits_{i=1}^{6} C_i(t)$，并用式 (5.34) 定义的平均值代替 λ_i，则式 (5.47) 和 (5.48) 简化为单群缓发中子的方程组

$$\frac{\mathrm{d}}{\mathrm{d}t} n(t) = S(t) + \frac{\rho - \beta}{\Lambda} n(t) + \lambda C(t)$$

$$\frac{\mathrm{d}}{\mathrm{d}t} C(t) = \frac{\beta}{\Lambda} n(t) - \lambda C(t)$$

应用此方程组，考虑一个临界反应堆，其初始时刻的运行工况是：中子数量为 $n(0)$，并且 $S(t) = 0$。在 $t = 0$ 时，反应性发生阶跃变化 ρ。使用假设条件

$$\frac{1}{\lambda\Lambda} |\beta - \rho| \gg 1$$

和

$$\frac{\beta}{\lambda\Lambda} \gg 1$$

　　a. 证明

$$n(t) = n(0) \left[\frac{\rho}{\rho - \beta} \exp\left(\frac{\rho - \beta}{\Lambda} t \right) + \frac{\beta}{\beta - \rho} \exp\left(\frac{\lambda\rho}{\beta - \rho} t \right) \right]$$

　　b. 证明：经历很长一段时间，当 $\rho > \beta$ 时，此解与 λ 无关；当 $0 < \rho < \beta$ 时，此解与 Λ 无关。

　　c. 取 $\beta = 0.007$，$\Lambda = 5 \times 10^{-5}\,\mathrm{s}$ 和 $\lambda = 0.08\,\mathrm{s}^{-1}$，绘制反应性 (元) 关于反应堆周期的曲线图，其中反应性在 -2 元和 $+2$ 元之间；并在图中指出来自问题 a 的你认为结果不佳的区域。

5.11　使用习题 5.10 的单组缓发中子的动力学方程，

　　a. 求出当 $\rho = \beta$ 时的反应堆周期，通过假设 $\lambda\Lambda/\beta \ll 1$ 来简化你所得到的结果。

　　b. 计算 $\beta = 0.007$、$\Lambda = 5 \times 10^{-5}\,\mathrm{s}$ 和 $\lambda = 0.08\,\mathrm{s}^{-1}$ 条件下的反应堆周期。

5.12　通过对单组缓发中子的动力学方程组 (习题 5.10 中给定) 进行微分，再令 $\Lambda \to 0$，

　　a. 说明：$C(t)$ 能够被消去，来获得

$$\frac{\mathrm{d}}{\mathrm{d}t} n(t) = \frac{\lambda}{\beta - \rho} \left(\rho + \frac{1}{\lambda} \frac{\mathrm{d}\rho}{\mathrm{d}t} \right) n(t)$$

此方程被称为零寿命近似或瞬跳近似；

　　b. 对于反应性的阶跃变化 $|\rho| \ll \beta$，求出反应堆周期的零寿命近似值。

5.13　临界反应堆在功率 $80\,\mathrm{W}$ 的水平下运行，控制棒落下进入堆芯，使中子通量密度突然降低到 $60\,\mathrm{W}$，控制棒价值是多少元？

5.14　依据图 5.6 中无反馈的曲线估计反应堆的周期。假设你要设置反应堆周期为 $1\,\mathrm{min}$，你应该引入多少反应性？

5.15　在下列条件下，采用数据 $\beta = 0.007$，$\Lambda = 5 \times 10^{-5}\,\mathrm{s}$ 和 $\lambda = 0.08\,\mathrm{s}^{-1}$，数值求解习题 5.10 中给出的单组缓发中子的动力学方程组：

　　a. 在 $0\sim 5\,\mathrm{s}$，引入 $+0.25$ 元的阶跃反应性；

　　b. 在 $0\sim 5\,\mathrm{s}$，引入 -0.25 元的阶跃反应性。

假设反应堆初始处于临界状态，对每种情况绘出 $n(t)/n(0)$ 的曲线。

5.16　使用表 5.1 中给出的铀-235 数据和瞬发中子代时间 $50 \times 10^{-6}\,\mathrm{s}$，对六组缓发中子，重做习题 5.15。

5.17　用习题 5.10 中的动力学方程组和数据 $\beta = 0.007$、$\Lambda = 5 \times 10^{-5}\,\mathrm{s}$、$\lambda = 0.08\,\mathrm{s}^{-1}$，考虑次临界反应堆。该次临界系统处于稳态平衡，反应性为 $\rho = -10$ 分，中子源 S_0 与时间无关。在 $t = 0$ 时，移除中子源。确定 $t \geqslant 0$ 时的 $n(t)$，并归一化到 S_0，将所得结果绘成曲线。

5.18 使用表 5.1 中的铀-235 数据和瞬发中子代时间 50×10^{-6} s，对下列三种斜坡反应性引入，分别求解
方程组 (5.47) 和 (5.48)：

a. $\rho(t) = 0.25\beta t$；

b. $\rho(t) = 0.5\beta t$；

c. $\rho(t) = 0.1\beta t$。

将结果归一化到 $n(0) = 1$，绘制线性图，并针对每种情况确定：(1) 中子数量在什么时间达到 $n(t)/n(0) = 1000$？ (2) 在系统达到瞬发临界的时间点，$n(t)/n(0)$ 的值是多少？

5.19 假设临界反应堆在中子数量为 n_0 的稳态水平下运行。添加反应性，使中子数量随时间线性增加：$n(t) = n(0)(1 + \theta t)$，其中 θ 是常数。使用习题 5.10 中的单组缓发中子动力学方程组。

a. 确定应添加到反应堆中以实现线性增加的与时间相关的反应性 $\rho(t)$；

b. 根据问题 a 绘制 $\rho(t)$。

第6章

中子的空间扩散

6.1 引言

第 5 章讨论了核反应堆与时间相关的特性，在前面的章节中，我们研究了中子能谱对于确定增殖因数和其他反应堆性质的重要性。到目前为止，除了第 4 章中讨论的在栅格单元内燃料、冷却剂和/或慢化剂的分布之外，还没有涉及中子的空间分布。我们已经简单地用中子不泄漏概率来描述整体的中子分布的影响，正如前面所述，随着反应堆堆芯增大，这个概率增加趋近于 1。在本章和第 7 章中，研究中子的空间迁移，这不仅是为了获得中子不泄漏概率的明确表达式，也是为了理解反应堆的大小、形状与反应堆临界之间的关系，并确定动力堆内中子通量密度的空间分布。

在处理中子的空间分布时，将考虑单能模型或单能群模型，这意味着中子通量密度和反应截面已经在能量上平均。同样地，当处理反应堆栅格时，假设中子通量密度和反应截面已经在栅格单元上作空间平均。因此，只处理中子分布的全局变化，而不是栅格单元间距的周期性的空间波动。

中子扩散方程提供了最简单明确的方法来确定中子的空间分布。在本章中，首先导出扩散方程及其相关的边界条件。接着，将扩散理论应用到非增殖介质中的问题，在本章中我们将注意力限定在高度理想化的一维几何问题上，先是平面，再推广球形几何，这是因为它们为求解方法提供了最清晰的介绍。然后，研究在包含裂变物质但处于次临界的球形系统中的特性。最后，通过增加 k_∞ 值或反应堆的尺寸来达到临界，在本章的篇尾获得临界方程。因此，在第 7 章探讨与有限圆柱形动力堆堆芯内中子通量密度和功率的空间分布有关的重要问题。

6.2 中子扩散方程

为了导出中子扩散方程，首先阐述体积微元的中子平衡条件，再利用菲克定律推导扩散方程。

6.2.1 空间中子平衡

首先，考虑在点 $r = (x, y, z)$ 处的无限小体积微元 $dV = dx dy dz$ 中的中子平衡，如

图 6.1 所示。在稳态条件下，由中子守恒得到

单位时间从体积微元泄漏出的中子数 + 单位时间在体积微元内被吸收的中子数

=单位时间在体积微元内中子源释放的中子数+单位时间在体积微元内裂变产生的中子数

$$(6.1)$$

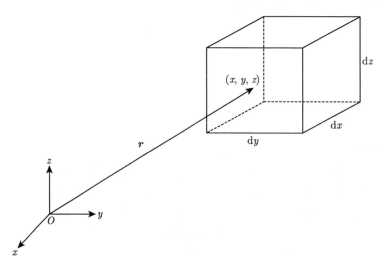

图 6.1　中子平衡方程的控制体积

泄漏量是通过该立方体的六个表面净离开的中子数之和。为了定量地表达泄漏，我们定义中子流密度的三个分量。令 $J_x(x,y,z)$ 为在单位时间内在点 (x,y,z) 沿 x 正方向通过 y-z 平面上单位面积的净中子数 [中子/($\mathrm{cm}^2 \cdot \mathrm{s}$)]。类似地，令 $J_y(x,y,z)$ 和 $J_z(x,y,z)$ 分别为在单位时间内在点 (x,y,z) 沿 y,z 正方向通过 x-z 和 x-y 平面上单位面积的净中子数 [中子/($\mathrm{cm}^2 \cdot \mathrm{s}$)]。对于这个立方体的体积，通过前面、右面、顶面离开立方体的净中子数分别是 $J_x\left(x+\dfrac{1}{2}\mathrm{d}x,y,z\right)\mathrm{d}y\mathrm{d}z$、$J_y\left(x,y+\dfrac{1}{2}\mathrm{d}y,z\right)\mathrm{d}x\mathrm{d}z$ 和 $J_z\left(x,y,z+\dfrac{1}{2}\mathrm{d}z\right)\mathrm{d}x\mathrm{d}y$。同样地，通过背面、左面、底面离开的净中子数分别是 $-J_x\left(x-\dfrac{1}{2}\mathrm{d}x,y,z\right)\mathrm{d}y\mathrm{d}z$、$-J_y\left(x,y-\dfrac{1}{2}\mathrm{d}y,z\right)\mathrm{d}x\mathrm{d}z$ 和 $-J_z\left(x,y,z-\dfrac{1}{2}\mathrm{d}z\right)\mathrm{d}x\mathrm{d}y$。因此，这个立方体单位时间的净泄漏量为

单位时间从体积微元泄漏出的中子数

$$
\begin{aligned}
= & \left[J_x(x+\frac{1}{2}\mathrm{d}x,y,z) - J_x(x-\frac{1}{2}\mathrm{d}x,y,z)\right]\mathrm{d}y\mathrm{d}z \\
& + \left[J_y(x,y+\frac{1}{2}\mathrm{d}y,z) - J_z(x,y-\frac{1}{2}\mathrm{d}y,z)\right]\mathrm{d}x\mathrm{d}z \\
& + \left[J_z(x,y,z+\frac{1}{2}\mathrm{d}z) - J_z(x,y,z-\frac{1}{2}\mathrm{d}z)\right]\mathrm{d}x\mathrm{d}y
\end{aligned}
$$

$$(6.2)$$

由偏导数的定义可得

$$\lim_{\mathrm{d}x \to 0} \left[J_x(x + \tfrac{1}{2}\mathrm{d}x, y, z) - J_x(x - \tfrac{1}{2}\mathrm{d}x, y, z) \right] \Big/ \mathrm{d}x \equiv \frac{\partial}{\partial x} J_x(x, y, z) \tag{6.3}$$

类似地，在 y 和 z 方向上，分别用 $\mathrm{d}x$、$\mathrm{d}y$ 和 $\mathrm{d}z$ 乘/除式 (6.2) 右边的三项，然后取极限，得到

$$\begin{aligned}&\text{单位时间从体积微元泄漏出的中子数}\\ &= \left[\frac{\partial}{\partial x} J_x(x, y, z) + \frac{\partial}{\partial y} J_y(x, y, z) + \frac{\partial}{\partial z} J_z(x, y, z) \right] \mathrm{d}x\mathrm{d}y\mathrm{d}z \end{aligned} \tag{6.4}$$

剩余的项是

$$\text{单位时间在体积微元内被吸收的中子数} = \Sigma_{\mathrm{a}}(x, y, z)\phi(x, y, z)\mathrm{d}x\mathrm{d}y\mathrm{d}z \tag{6.5}$$

$$\text{单位时间在体积微元内中子源释放的中子数} = s'''(x, y, z)\mathrm{d}x\mathrm{d}y\mathrm{d}z \tag{6.6}$$

以及

$$\text{单位时间在体积微元内裂变产生的中子数} = \nu\Sigma_{\mathrm{f}}(x, y, z)\phi(x, y, z)\mathrm{d}x\mathrm{d}y\mathrm{d}z \tag{6.7}$$

将式 (6.4)~(6.7) 代入式 (6.1)，再消去 $\mathrm{d}x\mathrm{d}y\mathrm{d}z$，得到

$$\frac{\partial}{\partial x} J_x(\boldsymbol{r}) + \frac{\partial}{\partial y} J_y(\boldsymbol{r}) + \frac{\partial}{\partial z} J_z(\boldsymbol{r}) + \Sigma_{\mathrm{a}}(\boldsymbol{r})\phi(\boldsymbol{r}) = s'''(\boldsymbol{r}) + \nu\Sigma_{\mathrm{f}}(\boldsymbol{r})\phi(\boldsymbol{r}) \tag{6.8}$$

为了简洁起见，可以将中子流密度写成矢量形式

$$\boldsymbol{J}(\boldsymbol{r}) = \widehat{i}J_x(\boldsymbol{r}) + \widehat{j}J_y(\boldsymbol{r}) + \widehat{k}J_z(\boldsymbol{r}) \tag{6.9}$$

使用梯度的定义 $\nabla = \widehat{i}\dfrac{\partial}{\partial x} + \widehat{j}\dfrac{\partial}{\partial y} + \widehat{k}\dfrac{\partial}{\partial z}$，式 (6.8) 可以写成

$$\nabla \cdot \boldsymbol{J}(\boldsymbol{r}) + \Sigma_{\mathrm{a}}(\boldsymbol{r})\phi(\boldsymbol{r}) = s'''(\boldsymbol{r}) + \nu\Sigma_{\mathrm{f}}(\boldsymbol{r})\phi(\boldsymbol{r}) \tag{6.10}$$

6.2.2 扩散近似

式 (6.10) 是中子平衡的一种表述。在我们考虑的大多数情况下，可以合理地应用菲克定律 (或者更准确地说是菲克近似) 将中子流密度与中子通量密度联系起来

$$\boldsymbol{J}(\boldsymbol{r}) = -D(\boldsymbol{r})\nabla\phi(\boldsymbol{r}) \tag{6.11}$$

其中，D 被称为扩散系数。把式 (6.11) 代入式 (6.10)，得到中子扩散方程

$$-\nabla \cdot D(\boldsymbol{r})\nabla\phi(\boldsymbol{r}) + \Sigma_{\mathrm{a}}(\boldsymbol{r})\phi(\boldsymbol{r}) = s'''(\boldsymbol{r}) + \nu\Sigma_{\mathrm{f}}(\boldsymbol{r})\phi(\boldsymbol{r}) \tag{6.12}$$

在附录 C 中，采用了更先进的中子输运方法来计算扩散系数

$$D = \frac{1}{3\Sigma_{\mathrm{tr}}} \tag{6.13}$$

式中，输运截面定义为

$$\Sigma_{\text{tr}} = \Sigma_{\text{t}} - \bar{\mu}\Sigma_{\text{s}}$$

其中，$\bar{\mu}$ 为平均散射角。对于实验室坐标系统中的各向同性散射，$\bar{\mu} = 0$，因此输运截面简化成总截面 Σ_{t}。求材料混合物扩散系数的平均值，可以利用第 2 章或第 4 章的方法计算 Σ_{tr} 的平均值，再应用式 (6.13) 来完成。

在下文中，我们首先在简单的一维几何体中求解非增殖介质的扩散方程，并保证在各种情况下应用的边界条件。在处理增殖介质之前，我们返回来研究扩散近似有效的情况，以及扩散长度的含义，这之后它的引入在扩散问题的解决方案中普遍存在。

6.3   非增殖系统——一维平板模型

首先考虑无裂变材料的均匀介质的情况，即非增殖介质。因此，$\Sigma_{\text{f}} = 0$，D 和 Σ_{a} 是常数，使得式 (6.12) 化简为

$$-\nabla^2\phi(\boldsymbol{r}) + \frac{1}{L^2}\phi(\boldsymbol{r}) = \frac{1}{D}s'''(\boldsymbol{r}) \tag{6.14}$$

其中，$\nabla^2 \equiv \dfrac{\partial^2}{\partial x^2} + \dfrac{\partial^2}{\partial y^2} + \dfrac{\partial^2}{\partial z^2}$，扩散长度定义为

$$L = \sqrt{D/\Sigma_{\text{a}}} \tag{6.15}$$

其单位是长度单位。

6.3.1   无中子源的例子

为了说明扩散长度的重要性，我们考虑一维平板模型中一个简单的问题，即在 y 和 z 方向上中子通量密度变化非常缓慢，以至于可以被忽略，从而允许从 ∇^2 中消去 y 和 z 的导数。我们也设中子源为零，把式 (6.14) 化简为

$$\frac{\text{d}^2}{\text{d}x^2}\phi(x) - \frac{1}{L^2}\phi(x) = 0 \tag{6.16}$$

设要求的解的形式为

$$\phi(x) = C\exp(\kappa x) \tag{6.17}$$

将此表达式代入式 (6.16) 中，可得

$$C(\kappa^2 - 1/L^2)\exp(\kappa x) = 0 \tag{6.18}$$

如果 $C = 0$，对于所有的 x，方程左边都等于零，但这是不合理的，因为它将导致所有的解消失。替代做法为，取

$$\kappa = \pm 1/L \tag{6.19}$$

这样，存在两个可能的解，中子通量密度采用

$$\phi(x) = C_1\exp(x/L) + C_2\exp(-x/L) \tag{6.20}$$

的形式。

　　为了确定系数 C_1 和 C_2，必须应用边界条件。假设要解决的问题域是半无限介质占据的空间 $0 \leqslant x \leqslant \infty$。进一步假设，中子从左侧供给，具有足够的强度，在 $x=0$ 处提供已知的中子通量密度 ϕ_0，即 $\phi(0) = \phi_0$。如果没有中子从右侧进入，那么从左侧进入的中子，在它们向右扩散的过程中，最终都会被吸收，即满足 $\phi(\infty) = 0$。这样，我们有了两个必需的边界条件。将它们代入方程 (6.20) 中，得到

$$\phi_0 = C_1 \exp(0/L) + C_2 \exp(-0/L) \tag{6.21}$$

和

$$0 = C_1 \exp(\infty/L) + C_2 \exp(-\infty/L) \tag{6.22}$$

因为 $\exp(\infty) = \infty$，$\exp(-\infty) = 0$，所以第二个等式只有在 $C_1 = 0$ 时才成立。又因为 $\exp(0) = 1$，得到 $C_2 = \phi_0$，从而方程的解为

$$\phi(x) = \phi_0 \exp(-x/L) \tag{6.23}$$

6.3.2　有均匀中子源的例子

　　首先，研究有均匀中子源 $s'''(\vec{r}) \to s_0'''$ 的情况。在一维平板模型中，式 (6.14) 化简为

$$-\frac{\mathrm{d}^2}{\mathrm{d}x^2}\phi(x) + \frac{1}{L^2}\phi(x) = \frac{1}{D}s_0''' \tag{6.24}$$

包含中子源项的问题的解分为通解和特解

$$\phi(x) = \phi_{\mathrm{g}}(x) + \phi_{\mathrm{p}}(x) \tag{6.25}$$

其中，通解 ϕ_{g}(有时也称为齐次解) 满足源项为零的式 (6.24)。因此，它在形式上与式 (6.20) 给出的式 (6.16) 的解是相同的。特解 ϕ_{p} 必须满足有源项存在的式 (6.24)，对于均匀中子源，特解是常数，因为它的导数是零。因此，式 (6.25) 中的特解为

$$\phi_{\mathrm{p}}(x) = \frac{L^2}{D}s_0''' = \frac{1}{\Sigma_{\mathrm{a}}}s_0''' \tag{6.26}$$

将此表达式连同式 (6.20) 一起代入式 (6.25)，得到方程 (6.24) 的解

$$\phi(x) = C_1 \exp(x/L) + C_2 \exp(-x/L) + \frac{1}{\Sigma_{\mathrm{a}}}s_0''' \tag{6.27}$$

　　其次，需要两个边界条件来确定常数 C_1 和 C_2。假设均匀中子源在 $-a \leqslant x \leqslant a$ 之间的平板上分布，我们指定两个边界条件为：在平板表面上中子通量密度消失，即 $\phi(\pm a) = 0$。则由式 (6.27) 得到关于 C_1 和 C_2 的条件

$$0 = C_1 \exp(a/L) + C_2 \exp(-a/L) + \frac{1}{\Sigma_{\mathrm{a}}}s_0''' \tag{6.28}$$

和

$$0 = C_1 \exp(-a/L) + C_2 \exp(a/L) + \frac{1}{\Sigma_{\mathrm{a}}}s_0''' \tag{6.29}$$

这些方程很容易求解，得到

$$C_1 = C_2 = -(\mathrm{e}^{a/L} + \mathrm{e}^{-a/L})s_0'''/\Sigma_\mathrm{a}$$

因此，方程的解为

$$\phi(x) = \left[1 - \frac{\cosh(x/L)}{\cosh(a/L)}\right]\frac{s_0'''}{\Sigma_\mathrm{a}} \tag{6.30}$$

其中，双曲余弦函数的定义参见附录 A。

　　均匀中子源导致特解具有最简单的形式——常量。在涉及空间依赖中子源分布的问题中寻找特解会面临更多的困难，习题 6.12 中就包含一个这样的情况。

6.4　边界条件

　　上述问题指出了求解扩散方程 (这是一个二阶微分方程) 的一些通用流程。在一维问题中，解包含两个任意常数，需要两个边界条件来确定它们。到目前为止，使用的边界条件都是中子通量密度本身。其他条件经常能更准确地表达要处理的物理情况。在推导这样的条件时，一个特别有用的概念是分中子流密度。中子流密度 $J_x(x)$ 是在单位时间内沿 x 轴正方向穿过垂直于 x 轴的平面上单位面积的净中子数量 [中子/(cm^2·s)]。我们可以根据中子沿 x 轴正方向或负方向运动，将 $J_x(x)$ 分为 $J_x^+(x)$ 和 $J_x^-(x)$，这样有

$$J_x(x) = J_x^+(x) - J_x^-(x) \tag{6.31}$$

如附录 C 所详述的，中子输运理论可以用来说明在扩散近似中

$$J_x^{\pm}(x) = \frac{1}{4}\phi(x) \pm \frac{1}{2}J_x(x) \tag{6.32}$$

或利用式 (6.11) 消去中子流密度

$$J_x^{\pm}(x) = \frac{1}{4}\phi(x) \mp \frac{1}{2}D\frac{\mathrm{d}}{\mathrm{d}x}\phi(x) \tag{6.33}$$

6.4.1　真空边界

　　假设存在一个表面，没有任何中子通过表面进入一个空间，而此空间从该表面开始扩展到无穷远，这就相当于无中子源的真空，我们把这个表面称为真空边界。如果真空边界在左侧，比如说，在 x_l 处，则边界条件为 $J_x^+(x_\mathrm{l}) = 0$；如果真空边界在右侧，比如说，在 x_r 处，则边界条件为 $J_x^-(x_\mathrm{r}) = 0$。使用分中子流密度的定义，可以将右侧的边界条件写为

$$0 = \frac{1}{4}\phi(x_\mathrm{r}) - \frac{1}{2}D\left|\frac{\mathrm{d}}{\mathrm{d}x}\phi(x)\right|_{x_\mathrm{r}} \tag{6.34}$$

其中，在右侧的导数是负的，为清晰起见，采用减去其绝对值的形式。对于各向同性散射，$D = 1/(3\Sigma_\mathrm{t})$，并且平均自由程定义为 $\lambda = 1/\Sigma_\mathrm{tr}$，可以将真空边界条件改写为

$$\phi(x_\mathrm{r})\left/\left|\frac{\mathrm{d}}{\mathrm{d}x}\phi(x)\right|_{x_\mathrm{r}}\right. = \frac{2}{3}\lambda \tag{6.35}$$

图 6.2 提供了对这种边界条件的直观解释。如果根据式 (6.35) 将中子通量密度线性外推,那么中子通量密度将在边界外距离 $\frac{2}{3}\lambda$ 处到达 0,因此将 $\frac{2}{3}\lambda$ 称为外推距离。

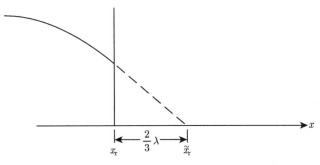

图 6.2 在真空边界处中子通量密度的外推距离

经常地,当遇到真空边界时,简单地调整尺寸和使用零通量密度边界条件更为直截了当。因此,分别使用 $\phi\left(x_1 - \frac{2}{3}\lambda\right) = 0$ 和 $\phi\left(x_r + \frac{2}{3}\lambda\right) = 0$ 处理在 x_1、x_r 处有左右真空边界条件的问题。为简洁起见,经常在空间维度符号上添加一个波浪号来表示外推边界。从而有 $\phi(\widetilde{x}_r) = 0$ 和 $\phi(\widetilde{x}_1) = 0$。在问题尺度相较于 λ 测量非常大的情况下,通常的做法包括忽略对外推距离的小修正,而简单地使用 $\phi(x_r) \approx 0$ 和 $\phi(x_1) \approx 0$。

6.4.2 反射边界

如果在边界上净中子流密度 J_x 已知,这也可以被用作边界条件。中子流密度条件似乎经常是对称问题的结果。假设,在上述均匀中子源问题中,其解是关于 $x = 0$ 对称的,这使得穿过在 $x = 0$ 处平面的净中子数为零。因此可以仅在 $x > 0$ 的范围内求解问题,而采用

$$J_x(0) = -D\frac{\mathrm{d}}{\mathrm{d}x}\phi(x)\bigg|_{x=0} = 0 \tag{6.36}$$

作为左侧的边界条件,或者简单地写成

$$\frac{\mathrm{d}}{\mathrm{d}x}\phi(x)\bigg|_{x=0} = 0$$

6.4.3 表面源和反照率

分中子流密度特别适用于指定表面被中子轰击的情况的边界条件。为了说明这种情况,考虑式 (6.23) 所示的无源解。为了保持此解,中子必须从左侧供给。可以通过把从左侧进入的中子数量记为

$$J_x^+(0) = s'' \tag{6.37}$$

来将边界中子通量密度 ϕ_0 和表面源 s''[中子/$(\mathrm{cm}^2 \cdot \mathrm{s})$] 联系起来。这样,结合式 (6.23) 和 (6.33) 可获得分中子流密度

$$J_x^+(x) = \left(\frac{1}{4} + \frac{D}{2L}\right)\phi_0 \exp(-x/L) \tag{6.38}$$

我们可以使用式 (6.37) 消去 ϕ_0，并将式 (6.38) 写成直接用表面源 s'' 来表示的形式

$$\phi(x) = \left(\frac{1}{4} + \frac{D}{2L}\right)^{-1} s'' \exp(-x/L) \tag{6.39}$$

表面源中子进入扩散介质，其中一部分会发生散射碰撞，然后返回离开。离开中子的数量与进入中子的数量的比例称为反照率，用分中子流密度将其表示为

$$\alpha = \frac{J_x^-(0)}{J_x^+(0)} \tag{6.40}$$

半无限介质的反照率可由将式 (6.33) 代入此表达式得到，再用式 (6.23) 计算出在 $x = 0$ 处的分中子流密度，所得结果为

$$\alpha = \frac{1 - 2D/L}{1 + 2D/L} \tag{6.41}$$

因此，对于半无限介质，在单位时间内从表面单位面积上重新发射的中子数为 $\alpha s''$[中子/$(\mathrm{cm}^2 \cdot \mathrm{s})$]，同时剩余的中子将在介质中被吸收，数量为 $(1-\alpha)s''$[中子/$(\mathrm{cm}^2 \cdot \mathrm{s})$]。对于任意表面，如果 $J_x^-(0)$ 表示出射的分中子流密度，$J_x^+(0)$ 表示入射的分中子流密度，那么式 (6.40) 适用。

6.4.4 界面条件

如果存在一个以上的区域，例如，具有不同的反应截面，对于每个区域，扩散方程的解将包含两个任意常数。因此，在每个界面上需要有两个条件，中子通量密度和净中子流密度都必须是连续的。这样，对于在 x_0 处的界面，有

$$\phi(x_{0-}) = \phi(x_{0+}) \tag{6.42}$$

和

$$D(x_{0-})\frac{\mathrm{d}}{\mathrm{d}x}\phi(x)\bigg|_{x_{0-}} = D(x_{0+})\frac{\mathrm{d}}{\mathrm{d}x}\phi(x)\bigg|_{x_{0+}} \tag{6.43}$$

其中，x_{0+} 表示从 x_0 的右侧趋近于 x_0 的值，x_{0-} 表示从 x_0 的左侧趋近于 x_0 的值。当存在局部源时，式 (6.43) 将会出现例外。如果无限薄的表面源在单位时间内沿着界面在单位面积上发射的中子数为 s''_{pl}[中子/$(\mathrm{cm}^2 \cdot \mathrm{s})$]，那么在界面处的中子平衡为

$$J(x_{0-}) + s''_{\mathrm{pl}} = J(x_{0+})$$

或更明确地表示为

$$-D(x_{0-})\frac{\mathrm{d}}{\mathrm{d}x}\phi(x)\bigg|_{x_{0-}} + s''_{\mathrm{pl}} = -D(x_{0+})\frac{\mathrm{d}}{\mathrm{d}x}\phi(x)\bigg|_{x_{0+}} \tag{6.44}$$

6.4.5 其他几何结构中的边界条件

与笛卡儿几何结构一样，前述的边界条件也适用于圆柱和球形几何结构：只是 x 被表面的法线方向所代替。然而，在球或圆柱几何结构中，在原点或中心线处的边界条件必须被区别对待。球中心的点源在单位时间内发射的中子数为 s_{p}(中子/s)，则 $s_{\mathrm{p}} = \lim\limits_{r \to 0}[4\pi r^2 J_r(r)]$；沿着圆柱体中心线的线源在单位时间内单位长度上发射的中子数为 s'_1[中子/$(\mathrm{cm} \cdot \mathrm{s})$]，则 $s'_1 = \lim\limits_{r \to 0}[2\pi r J_r(r)]$。如果没有这样的中子源存在，那么这两个条件简单地等价于要求在 $r = 0$ 处的中子通量密度是有限的。在接下来的部分中，我们将阐明球形几何体中在原点处的边界条件；由于需要引入贝塞尔函数，对圆柱几何体的处理推迟到第 7 章。

6.5 非增殖系统——球形几何

我们考虑两个球形几何问题：第一，点中子源位于无限介质中；第二，具有分布式中子源的双区域问题。两者都展示了在原点的边界条件，而第二个问题也进一步讨论了为解决中子扩散问题引入的方法，包括对边界条件的处理和对界面的处理。

首先，使用附录 A 中一维球坐标的形式来替代式 (6.14) 中的 ∇^2，得

$$-\frac{1}{r^2}\frac{\mathrm{d}}{\mathrm{d}r}r^2\frac{\mathrm{d}}{\mathrm{d}r}\phi(r) + \frac{1}{L^2}\phi(r) = \frac{1}{D}s'''(r) \tag{6.45}$$

6.5.1 点中子源的例子

假设强度为 s_p 的中子源集中在从 $r=0$ 延伸到 $r=\infty$ 的无限介质中的原点。对于在 $r>0$ 处 $s'''(r)=0$ 的条件，应用式 (6.45)，则

$$\frac{1}{r^2}\frac{\mathrm{d}}{\mathrm{d}r}r^2\frac{\mathrm{d}}{\mathrm{d}r}\phi(r) - \frac{1}{L^2}\phi(r) = 0 \tag{6.46}$$

如果做代换

$$\phi(r) = \frac{1}{r}\psi(r) \tag{6.47}$$

方程化简为

$$\frac{\mathrm{d}^2}{\mathrm{d}r^2}\psi(r) - \frac{1}{L^2}\psi(r) = 0 \tag{6.48}$$

若其中 x 被 r 替换，则式 (6.16) 与此式具有相同的形式。因此，我们寻找形式为

$$\psi(r) = C\exp(\kappa r) \tag{6.49}$$

的解，并且采用与从式 (6.16) 到式 (6.20) 相同的过程，得到

$$\psi(r) = C_1\exp(r/L) + C_2\exp(-r/L) \tag{6.50}$$

这样，由式 (6.47)，得

$$\phi(r) = \frac{C_1}{r}\exp(r/L) + \frac{C_2}{r}\exp(-r/L) \tag{6.51}$$

接着，使用边界条件来确定 C_1 和 C_2。在距离点源无限远的 $r=\infty$ 处，中子通量密度必须趋于零，即 $\phi(\infty)=0$。因此，$C_1=0$，否则将有 $\phi(\infty)\to\infty$。原点处的边界条件比较微妙。在 $r\to 0$ 的极限中，中子流密度

$$J_r(r) = -D\frac{\mathrm{d}}{\mathrm{d}r}\phi(r) \tag{6.52}$$

从表面积为 $4\pi r^2$ 的小球中涌出，它一定等于中子源的强度。因此

$$s_\mathrm{p} = \lim_{r\to 0}4\pi r^2 J_r(r) \tag{6.53}$$

将式 (6.51) 和式 (6.53) 结合起来，找到来自点源的中子通量密度分布为

$$\phi(r) = \frac{s_p}{4\pi D r} \exp(-r/L) \tag{6.54}$$

显然，由点源产生的所有中子必须都被无限介质吸收。用 $\mathrm{d}V = 4\pi r^2 \mathrm{d}r$ 作为体积增量，可以将其表示为

$$\int_{\text{全部空间}} \Sigma_a \phi(r) \mathrm{d}V = s_p \tag{6.55}$$

6.5.2　双区域的例子

第二个问题涉及两个区域和分布式中子源，讨论如何处理在原点处的边界条件以及界面条件。假设：性能为 D 和 Σ_a 的材料构成的半径为 R 的球体，包含均匀的中子源 s_0'''；此球体被第二种无源介质包围，此介质特性为 $\hat{D}$ 和 $\hat{\Sigma}_a$，并一直扩展到 $r = \infty$ 处。解决此问题的目标是确定中子通量密度。

为了解决这个问题，可以从式 (6.45) 得到下列两个微分方程：

$$-\frac{1}{r^2}\frac{\mathrm{d}}{\mathrm{d}r}r^2\frac{\mathrm{d}}{\mathrm{d}r}\phi(r) + \frac{1}{L^2}\phi(r) = \frac{1}{D}s_0''', \quad 0 \leqslant r < R \tag{6.56}$$

和

$$-\frac{1}{r^2}\frac{\mathrm{d}}{\mathrm{d}r}r^2\frac{\mathrm{d}}{\mathrm{d}r}\phi(r) + \frac{1}{\hat{L}^2}\phi(r) = 0, \quad R < r < \infty \tag{6.57}$$

在球内，必须将式 (6.56) 的通解和特解叠加起来

$$\phi(r) = \phi_g(r) + \phi_p(r), \quad 0 \leqslant r < R \tag{6.58}$$

对于均匀源，特解是常数。因此，

$$\phi_p = \frac{L^2}{D}s_0''' = \frac{s_0'''}{\Sigma_a} \tag{6.59}$$

通解满足式 (6.46)，经过相同的变量变换，获得式 (6.51) 作为 $\phi_g(r)$。从而，将 ϕ_g 和 ϕ_p 代入式 (6.58)，得到

$$\phi(r) = \frac{C_1}{r}\exp(r/L) + \frac{C_2}{r}\exp(-r/L) + \frac{s_0'''}{\Sigma_a}, \quad 0 \leqslant r < R \tag{6.60}$$

式 (6.46) 和 (6.57) 在形式上是相同的。因此，式 (6.57) 的解具有与式 (6.51) 相同的形式

$$\phi(r) = \frac{C_1'}{r}\exp(r/\hat{L}) + \frac{C_2'}{r}\exp(-r/\hat{L}), \quad R < r < \infty \tag{6.61}$$

其中，$\hat{L} = \sqrt{\hat{D}/\hat{\Sigma}_a}$。

式 (6.60) 和 (6.61) 中的四个任意常数由结构的四个边界条件和界面条件决定

$$\begin{array}{ll} \#1. \ 0 < \phi(0) < \infty, & \#3. \ \phi(R_-) = \phi(R_+), \\ \#2. \ \phi(\infty) = 0, & \#4. \ D\frac{\mathrm{d}}{\mathrm{d}r}\phi(r)\Big|_{R_-} = \hat{D}\frac{\mathrm{d}}{\mathrm{d}r}\phi(r)\Big|_{R_+} \end{array} \tag{6.62}$$

通过在 $r \to 0$ 条件下取式 (6.60) 的极限，应用边界条件 1，发现只有当 $C_2 = -C_1$ 时，中子通量密度保持有限值。接着，使用附录 A 中给出的双曲正弦的定义，式 (6.60) 化简为

$$\phi(r) = \frac{2C_1}{r}\sinh(r/L) + \frac{s_0'''}{\Sigma_a}, \quad 0 \leqslant r < R \tag{6.63}$$

接下来，对式 (6.61) 应用边界条件 2。因为当 $r \to \infty$ 时，第一项趋于无穷大，第二项消失，所以，当 $C_1' = 0$ 时满足条件，得

$$\phi(r) = \frac{C_2'}{r}\exp(-r/\widehat{L}), \quad R < r < \infty \tag{6.64}$$

最后，应用界面条件 3 和 4 来获得剩余的任意系数

$$\frac{2C_1}{R}\sinh(R/L) + \frac{s_0'''}{\Sigma_a} = \frac{C_2'}{R}\exp(-R/\widehat{L}) \tag{6.65}$$

和

$$2DC_1\left[\frac{1}{RL}\cosh(R/L) - \frac{1}{R^2}\sinh(R/L)\right] = -\widehat{D}C_2'\left(\frac{1}{R\widehat{L}} + \frac{1}{R^2}\right)\exp(-R/\widehat{L}) \tag{6.66}$$

求解这对方程来获得 C_1 和 C_2'，并将结果代入式 (6.63) 和 (6.64)，从而得出解

$$\phi(r) = \left[1 - C\frac{R}{r}\frac{\sinh(r/L)}{\sinh(R/L)}\right]\frac{s_0'''}{\Sigma_a}, \quad 0 \leqslant r < R \tag{6.67}$$

和

$$\phi(r) = (1 - C)\frac{s_0'''}{\Sigma_a}\frac{R}{r}\exp\left[-(r - R)/\widehat{L}\right], \quad R < r < \infty \tag{6.68}$$

其中

$$C = \left[1 + \frac{D}{\widehat{D}}\frac{(R/L)\coth(R/L) - 1}{(R/\widehat{L}) + 1}\right]^{-1} \tag{6.69}$$

6.6 扩散近似的有效性

在扩散方程 (6.12) 提供近似的情况下，对其合理性的疑问自然地就出现了。图 6.3 显示了对于空间中三个点中子运动方向的极图。在每一个点，箭头的长度指示沿这个方向运动的中子数量。图 6.3(a) 的图像表示中子束都在很窄的方向角中穿行。这是我们为了定义反应截面，在第 2 章中为未碰撞中子通量密度规定的情况。在这样的情况下使用方程 (6.12) 是不合适的，这会导致在预测中子空间分布上的严重错误。

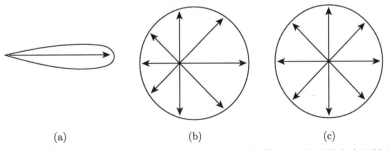

(a)　　　　　　　(b)　　　　　　　(c)

图 6.3　中子的极性分布：(a) 中子束，(b) 中子向右扩散，(c) 中子的各向同性分布

对于图 6.3(b) 和 (c) 中所示的情况，扩散理论是有效的。在图 6.3(b) 中，中子向所有方向运行，向右飞行的数量比向左飞行的多，但分布并没有产生很大的偏峰。在这种情况下使用扩散近似是合适的，当我们从左向右移动时，它合理地表示了中子通量密度的减少，因为中子的净扩散在此方向上。

如果中子通量密度不存在空间变化，则中子呈各向同性分布，如图 6.3(c) 所示。在这种情况下，扩散方程的使用保持有效，但是，如果空间变化消失，则我们将得到 $\vec{\nabla}\phi(\boldsymbol{r}) = 0$，并且式 (6.12) 中的泄漏项将消失。

通常，如果中子分布是在空间中逐渐变化的，那么扩散理论是有效的。在边界附近和在性质差异明显的材料之间的界面处，它将会导致中子空间分布的大误差。在由燃料、冷却剂、慢化剂和/或其他材料组成的反应堆栅格中，只有在对栅格单元取适当的平均值 (在第 4 章中讨论的) 之后，才可以使用扩散理论来研究中子的整体分布。

6.6.1　扩散长度

我们可以通过考察中子从产生到被吸收之间扩散的均方距离来获得扩散长度的物理解释。要做到这一点，需要假设中子在 $r = 0$ 处产生，然后计算由吸收率 $\Sigma_{\mathrm{a}}\phi$ 加权的均方距离

$$\overline{r^2} = \frac{\int r^2 \Sigma_{\mathrm{a}}\phi(r)\mathrm{d}V}{\int \Sigma_{\mathrm{a}}\phi(r)\mathrm{d}V} \tag{6.70}$$

代入式 (6.54) 来求解点源扩散的中子通量密度，注意到 $\mathrm{d}V = 4\pi r^2\mathrm{d}r$，有

$$\overline{r^2} = \frac{\int_0^\infty r^2 \Sigma_{\mathrm{a}}\frac{s_{\mathrm{p}}}{4\pi Dr}\exp(-r/L)4\pi r^2\mathrm{d}r}{\int_0^\infty \Sigma_{\mathrm{a}}\frac{s_{\mathrm{p}}}{4\pi Dr}\exp(-r/L)4\pi r^2\mathrm{d}r} = \frac{\int_0^\infty r^3\exp(-r/L)\mathrm{d}r}{\int_0^\infty r\exp(-r/L)\mathrm{d}r} \tag{6.71}$$

计算积分后可得到

$$\overline{r^2} = 6L^2 \tag{6.72}$$

或相应地有

$$L = \frac{1}{\sqrt{6}}\sqrt{\overline{r^2}} = 0.408\sqrt{\overline{r^2}} \tag{6.73}$$

因此，扩散长度与中子从产生到被吸收之间扩散的均方根 (RMS) 距离成正比。中子在其寿命内经历多次散射碰撞，从而改变其运动方向。回顾第 2 章，平均自由程 $\lambda = 1/\Sigma$，是这些碰撞之间的平均距离。这些量很容易联系起来。我们假设其为各向同性散射，则在式 (6.13) 中扩散系数恰好是 $D = 1/(3\Sigma_{\mathrm{t}}) = \lambda/3$。接下来，定义散射截面与总截面的比值为

$$c = \Sigma_{\mathrm{s}}/\Sigma_{\mathrm{t}} \tag{6.74}$$

因为 $\Sigma_{\mathrm{t}} = \Sigma_{\mathrm{s}} + \Sigma_{\mathrm{a}}$，所以吸收截面可以表达为 $\Sigma_{\mathrm{a}} = (1-c)\Sigma_{\mathrm{t}} = (1-c)/\lambda$。最后，将 D 和 Σ_{a} 的表达式代入由式 (6.15) 给出的扩散长度的定义中，得到

$$L = \lambda/\sqrt{3(1-c)} \tag{6.75}$$

因此，例如，对于 $c = 0.99$ 的材料就会得到 $L \approx 6\lambda$。

平均自由程与扩散长度之间的关系如图 6.4 所示。散射碰撞之间虚线长度的平均值为 λ，而实线的长度为 L。一般说来，如果 c 约小于 0.7，以式 (6.11) 给出的菲克近似为基础的扩散近似丧失了有效性，这样就必须使用更先进的中子输运方法。

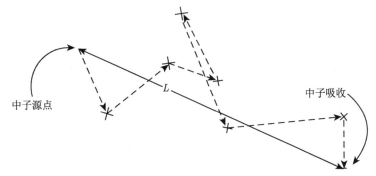

图 6.4　中子从产生到被吸收之间的扩散长度 L

6.6.2　再论未碰撞中子通量密度

将来自一个点源的未碰撞中子通量密度和此源产生的总的中子通量密度 (即未碰撞中子通量密度 + 已碰撞中子通量密度) 进行比较，可以获得对扩散方程有效性范围的进一步认识。由式 (2.9) 知，来自点源的未碰撞中子通量密度为

$$\phi_{\mathrm{u}}(r) = \frac{s_{\mathrm{p}}}{4\pi r^2} \exp(-r/\lambda) \tag{6.76}$$

将此表达式与式 (6.54) 进行比较，得出以下结论：无论反应截面如何，未碰撞中子通量密度下降为 $1/r^2$，而总的中子通量密度 (未碰撞 + 已碰撞) 仅下降为 $1/r$。同样地，平均自由程出现在未碰撞中子通量密度的指数中，而较大的扩散长度出现在总的中子通量密度的指数中。因此，总的中子通量密度随着距离将衰减得更慢。

未碰撞中子与散射中子之间进行比较的第二点是直到发生首次碰撞与直到被吸收两者各自的均方根距离。为了获得未碰撞中子穿行的均方根距离，我们再次考虑位于原点的点源，但是现在使用首次碰撞率 $\Sigma_{\mathrm{t}}\phi_{\mathrm{u}}$，而不是吸收率

$$\overline{r_{\mathrm{u}}^2} = \frac{\displaystyle\int r^2 \Sigma_{\mathrm{t}}\phi_{\mathrm{u}}(r)\mathrm{d}V}{\displaystyle\int \Sigma_{\mathrm{t}}\phi_{\mathrm{u}}(r)\mathrm{d}V} \tag{6.77}$$

采用式 (6.76) 的未碰撞中子通量密度，将其代入 $\overline{r_{\mathrm{u}}^2}$ 的定义中，得到

$$\overline{r_{\mathrm{u}}^2} = \frac{\displaystyle\int_0^\infty r^2 \Sigma_{\mathrm{t}}\frac{s_{\mathrm{p}}}{4\pi r^2} \exp(-r/\lambda) 4\pi r^2 \mathrm{d}r}{\displaystyle\int_0^\infty \Sigma_{\mathrm{t}}\frac{s_{\mathrm{p}}}{4\pi r^2} \exp(-r/\lambda) 4\pi r^2 \mathrm{d}r} = \frac{\displaystyle\int_0^\infty r^2 \exp(-r/\lambda)\mathrm{d}r}{\displaystyle\int_0^\infty \exp(-r/\lambda)\mathrm{d}r} \tag{6.78}$$

计算积分，得

$$\overline{r_{\mathrm{u}}^2} = 2\lambda^2 \tag{6.79}$$

或相应地，$\lambda = \dfrac{1}{\sqrt{2}}\sqrt{\overline{r_{\mathrm{u}}^2}} = 0.707\sqrt{\overline{r_{\mathrm{u}}^2}}$，这意味着平均自由程与中子在发生首次碰撞前穿行距离的均方根成正比。两个均方距离之比为

$$\frac{\overline{r^2}}{\overline{r_{\mathrm{u}}^2}} = \frac{3L^2}{\lambda^2} = \frac{1}{1-c} \tag{6.80}$$

随着与源之间距离的增加，在散射截面与总截面的比值 c 足够地接近 1 的条件下，未碰撞源的重要性迅速减小。如果不是这样，那么在扩散方程有效的情况下，通常中子在被吸收之前不会发生足够的散射碰撞。

考察中子的角分布，进一步阐明了未碰撞中子与扩散中子之间的区别。与点源之间距离为 r 处的未碰撞中子都运动在同一个方向上——径向向外，如图 6.3(a) 示意；而扩散中子将呈角度分散，更像图 6.3(b) 所示。为了使扩散方程给出合理的精确度，在某点的中子数只有一小部分可能保持不碰撞。不过，此条件典型地仅存在于 $c \equiv \Sigma_{\mathrm{s}}/\Sigma_{\mathrm{t}}$ 约大于 0.7 的情况下。

6.7   增殖系统

现在，我们开始考虑在增殖系统内的中子扩散，其中包含裂变材料。我们将问题置于球形几何中，这样在研究次临界系统的时候，当其接近临界时，空间效应比在一维平板模型中更接近现实。动力反应堆总是采用有限圆柱形式，我们把对此问题的处理推迟到下一章；虽然球形几何可以用常微分方程处理，但是有限圆柱体必须求解偏微分方程。

6.7.1   次临界装置

在增殖系统中，因为裂变物质的存在，所以 $\nu\Sigma_{\mathrm{f}} > 0$。如果我们把注意力限定在具有均匀中子源 s_0''' 的均匀系统上，那么反应截面是与空间无关的常量。式 (6.12) 除以扩散系数 D，得

$$-\nabla^2\phi(\boldsymbol{r}) + \frac{1}{L^2}\phi(\boldsymbol{r}) = \frac{1}{D}s_0''' + \frac{1}{L^2}k_\infty\phi(\boldsymbol{r}) \tag{6.81}$$

其中，再次使用了 $k_\infty = \nu\Sigma_{\mathrm{f}}/\Sigma_{\mathrm{a}}$ 和 $L^2 = D/\Sigma_{\mathrm{a}}$。将 ∇^2 用它在球形几何中的一维形式代替，则扩散方程化简为

$$-\frac{1}{r^2}\frac{\mathrm{d}}{\mathrm{d}r}r^2\frac{\mathrm{d}}{\mathrm{d}r}\phi(r) + \frac{1}{L^2}(1-k_\infty)\phi(r) = \frac{s_0'''}{D} \tag{6.82}$$

我们再一次寻找通解和特解的叠加

$$\phi(r) = \phi_{\mathrm{g}}(r) + \phi_{\mathrm{p}}(r) \tag{6.83}$$

对于均匀中子源，我们假设特解为常数。因此，导数项从式 (6.82) 中消失，我们得到

$$\phi_{\mathrm{p}} = \frac{s_0'''}{(1-k_\infty)\Sigma_{\mathrm{a}}} \tag{6.84}$$

通解必须满足

$$\frac{1}{r^2}\frac{\mathrm{d}}{\mathrm{d}r}r^2\frac{\mathrm{d}}{\mathrm{d}r}\phi_g(r) - \frac{1}{L^2}(1-k_\infty)\phi_g(r) = 0 \tag{6.85}$$

进行与式 (6.47) 相同的代换

$$\phi_g(r) = \frac{1}{r}\psi(r) \tag{6.86}$$

方程简化为

$$\frac{\mathrm{d}^2}{\mathrm{d}r^2}\psi(r) - \frac{1}{L^2}(1-k_\infty)\psi(r) = 0 \tag{6.87}$$

解的形式取决于 $k_\infty < 1$ 还是 $k_\infty > 1$。当 $k_\infty < 1$，列出之前用过的解的形式

$$\psi(r) = C\exp(\kappa r) \tag{6.88}$$

因为

$$\frac{\mathrm{d}^2}{\mathrm{d}r^2}\psi(r) = C\kappa^2\exp(\kappa r) \tag{6.89}$$

如果 $\kappa^2 = \frac{1}{L^2}(1-k_\infty)$，式 (6.87) 被满足，或者等效地

$$\kappa = \pm\frac{1}{L}\sqrt{1-k_\infty} \tag{6.90}$$

因此，存在两个解，其中每个乘以任意常数，得

$$\psi(r) = C_1\exp(L^{-1}\sqrt{1-k_\infty}\,r) + C_2\exp(-L^{-1}\sqrt{1-k_\infty}\,r) \tag{6.91}$$

将这个表达式代入式 (6.86)，并结合式 (6.83) 和 (6.84) 的结果，获得中子通量密度

$$\phi(r) = \frac{C_1}{r}\exp(L^{-1}\sqrt{1-k_\infty}\,r) + \frac{C_2}{r}\exp(-L^{-1}\sqrt{1-k_\infty}\,r) + \frac{s_0'''}{(1-k_\infty)\Sigma_a} \tag{6.92}$$

接下来，应用边界条件来确定 C_1 和 C_2。在 $r=0$ 处，只有要求两个指数项精确地化为零，才能实现 $\phi(0)$ 必须有限的条件。因此，取 $C_2 = -C_1$。接着，利用 $\sinh x = \frac{1}{2}(\mathrm{e}^x - \mathrm{e}^{-x})$ 的定义，有

$$\phi(r) = \frac{2C_1}{r}\sinh(L^{-1}\sqrt{1-k_\infty}\,r) + \frac{s_0'''}{(1-k_\infty)\Sigma_a} \tag{6.93}$$

设 $\widetilde{R}$ 为球的外推半径，则另一个边界条件为 $\phi(\widetilde{R}) = 0$，并且由上式得

$$0 = \frac{2C_1}{\widetilde{R}}\sinh(L^{-1}\sqrt{1-k_\infty}\,\widetilde{R}) + \frac{s_0'''}{(1-k_\infty)\Sigma_a} \tag{6.94}$$

求出 C_1 并将结果代入式 (6.93)，得

$$\phi(r) = \frac{s_0'''}{(1-k_\infty)\Sigma_a}\left[1 - \frac{\widetilde{R}}{r}\frac{\sinh(L^{-1}\sqrt{1-k_\infty}\,r)}{\sinh(L^{-1}\sqrt{1-k_\infty}\,\widetilde{R})}\right] \tag{6.95}$$

当 $k_\infty < 1$ 时，即使没有中子从球表面泄漏，此系统也是次临界的。接下来，考虑能够达到临界的 $k_\infty > 1$ 的系统。如式 (6.83) 所示，解仍然是由一个特解和一个通解构成，特解还是式 (6.84)，而式 (6.85)~ 式 (6.87) 仍然适用于通解；但是通解的形式不同。注意到，当 $k_\infty > 1$ 时，很容易看出，式 (6.87) 的第二项为正，可变换为

$$\frac{\mathrm{d}^2}{\mathrm{d}r^2}\psi(r) + \frac{1}{L^2}(k_\infty - 1)\psi(r) = 0 \tag{6.96}$$

对于这个微分方程，假设解的形式为

$$\psi(r) = C_1 \sin(Br) + C_2 \cos(Br) \tag{6.97}$$

因为

$$\frac{\mathrm{d}^2}{\mathrm{d}r^2}\psi(r) = -C_1 B^2 \sin(Br) - C_2 B^2 \cos(Br) \tag{6.98}$$

倘若我们采用

$$B = L^{-1}\sqrt{k_\infty - 1} \tag{6.99}$$

则式 (6.96) 被满足。因此，

$$\psi(r) = C_1 \sin(L^{-1}\sqrt{k_\infty - 1}r) + C_2 \cos(L^{-1}\sqrt{k_\infty - 1}r) \tag{6.100}$$

与 $k_\infty < 1$ 的情况相似，将此表达式代入式 (6.86)，并结合式 (6.83) 和 (6.84) 的结果，得到中子通量密度分布

$$\phi(r) = \frac{C_1}{r}\sin(L^{-1}\sqrt{k_\infty - 1}r) + \frac{C_2}{r}\cos(L^{-1}\sqrt{k_\infty - 1}r) - \frac{s_0'''}{(k_\infty - 1)\Sigma_a} \tag{6.101}$$

应用与 $k_\infty < 1$ 的情况相同的边界条件来确定常数：原点处的边界条件为 $\phi(0)$ 必须是有限的。由于 $\lim\limits_{r\to 0} r^{-1}\sin(Br) = B$，第一项是有限的。因为 $\cos 0 = 1$，除非令 $C_2 = 0$，第二项将趋于无限大。因此，

$$\phi(r) = \frac{C_1}{r}\sin(L^{-1}\sqrt{k_\infty - 1}r) - \frac{s_0'''}{(k_\infty - 1)\Sigma_a} \tag{6.102}$$

通过要求这个方程满足边界条件 $\phi(\widetilde{R}) = 0$ 来确定 C_1，得

$$\phi(r) = \frac{s_0'''}{(k_\infty - 1)\Sigma_a}\left[\frac{\widetilde{R}}{r}\frac{\sin\left(L^{-1}\sqrt{k_\infty - 1}r\right)}{\sin\left(L^{-1}\sqrt{k_\infty - 1}\widetilde{R}\right)} - 1\right] \tag{6.103}$$

图 6.5 显示了增加 k_∞ 值对 $\phi(r)$ 空间分布的影响，先对 $k_\infty < 1$ 的情况使用式 (6.95)，再对 $k_\infty > 1$ 的情况使用式 (6.103)。

6.7.2 临界反应堆

图 6.5 表明中子通量密度水平随 k_∞ 值的增加而增加。随着 k_∞ 的增加，式 (6.103) 分母中正弦函数的辐角增大，直到

$$L^{-1}\sqrt{k_\infty - 1}\,\widetilde{R} = \pi \tag{6.104}$$

由于 $\sin \pi = 0$，在此点中子通量密度水平变为无穷大。在这一点，球形反应堆达到临界。正如我们在第 5 章看到的，次临界反应堆在源存在的条件下具有与时间无关的解，但是临界反应堆没有。因此，我们期望式 (6.103) 给出的解对于临界系统是唯一的。

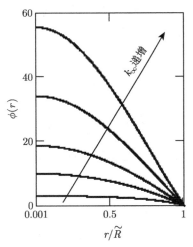

图 6.5　次临界球形堆的中子通量密度分布

由前文知，对于有限大小的反应堆，增殖的临界条件为 $k = P_{\mathrm{NL}}k_\infty = 1$，其中 P_{NL} 为不泄漏概率。对式 (6.104) 作平方，并重新排列各项，可以写为

$$1 = \frac{k_\infty}{1 + (\pi L/\widetilde{R})^2} \tag{6.105}$$

因此，对于临界的球形反应堆，不泄漏概率为

$$P_{\mathrm{NL}} = \frac{1}{1 + (\pi L/\widetilde{R})^2} \tag{6.106}$$

或者，使用第 5 章中引入的符号，$\Gamma = (\pi L/\widetilde{R})^2$。正如预期的那样，不泄漏概率随着 $\widetilde{R}/L$ 的增加而增加，反应堆的外推半径用扩散长度来度量。

正如，当且仅当中子源存在时，次临界反应堆有与时间无关的解，而临界反应堆仅在没有源存在的情况下才有解。对于球形反应堆，这相当于式 (6.85) 中通解必须被满足，且必须满足相同的条件：$\phi(0)$ 是有限的，$\phi(\widetilde{R}) = 0$；并确保当 $0 \leqslant r < \widetilde{R}$ 时，$\phi(r) > 0$。事实上，如果设式 (6.102) 中的 $s_0''' = 0$，则可以获得

$$\phi(r) = \frac{C_1}{r} \sin(L^{-1}\sqrt{k_\infty - 1}\, r) \tag{6.107}$$

条件 $\phi(\widetilde{R}) = 0$，连同对 $\phi(r) > 0$ 的要求，共同地构成了临界条件——式 (6.104)。注意：解不是唯一的，即 C_1 可以具有任意非负的值。在第 7 章中，我们将说明 C_1 与反应堆运行的功率成正比。

式 (6.99) 中第一次出现的项 $B_{\mathrm{m}} = L^{-1}\sqrt{k_\infty - 1}$(当时不带下标) 称为材料曲率，其仅取决于材料的特性。同样地，对于球形反应堆，$B_{\mathrm{g}} = \pi/\widetilde{R}$ 称为几何曲率；其仅取决于球的大小。运用这个术语，式 (6.105) 的临界条件也可以表述为材料曲率与几何曲率相等：$B_{\mathrm{m}} = B_{\mathrm{g}}$。术语"曲率"源自如下概念：小反应堆内的中子通量密度比大反应堆有更大的向下凹陷或"弯曲变形"曲率。因此，如果反应堆小于给定材料的临界尺寸，则 $B_{\mathrm{g}} > B_{\mathrm{m}}$，反应堆是次临界的。如果其大于临界尺寸，则 $B_{\mathrm{g}} < B_{\mathrm{m}}$，反应堆是超临界的。对于球形以外其他形状的反应堆，几何曲率采用 $B_{\mathrm{g}} = C/R$ 的形式，其中系数 C 由反应堆的形状确定，R 是特征尺寸。一般来说，任意形状和尺寸的均匀反应堆的增殖因数都由 $k = k_\infty P_{\mathrm{NL}}$ 给出，其中不泄漏概率写为

$$P_{\mathrm{NL}} = \frac{1}{1 + L^2 B^2} \tag{6.108}$$

式中，几何曲率 B 的下标被删除。第 7 章包括对圆柱形动力反应堆堆芯的几何曲率的推导。

参考文献

Duderstadt, James J., and Louis J. Hamilton, *Nuclear Reactor Analysis*, Wiley, NY, 1976.

Henry, Allen F., *Nuclear-Reactor Analysis*, MIT Press, Cambridge, MA, 1975.

Knief, Ronald A., *Nuclear Energy Technology: Theory and Practice of Commercial Nuclear Power*, McGraw-Hill, NY, 1981.

Lamarsh, John R., *Introduction to Nuclear Reactor Theory*, Addison-Wesley, Reading, MA, 1972.

Lewis, E. E., and W. F. Miller Jr., *Computational Methods of Neutron Transport*, Wiley, NY, 1984.

Meghreblian, R. V., and D. K. Holmes, *Reactor Analysis*, McGraw-Hill, NY, 1960.

Ott, Karl O., and Winfred A. Bezella, *Introductory Nuclear Reactor Statics*, 2nd ed., American Nuclear Society, 1989.

Stacey, Weston M., *Nuclear Reactor Physics*, Wiley, NY, 2001.

习题

6.1　在一维平板模型中，考虑具有特性 D 和 L、厚度为 a、由不可裂变材料构成的平板，假设 s''(中子/(cm²·s)) 个中子从左侧进入平板。在下列条件下中子的份额是多少？
　　a. 穿透该平板；
　　b. 从平板左侧表面反射回来；
　　c. 被平板吸收。

6.2　考虑占据 $-a \leqslant x \leqslant a$ 区域、由不可裂变材料构成的无限大平板，包含均匀中子源 s_0'''，具有特性 D_1 和 $\Sigma_{\mathrm{a},1}$。具有特性 D_2 和 $\Sigma_{\mathrm{a},2}$ 的第二种不可裂变材料，占据 $-\infty \leqslant x \leqslant -a$ 和 $a \leqslant x \leqslant \infty$ 区域，并且无中子源。求在 $0 \leqslant x \leqslant \infty$ 区域内的中子通量密度分布。

6.3　对于 $D = 0.84\,\mathrm{cm}$、$\Sigma_{\mathrm{a}} = 2.1 \times 10^{-4}\,\mathrm{cm}^{-1}$ 的石墨构成的 $1\,\mathrm{m}$ 厚的平板，确定中子穿透的比例，并计算平板的反照率。

6.4　在一维平板模型中，热中子从左侧进入非增殖的无限厚平板。复合平板的特性为：在 $0 \leqslant x \leqslant a$ 范围内，D_1、$\Sigma_{\mathrm{a},1}$；在 $a \leqslant x \leqslant \infty$ 范围内，D_2、$\Sigma_{\mathrm{a},2}$。

　　a. 采用 $\gamma_i \equiv D_i/L_i$，证明反照率可以表达为

$$\alpha = \frac{(1 - 2\gamma_1) + \dfrac{\gamma_2 - \gamma_1}{\gamma_2 + \gamma_1}(1 + 2\gamma_1)\exp(-2a/L_1)}{(1 + 2\gamma_1) + \dfrac{\gamma_2 - \gamma_1}{\gamma_2 + \gamma_1}(1 - 2\gamma_1)\exp(-2a/L_1)}$$

　　b. 当材料 1 是石墨、材料 2 是水时，计算 $a=10\mathrm{cm}$ 条件下的反照率；

　　c. 把 b 中的材料 1 和 2 交换位置，重新计算。

6.5　注意到：如果 $2D/L > 1$，式 (6.41) 得出的反照率是负值！依据反应截面，解释为什么扩散理论在这种情况下无效。

6.6　由石墨制成直径 $1.0\mathrm{m}$ 的球体，中子均匀地撞击其表面。对于石墨，$D = 0.84\,\mathrm{cm}$，$\Sigma_{\mathrm{a}} = 2.1 \times 10^{-4}\,\mathrm{cm}^{-1}$。

　　a. 确定石墨球面的反照率；

　　b. 确定撞击中子被球体吸收的份额。

6.7　证明式 (6.55)。

6.8　在正文中，球形几何条件 $0 < \phi(0) < \infty$ 被用于将式 (6.60) 化简为式 (6.63)。证明条件 $\lim\limits_{r \to 0} 4\pi r^2 J_r(r) = 0$ 能够产生相同的结果。

6.9　由具有特性 D 和 Σ_{a} 的非增殖介质构成的球体，外推半径为 $\widetilde{R}$，处于无限真空中，强度为 s_{p} 的点中子源位于其中心。

　　a. 求出球体内的中子通量密度分布；

　　b. 如果 $\widetilde{R} = L$，确定从球体中逃逸而未被吸收的中子的份额。

6.10　在具有特性 D 和 Σ_{a} 的无限非增殖介质中，半径为 R 的薄球壳发射 s_{pl}''[中子/($\mathrm{cm}^2 \cdot \mathrm{s}$)] 个中子。

　　a. 确定在 $0 \leqslant r \leqslant \infty$ 范围内的中子通量密度 $\phi(r)$。

　　b. 确定中子通量密度比 $\phi(0)/\phi(R)$。

6.11*　证明：来自无限介质内点中子源的中子总通量密度中未碰撞中子通量密度所占的比例为

$$\frac{\phi_{\mathrm{u}}(r)}{\phi(r)} = \sqrt{1/3(1-c)}\,\frac{1}{(r/L)}\exp[-\alpha(r/L)]$$

其中，$\alpha = [3(1-c)]^{-1/2} - 1$。利用下列物质的热中子截面，在 $1/2 < r/L < 3$ 范围内绘制曲线：

　　a. 水；

　　b. 重水；

　　c. 石墨；

　　d. 天然铀和水的体积比为 1:1 的混合物。

6.12　具有特性 D、Σ_{a} 和 $k_\infty < 1$ 的半无限大增殖介质，占据空间 $0 \leqslant x < \infty$，而空间 $-\infty < x < 0$ 是真空。嵌在介质内的中子源以 $S_0''' \exp(-\alpha x)$[中子/($\mathrm{cm}^3 \cdot \mathrm{s}$)] 的发射率发射中子。忽略外推距离，证明中子的分布为

$$\phi(x) = [\alpha^2 - (1 - k_\infty)/L^2]^{-1}\,\frac{S_0'''}{D}\left[\exp(-\sqrt{1-k_\infty}\,x/L) - \exp(-\alpha x)\right], \quad 0 \leqslant x < \infty$$

6.13　证明式 (6.67)~(6.69)。

6.14　在 $k_\infty \to 1$ 的极限情况下，式 (6.95) 与式 (6.103) 一致。

6.15　假设习题 6.9 中的材料是裂变材料，且 $k_\infty < 1$。求球体中的中子通量密度分布。

6.16 假设习题 6.9 中的材料是裂变材料，且 $k_\infty > 1$。

　　a. 求球体中的中子通量密度分布；

　　b. 证明临界条件与式 (6.105) 相同。

6.17 方程 (6.95) 和 (6.103) 分别给出了在 $k_\infty < 1$ 和 $k_\infty > 1$ 条件下，具有均匀源的次临界球体中的中子通量密度分布。找出 $k_\infty = 1$ 的等价表达式。

6.18 运用式 (6.95) 和 (6.103)，

　　a. 找出在次临界球体中心的中子通量密度 $\phi(0)$ 的表达式；

　　b. 使用由 a 得到的结果，绘制关于 $0 \leqslant k_\infty < 1.154$ 的 $\phi(0)$ 的图线，其中 $\widetilde{R}/L = 8$；

　　c. 使用由 a 得到的结果，绘制关于 $0 < \widetilde{R}/L < 8$ 的 $\phi(0)$ 的图线，其中 $k_\infty = 1.154$；

　　d. 比较两条曲线并讨论其意义 (将图线规范化为 s_0'''/Σ_a)。

第7章

反应堆内中子分布

7.1 引言

第 6 章的最后以一维几何的数学简化讨论了球形系统临界的实现，本章讨论有限圆柱体积内中子的空间分布 (该形状对应动力反应堆的堆芯设计)。首先，将扩散方程用特征值形式重新表述，从与时间无关的解得到增殖因数和中子通量密度分布。接着，求出均匀裸堆的临界方程和中子通量密度分布以及与之相关的动力堆的功率。记住，均匀只意味着栅格单元是相同的，这是因为在近似处理中，我们假设反应截面在能量上 (允许能量无关化处理) 和栅格单元的横截面积上取平均值。7.2 节更详细地分析中子不泄漏概率以及中子慢化和扩散对它的影响。在完成对圆柱形裸堆的处理之后，研究包含反射层区域的反应堆，以提高中子的经济性。在本章结尾，研究控制毒物对反应堆增殖和中子通量密度分布的影响，先讨论单一的控制棒，再讨论控制棒组。

7.2 与时间无关的扩散方程

设中子源为零，对于裂变系统内的中子通量密度分布，式 (6.12) 给出的稳态扩散方程变为

$$\nabla \cdot D\nabla\phi + \nu\Sigma_{\mathrm{f}}\phi - \Sigma_{\mathrm{a}}\phi = 0 \tag{7.1}$$

其中，为简洁起见，去掉了表示空间相关性的 (r)。只有在反应堆内恰好是临界时，此方程的中子通量密度的解为正。否则，中子数将随时间变化，需要用到第 5 章的动力学方程来描述系统的动态行为。然而，问题通常涉及通过改变反应堆的几何特征 (如半径或高度) 或材料成分 (如燃料富集度或燃料与慢化剂的比例) 来寻找临界状态。假设反应堆的尺寸、形状和成分，通过这种迭代搜索，确定系统距离临界有多远及反应堆内中子的空间分布。在此过程中，利用下面的技巧无须进行详细的时间相关计算。

假设我们可以改变每次裂变所产生的平均中子数 ν，通过比例 ν_0/ν，方程 (7.1) 变为

$$\nabla \cdot D\nabla\phi + (\nu_0/\nu)\nu\Sigma_{\mathrm{f}}\phi - \Sigma_{\mathrm{a}}\phi = 0 \tag{7.2}$$

现在假设 ν_0 是使反应堆配置恰好达到临界需要的每次裂变产生的中子数 (即它会产生 $k = 1$ 的增长倍率)，而 ν 是实际上每次裂变产生的中子数。因为 k 总是与每次裂变产生的中

子数成比例，所以有 $\nu_0/\nu = 1/k$，我们可以把方程 (7.2) 写成

$$\nabla \cdot D\nabla\phi + \frac{1}{k}\nu\Sigma_{\mathrm{f}}\phi - \Sigma_{\mathrm{a}}\phi = 0 \tag{7.3}$$

如果使反应堆恰好临界所需的每次裂变产生的中子数 ν_0 大于实际值 ν，那么反应堆是次临界的，k 小于 1；相反，如果 ν_0 小于 ν，则反应堆是超临界的，k 大于 1。

通过求解方程 (7.3) 来获得 k，前述方法将问题从寻找反应截面与尺寸的组合作为方程 (7.1) 存在的解，转换为指定一组反应截面和尺寸并确定此配置距离临界有多远。方程 (7.3) 具有特征值问题的形式，其中 k 是特征值，ϕ 是特征函数。通常，求解方程 (7.3) 并满足适当的边界条件，存在很多特征值和特征函数，在某些情况下是无限数量的。但是，我们仅对在物理上有意义的解感兴趣，即在反应堆体积内中子通量密度处处为正。可以看到此解对应于最大特征值，即增殖因数；我们把相应的特征函数 ϕ (在反应堆内处处为正) 称为主模解。

7.3 均匀反应堆

我们从分析均匀的反应堆开始，即反应截面不随空间变化。因此，D 是常数，使用之前的定义 $k_\infty = \nu\Sigma_{\mathrm{f}}/\Sigma_{\mathrm{a}}$ 和 $L^2 = D/\Sigma_a$，可以把方程 (7.3) 写成

$$\nabla^2\phi + \frac{k_\infty/k - 1}{L^2}\phi = 0 \tag{7.4}$$

或者等价地写成

$$-\frac{\nabla^2\phi}{\phi} = \frac{k_\infty/k - 1}{L^2} \tag{7.5}$$

由于此方程的右侧是与空间变量无关的，所以左边必须相同；方程的两侧必须等于相同的常数，方程才能被满足。指定此常数为 $\nabla^2\phi/\phi = -B^2$，我们获得增殖因数为

$$k = \frac{k_\infty}{1 + L^2 B^2} \tag{7.6}$$

其中，B 称为几何曲率或简称为曲率，为了确定它，必须求解

$$\nabla^2\phi + B^2\phi = 0 \tag{7.7}$$

这是一个亥姆霍兹方程。此外，此解必须满足在反应堆内 $0 < \phi < \infty$ 的条件，且满足在表面上的边界条件。

第 6 章中我们已经遇到过这样的问题。回想，我们以理想的球形反应堆从次临界到临界的过渡来结束第 6 章，获得了表达式 (6.105)，当设 $k = 1$，且球形堆的曲率由 $B = \pi/R$ 给出时，式 (7.6) 与之形式相同。式 (6.106) 的不泄漏概率采用

$$P_{\mathrm{NL}} = \frac{1}{1 + L^2 B^2} \tag{7.8}$$

的形式。

式 (7.6)~(7.8) 对于所有形状的均匀反应堆都是有效的。在下文中，从反应堆的尺寸和材料特性角度分析有限长度的圆柱形反应堆，确定增殖因数和中子通量密度分布。

7.3.1 有限的圆柱形堆芯

对于如图 7.1 所示外推半径为 $\tilde{R}$、外推高度为 $\tilde{H}$ 的均匀圆柱形反应堆，式 (7.7) 是偏微分方程。它可以用径向坐标 r 和轴向坐标 z 来表达。使用附录 A 中给出的 ∇^2 算子的 r-z 几何形式，有

$$\frac{1}{r}\frac{\partial}{\partial r}r\frac{\mathrm{d}}{\mathrm{d}r}\phi + \frac{\partial^2}{\partial z^2}\phi + B^2\phi = 0 \tag{7.9}$$

满足的条件为

$$0 < \phi(r,z) < \infty, \quad 0 \leqslant r \leqslant \tilde{R}, \quad -\tilde{H}/2 \leqslant z \leqslant \tilde{H}/2 \tag{7.10}$$

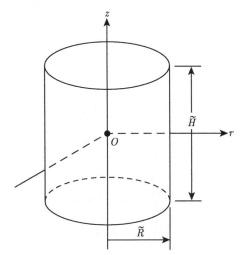

图 7.1　圆柱形反应堆堆芯

我们通过分离变量来求解，即把 $\phi(r,z)$ 分离，写成 r 的函数与 z 的函数的乘积

$$\phi(r,z) = \psi(r)\chi(z) \tag{7.11}$$

将此表达式代入方程 (7.9) 中，并除以 $\psi\chi$，得到

$$\frac{1}{\psi r}\frac{\mathrm{d}}{\mathrm{d}r}r\frac{\mathrm{d}}{\mathrm{d}r}\psi + \frac{1}{\chi}\frac{\mathrm{d}^2}{\mathrm{d}z^2}\chi + B^2 = 0 \tag{7.12}$$

因为第一项仅取决于 r，而第二项仅取决于 z，若方程有解，则两项必须都是常数。假设我们取常数为 $-B_r^2$ 和 $-B_z^2$，则方程解的形式为

$$B_r^2 + B_z^2 = B^2 \tag{7.13}$$

其中，B_r^2 和 B_z^2 必须满足微分方程

$$\frac{1}{r}\frac{\mathrm{d}}{\mathrm{d}r}r\frac{\mathrm{d}}{\mathrm{d}r}\psi + B_r^2\psi = 0, \qquad 0 \leqslant r \leqslant \tilde{R} \tag{7.14}$$

和

$$\frac{\mathrm{d}^2}{\mathrm{d}z^2}\chi + B_z^2\chi = 0, \qquad -\tilde{H}/2 \leqslant z \leqslant \tilde{H}/2 \tag{7.15}$$

这样，我们把偏微分方程 (7.9) 分解成两个分别关于 r 和 z 的常微分方程。将

$$\chi(z) = C_1\sin(B_z z) + C_2\cos(B_z z), \qquad -\tilde{H}/2 \leqslant z \leqslant \tilde{H}/2 \tag{7.16}$$

代入方程 (7.15)，我们可以说这是一个解，其中 C_1 和 C_2 是由边界条件确定的任意常数。圆柱体两端的边界条件是 $\chi(\pm\tilde{H}/2) = 0$。因为方程及其边界条件在 z 方向上关于中平面是对称的，所以解也一定是对称的：$\chi(z) = \chi(-z)$。因为 $\sin(B_z z) = -\sin(-B_z z)$，所以得到 $C_1 = 0$。接着，满足轴向边界条件转化为要求 $\cos(\pm B_z\tilde{H}/2) = 0$。如果 $B_z\tilde{H}/2 = \pi/2, 3\pi/2, 5\pi/2,\cdots$，那么此条件被满足。然而，只有对于根 $\pi/2$，堆芯中的 χ 和中子通量密度处处为正。因此，取

$$B_z = \pi/\tilde{H} \tag{7.17}$$

对于径向，方程 (7.14) 的解采用不太熟悉的贝塞尔函数的形式

$$\psi(r) = C_1'\mathrm{J}_0(B_r r) + C_2'\mathrm{Y}_0(B_r r), \qquad 0 \leqslant r \leqslant \tilde{R} \tag{7.18}$$

此函数的曲线如图 7.2 所绘，并将在附录 B 中进一步讨论，式中 C_1' 和 C_2' 是需要确定的常数。从图 7.2 中可以看出 $\mathrm{Y}_0(0) \to -\infty$，我们取 $C_2' = 0$；否则，沿着反应堆的中心线中子通量密度将变为无限大。从 $\mathrm{J}_0(x)$ 的曲线图中我们看到，为了使中子通量密度在外推半径 $\tilde{R}$ 处消失，而对所有较小的 r 值保持为正，必须有 $B_r\tilde{R} = 2.405$，或相应地

$$B_r = 2.405/\tilde{R} \tag{7.19}$$

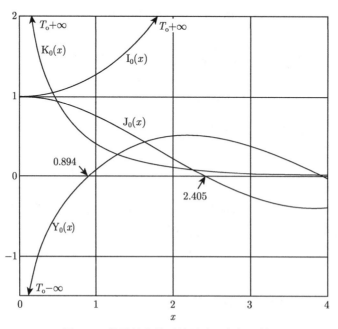

图 7.2 普通的和修正的零阶贝塞尔函数

接下来，结合前述结果来求得圆柱形反应堆的曲率和中子通量密度分布。对于曲率，把方程 (7.17) 和 (7.19) 代入方程 (7.13)

$$B^2 = (2.405/\tilde{R})^2 + (\pi/\tilde{H})^2 \qquad (7.20)$$

把式 (7.16) 和 (7.18) 代入式 (7.11)，并服从限制条件 $C_1 = 0$ 和 $C_2' = 0$，可以得到中子通量密度分布

$$\phi(r,z) = C\mathrm{J}_0(2.405r/\tilde{R})\cos(\pi z/\tilde{H}) \qquad (7.21)$$

其中，$C = C_1'C_2$。

7.3.2　反应堆功率

还有一个任意常数 C 待确定，其与反应堆的功率成正比。在裂变同位素之间，每次裂变的可回收能量的数量略有不同。合理的平均值是 $\gamma = 3.1 \times 10^{-11}$ J/裂变 [即 W·s/裂变]。因为 $\Sigma_\mathrm{f}\phi$ 是单位时间单位体积内的裂变次数 [裂变/$(\mathrm{cm}^3 \cdot \mathrm{s})$]，所以反应堆功率就是 $\gamma\Sigma_\mathrm{f}\phi$ 在反应堆体积上的积分

$$P = \gamma \int \Sigma_\mathrm{f}\phi \mathrm{d}V \qquad (7.22)$$

此式在圆柱几何中表达为

$$P = \gamma 2\pi \int_0^{\tilde{R}} \int_{-\tilde{H}/2}^{\tilde{H}/2} \Sigma_\mathrm{f}\phi \mathrm{d}z r \mathrm{d}r \qquad (7.23)$$

代入式 (7.21)，得到

$$P = \gamma \Sigma_\mathrm{f} 2\pi C \int_0^{\tilde{R}} \mathrm{J}_0(2.405r/\tilde{R}) r \mathrm{d}r \int_{-\tilde{H}/2}^{\tilde{H}/2} \cos(\pi z/\tilde{H}) \mathrm{d}z \qquad (7.24)$$

通过分子与分母都乘以体积 $V = \pi R^2 H$，可以将此表达式分离成更方便的径向分量与轴向分量

$$P = \gamma \Sigma_\mathrm{f} V C \left[\frac{2}{\tilde{R}^2} \int_0^{\tilde{R}} \mathrm{J}_0(2.405r/\tilde{R}) r \mathrm{d}r \right] \left[\frac{1}{\tilde{H}} \int_{-\tilde{H}/2}^{\tilde{H}/2} \cos(\pi z/\tilde{H}) \mathrm{d}z \right] \qquad (7.25)$$

作变量代换 $\xi = 2.405r/\tilde{R}$，并使用附录 B 中的贝塞尔函数恒等式消去径向积分

$$\frac{2}{\tilde{R}^2} \int_0^{\tilde{R}} \mathrm{J}_0(2.405r/\tilde{R}) r \mathrm{d}r = \frac{2}{2.405^2} \int_0^{2.405} \mathrm{J}_0(\xi) \xi \mathrm{d}\xi = \frac{2}{2.405} \mathrm{J}_1(2.405) \qquad (7.26)$$

同样，对于轴向部分，代入 $\varsigma = \pi z/H$，得到

$$\frac{1}{\tilde{H}} \int_{-\tilde{H}/2}^{\tilde{H}/2} \cos(\pi z/\tilde{H}) \mathrm{d}z = \frac{1}{\pi} \int_{-\pi/2}^{\pi/2} \cos(\varsigma) \mathrm{d}\varsigma = \frac{2}{\pi} \qquad (7.27)$$

注意到 $\mathrm{J}_1(2.405) = 0.519$，结合前述三个方程，得到

$$P = \gamma \Sigma_\mathrm{f} V C \frac{2\mathrm{J}_1(2.405)}{2.405} \frac{2}{\pi} = 0.275\gamma\Sigma_\mathrm{f} V C \qquad (7.28)$$

或者

$$C = 3.63 \frac{P}{\gamma \Sigma_{\mathrm{f}} V} \tag{7.29}$$

最后，把 C 代入式 (7.21) 中，用反应堆功率来表示中子通量密度分布

$$\phi(r, z) = 3.63 \frac{P}{\gamma \Sigma_{\mathrm{f}} V} \mathrm{J}_0(2.405 r/R) \cos(\pi z/H) \tag{7.30}$$

7.4 中子泄漏

通常，如同第 4 章中讨论的，在扩散近似中使用的反应截面和扩散系数，是在整个中子能谱上和在栅格单元组成成分上的平均值。扩散长度是度量中子从产生到被吸收穿行的距离。然而，在热中子反应堆计算中使用的扩散系数和反应截面大多是仅在热中子能谱上的平均值。这种未校正的计算忽略了中子在慢化到热能区过程中的扩散距离。在一些系统中，特别是那些由轻水作慢化剂的系统，这种忽略会导致很大误差。为了更严格地处理在慢化和热扩散过程中的中子徙动，可以将中子能谱划分成两个或更多个能量群，并为每个能群构造扩散方程。可是，对于热中子反应堆，特别是当依据第 4 章导出的四因子公式来考虑栅格物理时，通常将中子通量密度仅划分成两个群 (快中子和热中子)。图 7.3 阐明了与图 4.5 中相同的中子循环，中子扩散不仅包括热中子，还包括慢化通过中能区域或共振区域的快中子。

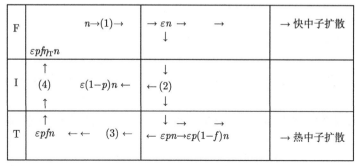

图 7.3 考虑泄漏的热堆中子循环的四因子公式

7.4.1 双群近似

用双群理论来对反应堆建模，首先定义快中子通量密度 ϕ_1 和热中子通量密度 ϕ_2。为了表示快中子扩散的中子源，我们把在单位时间单位体积内被吸收的热中子数量记为 $\Sigma_{\mathrm{a}}\phi_2$ [中子/$(\mathrm{cm}^3 \cdot \mathrm{s})$]，其中 $f\Sigma_{\mathrm{a}}\phi_2$ [中子/$(\mathrm{cm}^3 \cdot \mathrm{s})$] 被燃料吸收。接下来，乘以 η_{T} 来获得由热裂变产生的快中子的数量。然而，为了得到稳态的中子分布，即便在反应堆不是恰好临界的情况下，我们也还是在式 (7.3) 中包括了 $1/k$ 项，以此来考虑每次裂变产生的中子数的变化。最后，乘以快中子裂变因数 ε，得到单位时间单位体积内快中子产生的数量 $(1/k)\varepsilon\eta_{\mathrm{T}}f\Sigma_{\mathrm{a}}\phi_2$。从而，快中子的扩散方程为

$$-\nabla \cdot D_1 \nabla \phi_1 + \Sigma_{\mathrm{r}} \phi_1 = \frac{1}{k} \varepsilon \eta_{\mathrm{T}} f \Sigma_{\mathrm{a}} \phi_2 \tag{7.31}$$

左侧的第一项是快中子泄漏，除了快中子的扩散系数是

$$D_1 = \frac{1}{3\Sigma_{\mathrm{tr},1}} \tag{7.32}$$

以外，它与式 (7.1) 形式相同；左侧第二项 $\Sigma_{\mathrm{r}}\phi_1$ 表达了通过慢化从快群中移出的中子。D_1 和移出截面 Σ_{r} 的计算将在下文中讨论。

热扩散的中子源与那些从快群中移出的中子一样，通过乘以逃脱共振俘获概率 p 来考虑在燃料共振俘获中损失的中子：$p\Sigma_{\mathrm{r}}\phi_1$ [中子/($\mathrm{cm}^3 \cdot \mathrm{s}$)]，因此，热中子的扩散方程为

$$-\nabla \cdot D_2 \nabla \phi_2 + \Sigma_{\mathrm{a}}\phi_2 = p\Sigma_{\mathrm{r}}\phi_1 \tag{7.33}$$

式中，第一项表示热中子的泄漏，第二项表示热中子的吸收，其中

$$D_2 = \frac{1}{3\Sigma_{\mathrm{tr},2}} \tag{7.34}$$

和 Σ_{a} 分别是热中子扩散系数和吸收截面。

对于均匀区域，扩散系数是与空间无关的，可以被提出到散度算子以外。两个扩散方程分别除以 Σ_{r} 和 Σ_{a}，并分别定义快中子扩散长度和热中子扩散长度为

$$L_1 = \sqrt{D_1/\Sigma_{\mathrm{r}}} \tag{7.35}$$

和

$$L_2 = \sqrt{D_2/\Sigma_{\mathrm{a}}} \tag{7.36}$$

得到

$$-L_1^2 \nabla^2 \phi_1 + \phi_1 = \frac{1}{k}\varepsilon\eta_{\mathrm{T}}f\frac{\Sigma_{\mathrm{a}}}{\Sigma_{\mathrm{r}}}\phi_2 \tag{7.37}$$

和

$$-L_2^2 \nabla^2 \phi_2 + \phi_2 = p\frac{\Sigma_{\mathrm{r}}}{\Sigma_{\mathrm{a}}}\phi_1 \tag{7.38}$$

接下来考虑在所有的外推外表面上边界条件都是零中子通量密度的均匀反应堆。与前面的部分中应用于单群模型的方法类似，我们可以用亥姆霍兹方程表示中子通量密度的空间依赖性

$$\nabla^2 \phi_1 + B^2 \phi_1 = 0 \tag{7.39}$$

和

$$\nabla^2 \phi_2 + B^2 \phi_2 = 0 \tag{7.40}$$

使用这些方程去代替方程 (7.37) 和 (7.38) 中的 ∇^2 项，得到

$$\phi_1 = \frac{1}{1 + L_1^2 B^2}\frac{1}{k}\varepsilon\eta_{\mathrm{T}}f\frac{\Sigma_{\mathrm{a}}}{\Sigma_{\mathrm{r}}}\phi_2 \tag{7.41}$$

和

$$\phi_2 = \frac{1}{1 + L_2^2 B^2}p\frac{\Sigma_{\mathrm{r}}}{\Sigma_{\mathrm{a}}}\phi_1 \tag{7.42}$$

最后，把这些方程结合起来，得到

$$k = \frac{1}{1 + L_1^2 B^2} \frac{1}{1 + L_2^2 B^2} k_\infty \tag{7.43}$$

其中，无限介质增殖因数由四因子公式给出

$$k_\infty = p\varepsilon f \eta_{\mathrm{T}}$$

注意到：倘若用

$$P_{\mathrm{NL}} = \frac{1}{1 + L_1^2 B^2} \frac{1}{1 + L_2^2 B^2} \tag{7.44}$$

替代式 (7.8) 给出的不泄漏概率，则现在可以与式 (3.2) 一样写出

$$k = k_\infty P_{\mathrm{NL}}$$

热中子扩散长度的定义直截了当，在热中子能谱上取平均值的输运截面和吸收截面都出现在式 (7.34) 和 (7.36) 中。然而，快中子的扩散长度需要用公式进行更仔细的计算。费米年龄最常用的近似值是 L_1^2，它被定义为

$$\tau = \int_{E_2}^{E_1} \frac{D(E)}{\xi \Sigma_{\mathrm{s}}(E) E} \mathrm{d}E \tag{7.45}$$

其中，积分从裂变能中子向下延伸到热中子，典型地从 $E_1 = 2.0\,\mathrm{MeV}$ 到 $E_2 = 0.0253\,\mathrm{eV}$。注意到：第 2 章中引入的慢化能力 $\xi \Sigma_{\mathrm{s}}$ 出现在分母中。这样，取

$$L_1^2 = \tau \tag{7.46}$$

我们看到，对于快中子，强的慢化剂导致了小的扩散长度。我们可以通过下面的简化模型获得更深入的理解。在式 (7.45) 包括的能量范围内，可以将扩散系数和散射截面近似为与能量无关，这样，式 (7.46) 化简为

$$L_1^2 \approx \frac{D_1}{\xi \Sigma_{\mathrm{s}}} \ln(E_1/E_2) \tag{7.47}$$

将此结果与式 (7.35) 结合，可以将移出截面写为

$$\Sigma_{\mathrm{r}} = \xi \Sigma_{\mathrm{s}} / \ln(E_1/E_2)$$

接下来，根据式 (2.59) 估计中子从 E_1 慢化到 E_2 所需的弹性散射碰撞的次数是

$$n \approx (1/\xi) \ln(E_1/E_2)$$

因此，可以将移出截面近似为

$$\Sigma_{\mathrm{r}} \approx \Sigma_{\mathrm{s}} / n$$

因为

$$L \approx \sqrt{n D_1 / \Sigma_{\mathrm{s}}}$$

所以将裂变中子慢化到热能区所需的碰撞次数越少，则快中子在慢化到热能区之前扩散的距离就越短。

7.4.2 徙动长度

对于热堆和快堆，采用前面部分推导出的单群理论，能够相当大地简化后面的分析。对于大型反应堆，可以简单地通过在单群方程中将扩散长度 L 替换为徙动长度 M 来实现，且没有实质地损失精度。为了定义徙动长度，将式 (7.44) 中两个群的不泄漏概率相乘，可以得到

$$P_{\mathrm{NL}} = \frac{1}{1 + (L_1^2 + L_2^2)B^2 + L_1^2 L_2^2 B^4} \tag{7.48}$$

由于 B^2 对于大型反应堆来说很小，一个合理的近似是忽略分母中 B^4 项。于是，可以写作

$$P_{\mathrm{NL}} = \frac{1}{1 + M^2 B^2} \tag{7.49}$$

其中，徙动面积被定义为

$$M^2 = L_1^2 + L_2^2 \tag{7.50}$$

与之相对应的徙动长度是

$$M = \sqrt{L_1^2 + L_2^2} \tag{7.51}$$

表 7.1 列出了三种最常见慢化剂的 $L_1(=\sqrt{\tau})$、L_2 和 M 的值，以及动力堆中使用到的典型值。此表格表明，对热扩散长度校正最大的是水作慢化剂的系统，这主要是因为与使用其他慢化剂的反应堆相比，氢的大的热吸收截面导致 L_2 非常小。在较小的程度上，在裂变中子产生的能量范围内氢的散射截面减小，如图 2.3(a) 所示；Σ_s 出现在式 (7.45) 的分母中，故氢的 L_1 值增加。对于快堆，扩散长度和徙动长度被认为是相同的。作为表 7.1 的补充，钠冷快堆 (SFR) 的典型值为 $M = 19.2\,\mathrm{cm}$，气冷快堆 (GCFR) 的典型值为 $M = 25.5\,\mathrm{cm}$。

表 7.1 慢化剂和热中子反应堆的典型扩散特性

类型	描述	$L_1(=\sqrt{\tau})$/cm 快中子扩散长度	L_2/cm 热中子扩散长度	M/cm 徙动长度
H_2O	轻水	5.10	2.85	5.84
PWR	压水堆	7.36	1.96	7.62
BWR	沸水堆	7.16	1.97	7.43
D_2O	重水	11.5	173	174
PHWR	CANDU 重水堆	11.6	15.6	19.4
C	石墨	19.5	59.0	62.0
HTGR	石墨慢化氦冷堆	17.1	10.6	20.2

资料来源：数据由阿贡国家实验室 W. S. Yang 提供。

7.4.3　泄漏和设计

为了研究中子泄漏与动力堆设计之间的关系，首先把式 (7.49) 与 $k = P_{\mathrm{NL}}k_\infty$ 结合，得到

$$k = \frac{1}{1 + M^2 B^2}k_\infty \tag{7.52}$$

为了使这个表达式更明晰，假设反应堆是高度与直径的比为 1 的圆柱体。因为 $\tilde{H} = 2\tilde{R}$，由式 (7.20) 给出的曲率变成 $B^2 = 33.0/\tilde{H}^2$，进而得到

$$k = \frac{1}{1 + 33.0(M/\tilde{H})^2}k_\infty \tag{7.53}$$

因此，中子泄漏的首要决定因素是反应堆的特征尺寸 $\tilde{H}/M$，以徙动长度度量。

反应堆的设计过程可以简略描述如下。通常，在设计开始之前已经设定了反应堆必须能够产生的功率 P。设计人员首先确定堆芯栅格的结构，选择燃料、慢化剂、冷却剂和其他材料，确定它们的体积比和它们的几何构型 (即燃料半径、栅格间距等)。这样做时，他们尝试选择栅格参数来实现：① 对于给定的燃料富集度，k_∞ 的值接近最优；② 从燃料输送到冷却剂出口的单位体积的功率 (即功率密度 P''') 最大化。

因为堆芯材料和栅格参数在很大程度上决定了徙动长度的值，但它只是非常微弱地依赖于燃料富集度，此时 M 的值几乎是固定的。堆芯栅格设计需要考虑中子通量密度的最大值与平均值之比，这决定了可实现的堆芯平均功率密度 $\bar{P}'''$。随着 P 和 $\bar{P}'''$ 的确定，函数关系 $P = V\bar{P}'''$ 决定了堆芯的体积。高度与直径的比为 1 的圆柱形反应堆，体积是 $V = \pi\tilde{H}^3/4$，因此 $\tilde{H} = \sqrt[3]{4V/\pi} = \sqrt[3]{4P/(\pi\bar{P}''')}$。这样，堆芯栅格设计决定了 M 和 $\bar{P}'''$，反应堆堆芯的体积随着反应堆在满功率条件下所需输出功率 P 线性增加。式 (7.53) 表明，随着体积的增加，即 $\tilde{H}/M$ 增加，不泄漏概率趋近于 1；也就是说，泄漏概率降低。随着反应堆的大小和中子不泄漏概率被确定，燃料富集度 (对徙动长度影响很小) 被调整来获得期望的 k_∞ 值。

第 8 章详述反应堆堆芯的热工和水力特性，这些将决定反应堆栅格中可实现的功率密度以及中子与热工水力之间的耦合设计。在本章的剩余部分，我们先来研究反应堆反射层及其对增殖因数和中子通量密度分布的影响，再讨论用于控制反应性的中子毒物以及它们与中子通量密度空间分布的相互作用。

7.5　设置反射层的反应堆

反射层的名称源自这样的实际情况：一部分逃离堆芯的中子在漫射反射层材料中发生足够数量的散射碰撞而转向，这使它们重新进入堆芯，也就是说，它们被反射回去。因此，反射层减少了中子从反应堆泄漏的份额。图 7.4 的示意图显示了有轴向和径向反射层的堆芯。反射层对较小堆芯的影响最大，其中泄漏概率是显著的。正如我们将要阐明的那样，反射层的重要性随着反应堆尺寸 (由 $\tilde{H}/M$ 度量) 的增大而减小。

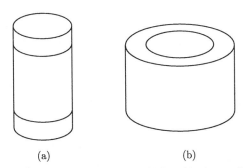

图 7.4 有反射层的反应堆堆芯：(a) 轴向反射层，(b) 径向反射层

表示均匀堆芯内中子分布的方程 (7.9) 对于有反射层的反应堆仍然有效。然而，如果是轴向和径向都有反射层，在 7.3 节中应用的变量分离方法不再适用，而需要更高级的数学方法。如果只有轴向反射层或只有径向反射层，可以通过把式 (7.16) 和 (7.18) 代入式 (7.11) 中来获得解。但是，边界条件不同，在轴向反射层的情况下，临界堆芯的高度 H 减小；在径向反射层的情况下，临界堆芯的半径 R 减小。相反，如果增加反射层而堆芯尺寸不减少，那么增殖因数将增大，这必须通过减少 k_∞ 来补偿，如降低燃料富集度或向堆芯中添加中子吸收剂。这里我们只探讨轴向反射层，对于径向反射层，效果是类似的。

7.5.1 轴向反射层例子

因为反射层中不存在裂变材料，所以式 (7.3) 化简成

$$\nabla^2\phi - \frac{1}{\hat{M}^2}\phi = 0 \tag{7.54}$$

其中，用反射层材料的徙动长度 $\hat{M}$ 代替扩散长度。在圆柱几何中，式 (7.54) 中的 ∇^2 算子采用与式 (7.9) 相同的形式。因此

$$\frac{1}{r}\frac{\mathrm{d}}{\mathrm{d}r}r\frac{\mathrm{d}}{\mathrm{d}r}\phi + \frac{\mathrm{d}^2}{\mathrm{d}z^2}\phi - \frac{1}{\hat{M}^2}\phi = 0 \tag{7.55}$$

再次分离变量

$$\phi(r,z) = \psi(r)\zeta(z) \tag{7.56}$$

并将结果除以 $\psi\zeta$，得到

$$\frac{1}{\psi r}\frac{\mathrm{d}}{\mathrm{d}r}r\frac{\mathrm{d}}{\mathrm{d}r}\psi + \frac{1}{\zeta}\frac{\mathrm{d}^2}{\mathrm{d}z^2}\zeta - \frac{1}{\hat{M}^2} = 0 \tag{7.57}$$

径向中子通量密度分布 ψ 必须满足式 (7.18)，并且 $C_2' = 0$；由式 (7.19) 再次决定 B_r，与在堆芯中一样，在反射层中 $r = \tilde{R}$ 处，ψ 必须满足零中子通量密度的边界条件。运用式 (7.14) 消去 ψ，并定义

$$\alpha^2 = B_r^2 + \frac{1}{\hat{M}^2} \tag{7.58}$$

化简方程 (7.57)，得到

$$\frac{\mathrm{d}^2}{\mathrm{d}z^2}\zeta - \alpha^2\zeta = 0 \tag{7.59}$$

此方程解的形式为

$$\zeta(z) = C_1'' \exp(\alpha z) + C_2'' \exp(-\alpha z) \tag{7.60}$$

或者，使用附录 A 给出的 sinh 和 cosh 的定义，可以将此表达式替换为

$$\zeta(z) = C_1''' \sinh(\alpha z) + C_2''' \cosh(\alpha z) \tag{7.61}$$

接下来，在堆芯的顶部和底部添加高度为 a 的反射层。通过添加反射层把反应堆的临界高度从 $\tilde{H}$ 降低到待定的 H'，因此反射层顶部的边界条件是 $\zeta(H'/2 + a) = 0$。此边界条件消除了式 (7.61) 中任意系数的一个。经过一些代数运算之后，结果为

$$\zeta(z) = C' \sinh[\alpha(H'/2 + a - z)] \tag{7.62}$$

堆芯中的解再次采用式 (7.16) 的形式，由于解仍然必须关于堆芯中平面对称，故取 $C_1 = 0$。由于不再使用裸堆的轴向边界条件 $\chi(\pm \tilde{H}/2) = 0$，故轴向曲率尚未确定，我们将其记为 B_z'。这样，在堆芯中有

$$\chi(z) = C_2 \cos(B_z' z) \tag{7.63}$$

现在，我们准备在堆芯–反射层界面处应用式 (6.42) 和 (6.43) 限定的界面条件：中子通量密度的连续性

$$\chi(H'/2) = \zeta(H'/2) \tag{7.64}$$

和中子流密度的连续性

$$D \frac{\mathrm{d}}{\mathrm{d}z} \chi(z) \bigg|_{H'/2} = \hat{D} \frac{\mathrm{d}}{\mathrm{d}z} \zeta(z) \bigg|_{H'/2} \tag{7.65}$$

其中，$\hat{D}$ 是反射层扩散系数。将式 (7.62) 和 (7.63) 代入方程 (7.64) 和 (7.65)，分别得到

$$C_2 \cos(B_z' H'/2) = C' \sinh(\alpha a) \tag{7.66}$$

和

$$B_z' D C_2 \sin(B_z' H'/2) = \alpha \hat{D} C' \cosh(\alpha a) \tag{7.67}$$

取这两个方程的比，得到

$$B_z' D \tan(B_z' H'/2) = \alpha \hat{D} \coth(\alpha a) \tag{7.68}$$

对于厚反射层 (即厚度相当于几个扩散长度的反射层)，从反射层表面逸出的中子份额可以忽略不计。接着，可以将反射层近似为无穷大，取 $a \to \infty$，因为 $\coth(\infty) = 1$，所以式 (7.68) 简化为

$$B_z' \tan(B_z' H'/2) = \alpha \hat{D}/D \tag{7.69}$$

或者求解 H'，得

$$H' = \frac{2}{B_z'} \arctan\left(\alpha \frac{\hat{D}}{B_z' D}\right) \tag{7.70}$$

需要注意，一旦反应堆的径向尺寸和反射层材料特性被指定，则 $\hat{D}$ 和由式 (7.58) 给出的 α 就成为固定值。为简单起见，假设 D 是固定的；然后，在剩余的两个量 B_z' 和 H' 中，可以固定一个并确定另一个。

7.5.2 反射层节省和中子通量密度展平

继续将上述公式应用于两种情况。第一种情况是，指定 $B'_z \to B_z = \pi/\tilde{H}$，这相当于说明堆芯成分与高度为 $\tilde{H}$ 的裸堆堆芯相同。替换掉式 (7.70) 中的曲率后，得到

$$H' = \frac{2\tilde{H}}{\pi} \arctan\left(\alpha \frac{\tilde{H}\hat{D}}{\pi D}\right) \tag{7.71}$$

此式表明结果小于 $\tilde{H}$。临界反应堆的半堆芯高度的减少量被定义为轴向反射层节省：$\delta_z = \frac{1}{2}(\tilde{H} - H')$。对于厚反射层，近似有 $\delta_z \approx \hat{M}D/\hat{D}$。图 7.5 提供了裸堆与有反射层的反应堆关于中子通量密度分布的比较，其中堆芯成分保持恒定并且轴向尺寸减小到维持临界状态。对径向反射层的处理是类似的，其复杂性在于涉及贝塞尔函数。将厚反射层近似应用于定义为 $\delta_r = \tilde{R} - R'$ 的径向反射层节省，对于厚反射层，我们又得到 $\delta_r \approx \hat{M}D/\hat{D}$。

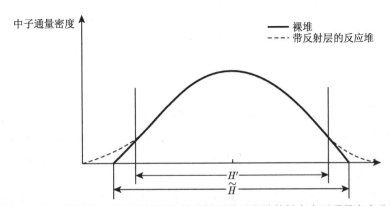

图 7.5 具有相同堆芯成分的裸堆和带反射层的反应堆的轴向中子通量密度分布

第二种情况是通过取 $H' = \tilde{H}$ 来指定堆芯高度保持不变。求解式 (7.70)，得到 $B'_z < \pi/\tilde{H}$。因此，在式 (7.13) 中用较小值 B'_z 代替 B_z，减少了式 (7.6) 中的整体曲率。由于分母随着反射层的增加而减小，为了使增殖因数保持不变，k_∞ 的值也必须降低，这最有可能通过减少燃料富集度来实现。图 7.6 比较了裸堆与有反射层的反应堆的归一化中子通量密度分布，其中堆芯高度保持不变而改变堆芯成分以保持临界状态。

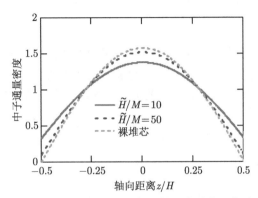

图 7.6 具有相同堆芯高度的裸堆和带轴向反射层的反应堆关于中子通量密度分布的比较

概括地说，给反应堆增加反射层可使反应堆的体积或 k_∞ 的值减小，或者是两者的某种组合。图 7.6 还说明了第三种情况：增加反射层会使中子通量密度分布展平，从而降低峰值与平均中子通量密度之比。然而，随着反应堆尺寸 (由徙动长度度量) 的增加，这些影响变得不那么重要了。显然，随着堆芯尺寸增大，反射层节省量相对于堆芯尺寸的比例减小。同样，如果堆芯尺寸保持不变，增加反射层对大型反应堆增殖因数的影响小于小型堆。表 7.2 列出了两个有反射层的反应堆，其高度与徙动长度之比分别为 $\tilde{H}/M = 10$ 和 $\tilde{H}/M = 50$，两者与裸堆比较了最大和最小中子通量密度，并且三者的平均中子通量密度都归一化为 1。这些数据都表明，随着反应堆尺寸的增加，反射层对中子通量密度展平的影响减小。

表 7.2　有轴向反射层的反应堆和裸反应堆的中子通量密度特性

反应堆	ϕ 最大值	ϕ 最小值	ϕ 平均值
有反射层堆，$\tilde{H}/M = 10$	1.373	0.323	1.00
有反射层堆，$\tilde{H}/M = 50$	1.515	0.091	1.00
裸堆	1.571	0.000	1.00

7.6　控制毒物

控制毒物是事先设置在反应堆堆芯内的中子吸收剂，可以采用的形式包括控制棒、溶解在液体冷却剂中的可溶性毒物、永久嵌入在燃料或其他堆芯构件中的所谓的可燃毒物。控制毒物有许多用途：为了启动、停堆和改变功率水平的需要，插入或提出控制棒来控制 k 值；通过补偿燃料消耗、裂变产物积累、温度变化或利用影响增殖因数的其他现象，来使反应堆在恒定功率下保持临界状态。控制毒物影响堆芯的增殖因数和中子通量密度分布，因此两者必须同时被考虑。

用方程 (7.3) 开始分析控制毒物，为简单起见，假设使用均匀无反射层的反应堆来添加控制毒物。我们进一步假设：毒物对裂变截面没有影响，并且它对扩散系数影响很小，可以忽略不计。毒物的主要作用是增加吸收截面，这一增加表示为 $\Sigma_a \to \Sigma_a + \delta\Sigma_a$。在这里，额外的吸收 $\delta\Sigma_a$，可能在堆芯上是均匀的，如在压水反应堆的冷却剂中添加硼吸收剂的情况；或者，可能是局部的，如一个或多个控制棒的形式。可燃毒物通常分布在整个堆芯，但是以优化过的非均匀方式分布，这超出了以下分析的范围。

7.6.1　反应性价值

在研究特定的控制棒配置之前，导出由添加中子吸收剂引起的反应性降低的一般表达式。这种降低经常被称为吸收剂的价值。指定 k 和 ϕ 作为插入中子毒物之前的增殖因数和通量密度分布，k' 和 ϕ' 作为插入后对应的值。因此，吸收剂的添加使方程 (7.3) 被替换为

$$D\nabla^2\phi' + \frac{1}{k'}\nu\Sigma_f\phi' - (\Sigma_a + \delta\Sigma_a)\phi' = 0 \tag{7.72}$$

对此方程乘以 ϕ，并在反应堆体积 V 上积分

$$D\int \phi\nabla^2\phi'\mathrm{d}V + \frac{1}{k'}\int \phi\nu\Sigma_f\phi'\mathrm{d}V - \int \phi(\Sigma_a + \delta\Sigma_a)\phi'\mathrm{d}V = 0 \tag{7.73}$$

同样，对方程 (7.3) 乘以 ϕ'，并且完成相同的体积积分，获得

$$D\int \phi'\nabla^2\phi\mathrm{d}V + \frac{1}{k}\int \phi'\nu\Sigma_\mathrm{f}\phi\mathrm{d}V - \int \phi'\Sigma_\mathrm{a}\phi\mathrm{d}V = 0 \tag{7.74}$$

从式 (7.73) 中减去式 (7.74)，得到

$$D\int(\phi\nabla^2\phi' - \phi'\nabla^2\phi)\mathrm{d}V + \left(\frac{1}{k'}-\frac{1}{k}\right)\int\phi\nu\Sigma_\mathrm{f}\phi'\mathrm{d}V - \int\phi\delta\Sigma_\mathrm{a}\phi'\mathrm{d}V = 0 \tag{7.75}$$

接下来，论证式 (7.75) 左侧的第一个积分成为零。注意到

$$\nabla\cdot(\phi\nabla\phi') = \phi\nabla^2\phi' + (\nabla\phi)\cdot(\nabla\phi') \tag{7.76}$$

和

$$\nabla\cdot(\phi'\nabla\phi) = \phi'\nabla^2\phi + (\nabla\phi')\cdot(\nabla\phi) \tag{7.77}$$

把这些恒等式代入式 (7.75) 的第一积分项，然后使用散度定理将体积积分转换为反应堆外表面面积 A 上的积分

$$\int(\phi\nabla^2\phi' - \phi'\nabla^2\phi)\mathrm{d}V = \int\nabla\cdot(\phi\nabla\phi' - \phi'\nabla\phi)\mathrm{d}V = \int\hat{n}\cdot(\phi\nabla\phi' - \phi'\nabla\phi)\mathrm{d}A = 0 \tag{7.78}$$

因为在吸收变化前后的中子通量密度 ϕ 和 ϕ'，在外推表面 A 上必须为零，所以表面积分成为零。

随着第一项被消去，方程 (7.75) 化简为

$$\left(\frac{1}{k'}-\frac{1}{k}\right)\int\phi\nu\Sigma_\mathrm{f}\phi'\mathrm{d}V = \int\phi\delta\Sigma_\mathrm{a}\phi'\mathrm{d}V \tag{7.79}$$

设反应堆的初始状态是临界的，则 $k=1$，并且控制插入后的反应性将是 $\rho=(k'-1)/k'$，从而使方程 (7.79) 化简为

$$\rho = -\int\phi\delta\Sigma_\mathrm{a}\phi'\mathrm{d}V \Big/ \int\phi\nu\Sigma_\mathrm{f}\phi'\mathrm{d}V \tag{7.80}$$

对于获得的这个方程，我们还没有做近似。此外，如果所添加的吸收在堆芯上是均匀的，则反应截面可以被提取到积分的外面，得到反应性

$$\rho = -\delta\Sigma_\mathrm{a}/(\nu\Sigma_\mathrm{f}) = -\frac{1}{k_\infty}\delta\Sigma_\mathrm{a}/\Sigma_\mathrm{a} \tag{7.81}$$

如果控制材料集中在反应堆的某些体积内，那么扰动的中子通量密度 ϕ' 的分布必须明确处理。倘若对中子通量密度的扰动很小，我们可以写成 $\phi'=\phi+\delta\phi$，并且相对于 ϕ 忽略 $\delta\phi$ 的量值，得

$$\rho = -\int\delta\Sigma_\mathrm{a}\phi^2\mathrm{d}V \Big/ \int\nu\Sigma_\mathrm{f}\phi^2\mathrm{d}V \tag{7.82}$$

此结果称为一阶扰动近似。

7.6.2　部分插入控制棒

如果引入的反应性没有足够大到使中子通量密度分布发生明显的扭曲，则式 (7.82) 可以用来估计部分插入的控制棒的反应性价值。考虑均匀的圆柱形反应堆，首先按照圆柱坐标系重写式 (7.82) 的分子

$$\rho = -\int_{-H/2}^{H/2}\int_{0}^{2\pi}\int_{0}^{R}\delta\Sigma_{a}\phi^{2}r\mathrm{d}r\mathrm{d}\omega\mathrm{d}z \bigg/ \int\nu\Sigma_{f}\phi^{2}\mathrm{d}V \tag{7.83}$$

仅在控制棒占据的体积上求分子的值，设在那部分体积中 $\delta\Sigma_{a} = \Sigma_{a,c}$，在其他部分 $\delta\Sigma_{a} = 0$。假设控制棒位于距堆芯中心距离为 r 处，并且从堆芯顶部插入的深度为 x，如图 7.7 所示。我们继续假设：中子通量密度仅是 r 和 z 的函数，而不是方位角 ω 的函数。如果控制棒的横截面积 a_{c} 很小，可以忽略中子通量密度在其直径上 r 的变化，并将上述表达式近似为

$$\rho_{r,x} = -a_{c}\Sigma_{a,c}\int_{H/2-x}^{H/2}\phi^{2}(r,z)\mathrm{d}z \bigg/ \int\nu\Sigma_{f}\phi^{2}(r,z)\mathrm{d}V \tag{7.84}$$

对于中子通量密度是由式 (7.21) 描述的均匀堆芯，我们获得

$$\rho_{r,x} = -a_{c}\Sigma_{a,c}\frac{C^{2}J_{0}^{2}(2.405r/\tilde{R})}{\int\nu\Sigma_{f}\phi^{2}(r,z)\mathrm{d}V}\int_{\tilde{H}/2-x}^{\tilde{H}/2}\cos^{2}(\pi z/\tilde{H})\mathrm{d}z \tag{7.85}$$

在相同的径向位置处，依据控制棒完全插入 $(x = \tilde{H})$ 作归一化，这个表达式则简化为 $\rho_{r,x}$ 除以 $\rho_{r,H}$ 的形式

$$\rho_{r,x} = \frac{\int_{\tilde{H}/2-x}^{\tilde{H}/2}\cos^{2}(\pi z/\tilde{H})\mathrm{d}z}{\int_{-\tilde{H}/2}^{\tilde{H}/2}\cos^{2}(\pi z/\tilde{H})\mathrm{d}z}\rho_{r,H} = \left[\frac{x}{\tilde{H}} - \frac{1}{2\pi}\sin(2\pi x/\tilde{H})\right]\rho_{r,H} \tag{7.86}$$

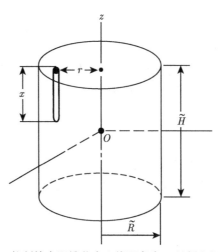

图 7.7　控制棒在距堆芯中心线距离为 r 处插入深度为 x

图 7.8 显示了控制棒的价值，即控制棒产生的负反应性，按照控制棒完全插入作归一化。请注意，当控制棒的尖端在堆芯的中平面附近时，价值变化得最快；在此处中子通量密度最大。控制棒的价值也随着在堆芯的径向位置而变化。例如，如果我们将在半径 r 处的控制棒与沿着堆芯中心线的控制棒进行比较，因为 $J_0(0) = 1$，得到

$$\rho_{r,x} = J_0^2(2.405 r/\tilde{R}) \rho_{0,x} \tag{7.87}$$

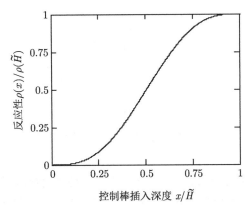

图 7.8   归一化的控制棒价值与插入深度

7.6.3   控制棒组插入

通常，控制棒被分成若干组，可以一起插入或提出。同样地，控制棒组对反应性和中子通量密度分布具有足够大的影响，以至于上述的微扰法不再适用。为了对一组控制棒的反应性价值进行建模，我们再次考虑均匀的圆柱形反应堆，并指定高度与直径之比为 1。为了简化推导，在反应堆的底部取 r-z 坐标系的原点，并假设棒组从反应堆顶部插入的深度为 x，如图 7.9 所示。我们的出发点是式 (7.4)，但是，k_∞ 和 M 不再是常数，而是 z 的函数，在堆芯中有棒和无棒的体积中有不同的值。然而，由于堆芯在径向上是均匀的，可以再次采用如式 (7.11) 中的变量分离。将这些分离的变量代入式 (7.5)，得到

$$\frac{1}{\psi r}\frac{\mathrm{d}}{\mathrm{d}r} r \frac{\mathrm{d}}{\mathrm{d}r}\psi + \frac{1}{\chi}\frac{\mathrm{d}^2}{\mathrm{d}z^2}\chi + \frac{k_\infty/k - 1}{M^2} = 0 \tag{7.88}$$

其中，我们已经用徙动长度代替了扩散长度。左边的第一项必须是常数，因为其余两项仅随 z 变化。设它等于式 (7.19) 给出的 $-B_r^2$，因此满足方程 (7.14) 和边界条件 $\phi(\tilde{R}, z) = 0$。这样，式 (7.88) 化简为

$$\frac{\mathrm{d}^2}{\mathrm{d}z^2}\chi + \left(\frac{k_\infty/k - 1}{M^2} - B_r^2\right)\chi = 0 \tag{7.89}$$

为了说明控制棒组中的吸收，从由棒组占据的堆芯轴向区域中的无限介质增殖因数中减去 δk_∞。因此，对于该区域有

$$k_\infty \rightarrow k_\infty - \delta k_\infty = k_\infty(1 - \rho_{\mathrm{b}}) \tag{7.90}$$

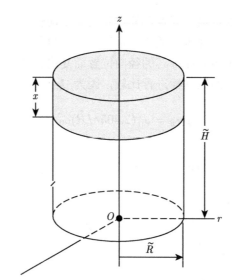

图 7.9   控制棒组插入深度为 x 的圆柱形反应堆

式中，$\rho_b = \delta k_\infty / k_\infty$ 是棒组插入整个堆芯长度时的反应性价值。为简单起见，假设控制棒的存在对徙动长度没有明显影响。对于无棒和有棒 (下标分别用 u 和 r 标识) 的体积，方程 (7.89) 采用两种形式。将棒组从堆芯顶部插入深度 x，有

$$\frac{\mathrm{d}^2}{\mathrm{d}z^2}\chi_u + \alpha^2 \chi_u = 0, \qquad 0 \leqslant z \leqslant \tilde{H} - x \tag{7.91}$$

和

$$\frac{\mathrm{d}^2}{\mathrm{d}z^2}\chi_r + (\alpha^2 - \beta^2)\chi_r = 0, \qquad \tilde{H} - x \leqslant z \leqslant \tilde{H} \tag{7.92}$$

其中

$$\alpha^2 = \frac{1}{M^2}\left(\frac{k_\infty}{k} - 1\right) - B_r^2 \tag{7.93}$$

和

$$\beta^2 = \frac{1}{M^2}\frac{k_\infty}{k}\rho_b \tag{7.94}$$

方程的解必须满足边界条件 $\chi_u(0) = 0$ 和 $\chi_r(\tilde{H}) = 0$，以及界面条件

$$\chi_u(\tilde{H} - x) = \chi_r(\tilde{H} - x) \tag{7.95}$$

和

$$\left.\frac{\mathrm{d}}{\mathrm{d}z}\chi_u(z)\right|_{\tilde{H}-x} = \left.\frac{\mathrm{d}}{\mathrm{d}z}\chi_r(z)\right|_{\tilde{H}-x} \tag{7.96}$$

其中，假设在有棒和无棒的堆芯区域中扩散系数是相同的。满足在 $z = 0$ 和 $z = \tilde{H}$ 的边界条件的解可以表示为

$$\chi_u(z) = C\sin(\alpha z) \tag{7.97}$$

和

$$\chi_{\mathrm{r}}(z) = \begin{cases} C' \sin\left[\sqrt{\alpha^2 - \beta^2}(\tilde{H} - z)\right], & \alpha^2 > \beta^2 \\ C' \sinh\left[\sqrt{\beta^2 - \alpha^2}(\tilde{H} - z)\right], & \alpha^2 < \beta^2 \end{cases} \tag{7.98}$$

应用界面条件——式 (7.95) 和 (7.96)，产生了两个涉及 C 和 C' 的附加方程，再用这两个方程作比，得到超越方程

$$\alpha \cot[\alpha(\tilde{H} - x)] = -\sqrt{\alpha^2 - \beta^2} \cot\left(\sqrt{\alpha^2 - \beta^2}x\right), \quad \alpha^2 > \beta^2 \tag{7.99}$$

或

$$\alpha \cot[\alpha(\tilde{H} - x)] = -\sqrt{\beta^2 - \alpha^2} \coth\left(\sqrt{\beta^2 - \alpha^2}x\right), \quad \alpha^2 < \beta^2 \tag{7.100}$$

鉴于反应堆的材料特性，以及 α 和 β 的定义，这些超越方程可以用数值求解来获得 k。

由 k 的两个极限值归纳出期望值。对于控制棒提出情况，式 (7.97) 适用于整个堆芯。因此，必须有 $\chi_{\mathrm{u}}(\tilde{H}) = 0$，从中得出 $\alpha_{\mathrm{u}}^2 = (\pi/\tilde{H})^2 = B_z^2$，从而由式 (7.93) 可以得到

$$k_{\mathrm{u}} = \frac{k_\infty}{1 + M^2(B_r^2 + B_z^2)} \tag{7.101}$$

同样，控制棒完全插入，式 (7.98) 在整个堆芯中都成立，必存在 $\chi_{\mathrm{r}}(0) = 0$。只有第一对能满足这个条件，得到 $\alpha_{\mathrm{r}}^2 - \beta_{\mathrm{r}}^2 = (\pi/\tilde{H})^2 = B_z^2$，据此，由式 (7.93) 和 (7.94) 得到 $k_{\mathrm{r}} = (1 - \rho_{\mathrm{b}})k_{\mathrm{u}}$。接下来，考虑棒组部分插入深度 x 的情况。

图 7.10 是两种堆芯的反应性与插入深度的关系图，两者的高度与直径之比均为 1，两者的棒组价值均为 $\rho_{\mathrm{b}} = 0.02$。堆芯尺寸与徙动长度的比 $\tilde{H}/M$ 对于理解反应性曲线和中子通量密度分布是至关重要的。具有较小 $\tilde{H}/M$ 值的堆芯被称为中子紧密耦合，由于扰动 (如控制棒组插入) 以相对较小的距离 (以徙动长度为参照) 穿过堆芯，故中子代的数量相对较少。在松散耦合的堆芯 ($\tilde{H}/M$ 值较大) 中，情况相反，在反应堆中传播扰动需要中子代的数量很多。净效应是，在更紧密耦合的堆芯中，中子通量密度分布更少地偏离均匀堆芯的情况，并且控制棒价值的模式更接近于式 (7.86)。这一点可以通过 $\tilde{H}/M = 10$ 曲线与图 7.8 的比较观察到，其中假设了不存在对中子通量密度分布的扰动。相反，$\tilde{H}/M = 50$ 曲线相当歪斜，控制棒组在插入堆芯的一半以上深度之前几乎没有影响。

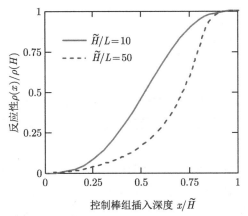

图 7.10 在高度为 $\tilde{H}/M = 10$ 和 $\tilde{H}/M = 50$ 的堆芯中，归一化的控制棒组价值与插入深度

控制棒组插入对中子通量密度分布的影响也很明显。如图 7.11(a) 所示，当棒组插入 $\tilde{H}/M = 10$ 的更紧密耦合的堆芯时，受扰动的中子通量密度不明显偏离标准轴向余弦分布。然而，对于更松散耦合的堆芯，当插入棒组时，中子通量密度被推向堆芯的底部。图 7.11(b) 中所示的 $\tilde{H}/M = 50$ 的情况说明了这一点。值得注意的是，图 7.11(a) 和 (b) 中的所有曲线都归一化到相同的平均中子通量密度，从而说明，在更松散耦合的堆芯中，中子通量密度峰值会更加尖锐。

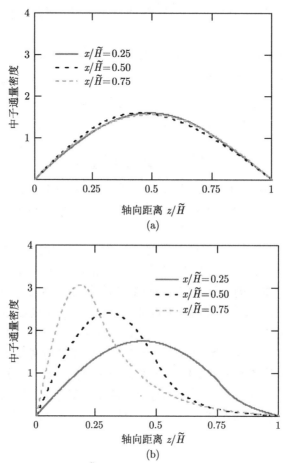

图 7.11　控制棒组插入深度为 $x/\tilde{H}$=0.25、0.50、0.75 时的归一化轴向中子通量密度分布：(a) $\tilde{H}/M = 10$，(b) $\tilde{H}/M = 50$

反应堆的功率密度 (即单位体积的功率) 受热工水力方面考虑因素的限制。因此，对于给定类别的反应堆，更高的功率意味着更大的体积、更大的 $\tilde{H}/M$ 值和更松散耦合的堆芯。

比较表 4.1 和表 7.1，我们看到，不同的反应堆设计之间，可实现的平均功率密度和徙动长度变化很大。通常，热堆比快堆更松散耦合，并且它们的 $\tilde{H}/M$ 值远超过 50。防止由控制棒运动、换料模式和其他现象造成过度的功率峰值，受到越来越多的关注。在第 8 章中，我们将讨论中子学与从动力反应堆中排除热量之间的耦合。

参考文献

Bell, George I., and Samuel Glasstone, *Nuclear Reactor Theory*, Van Nostrand-Reinhold, NY, 1970.

Duderstadt, James J., and Louis J. Hamilton, *Nuclear Reactor Analysis*, Wiley, NY, 1976.

Henry, Allen F., *Nuclear-Reactor Analysis*, MIT Press, Cambridge, MA, 1975.

Lamarsh, John R., *Introduction to Nuclear Reactor Theory*, Addison-Wesley, Reading, MA, 1972.

Meghreblian, R. V., and D. K. Holmes, *Reactor Analysis*, McGraw-Hill, NY, 1960.

Ott, Karl O., and Winfred A. Bezella, *Introductory Nuclear Reactor Statics*, 2nd ed., American Nuclear Society, 1989.

Stacey, Weston M., *Nuclear Reactor Physics, Wiley*, NY, 2001.

习题

7.1 对于大型反应堆堆芯的材料组成，有 $k_\infty = 1.02$ 和 $M = 25\,\mathrm{cm}$。

　　a. 计算高度与直径之比为 1 的圆柱形裸堆的临界体积；

　　b. 计算球形裸堆的临界体积。

　　你认为这两个体积中哪个更大？为什么？

7.2 确定导致最小临界质量的圆柱形裸堆的高度与直径之比。

7.3 用于研究快堆的特性的临界组件，有时按图中所示分成两半建造。通过将它们分开足够的距离，使两者之间的中子耦合可以忽略不计，则这两半保持在次临界状态；然后，将它们组合在一起形成临界组件。假设所研究的堆芯成分的无限介质增殖因数为 1.36，徙动长度为 18.0 cm，设置组件的高度与直径之比为 1($H = D$)。忽略外推距离：

　　a. 确定当两半接触时组件恰好临界需要的尺寸；

　　b. 确定当两半相互隔离时各自的 k 值。

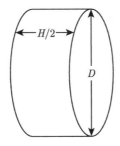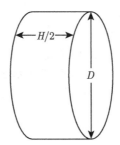

7.4 使用习题 4.3 中给出的组成成分建造钠冷快堆，其高度与直径之比为 0.8。如果反应堆是裸堆，在没有插入控制棒时，$k = 1.005$，那么反应堆的直径应该是多少？

7.5 圆柱形容器用来储存含有裂变材料的液体，该容器的直径为 0.90 m，被非反射中子吸收剂包围。将 $k_\infty = 1.16$ 和 $M = 7.0\,\mathrm{cm}$ 的材料注入容器中。忽略外推长度：

　　a. 在达到临界前，容积中被填充液体的高度可能是多少？

　　b. 无论容积中被填充液体的高度是多少，必须保证不达到临界，估算允许的 k_∞ 最大值 (M 保持不变)。

　　c. 如果通过减小容器的直径来使 a 中的材料永远无法达到临界状态，那么减小后的直径是多少？

7.6 考虑外推边长为 a 的立方体临界反应堆。

　　a. 取几何中心为坐标原点，在三维笛卡儿几何中应用变量分离，证明中子通量密度分布为

$$\phi(x,y,z) = C\cos(\pi x/a)\cos(\pi y/a)\cos(\pi z/a)$$

b. 依据反应堆的功率、体积和 $\gamma \Sigma_f$，求出 C；

c. 确定反应堆的曲率；

d. 假设 $a = 2.0\,m$，$M = 20\,cm$，确定获得临界 (即 $k = 1.0$) 需要的 k_∞ 值。

7.7* 圆柱形快堆的体积为 $1.4\,m^3$，徙动长度为 $20\,cm$。对于在 0.5 和 2.0 之间的高度与直径之比，将下列变量绘制在同一曲线图上：

a. 不泄漏概率 P_{NL}；

b. 反应堆临界要求的 k_∞ 值。

7.8 临界的圆柱形裸堆的高度与直径之比为 1，徙动长度为 $7.5\,cm$，堆芯的体积为 $15\,m^3$。为了简化分析，工程师用相同体积的球体替换了圆柱体。

a. 由这个简化造成的增殖因数误差的符号和数量级是多少？

b. 如果反应堆的体积更大，为 $30\,m^3$，那么在 a 中的误差是增大还是减小？证明你的结果。

7.9 根据边界条件 $\chi(\pm H/2) = 0$，而不使用对称性条件 $\chi(z) = \chi(-z)$，证明：式 (7.16) 中的 $C_1 = 0$。

7.10 用式 (7.60) 中的 C_1'' 和 C_2'' 表达式 (7.61) 中的 C_1''' 和 C_2'''。

7.11 在式 (7.61) 中，应用边界条件 $\zeta(\tilde{H}'/2 + a) = 0$，依据 C_1''' 来确定 C_2'''，然后按照 C_1''' 和 C_2''' 来确定式 (7.62) 中的 C'。

7.12 考虑当 6.7 节中的球形系统达到临界时的情况，确定在球体内最大中子通量密度与平均中子通量密度的比值。

7.13 半径为 R 的球形反应堆，被扩展到 $r = \infty$ 的反射层包围，堆芯和反射层的 L 和 D 是相同的。求出涉及 k_∞、R、L 和 D 的临界方程。

7.14 球形反应堆被构造成具有内部反射层，反射层的参数为 D 和 Σ_a^r，几何范围是 $0 \leqslant r \leqslant R$；环形堆芯的参数为 D、Σ_a 和 k_∞ (> 1)，几何范围是 $R \leqslant r \leqslant 2R$。

a. 求出临界条件 (忽略外推距离)；

b. 绘制 $0 \leqslant r \leqslant 2R$ 范围内中子通量密度分布的示意图。

7.15 用式 (7.71) 证明：对于厚的反射层，反射层节省量近似为 $\delta_z \approx \hat{M} D/\hat{D}$。

7.16 无限大平板反应堆 (在 y 和 z 方向上无限延伸) 的厚度为 $2a$，两侧均为真空。材料 1 占据 $0 \leqslant x \leqslant a$，特性为 $k_\infty^1 = k_\infty$、$D_1 = D$ 和 $\Sigma_a^1 = \Sigma_a$；材料 2 占据 $a \leqslant x \leqslant 2a$，特性为 $k_\infty^2 = 0$、$D_2 = D$ 和 $\Sigma_a^2 = 0$。忽略外推距离：

a. 求出涉及 a、k_∞、D 和 Σ_a 的临界方程；

b. 绘制在 0 和 $2a$ 之间中子通量密度的示意图。

7.17 应用控制棒组尖端的界面条件来说明，式 (7.97) 和 (7.98) 导出了式 (7.99) 和 (7.100) 给出的临界条件。

7.18 从式 (7.98) 入手证明：若控制棒组完全插入，则

a. $\alpha_r^2 - \beta_r^2 = B_z^2$；

b. $k_r = (1 - \rho_b)k_u$。

第8章

能 量 输 运

8.1 引言

之前三章专注于反应堆堆芯内中子的时间和空间分布，引出了式 (7.30)，该式说明，在临界反应堆内中子通量密度水平与反应堆功率成正比。在很低的功率 (任何可以被选择的功率水平) 下，该式仍然成立。然而，对于较高的功率 (在动力反应堆中存在的典型的功率水平) 两个重要的限制开始发挥作用。首先，必须将能量输送出堆芯而不会使燃料、冷却剂或其他成分过热，这些热限制决定了反应堆可以运行的最大功率。其次，随着温度的升高，堆芯材料的密度以不同的速率发生变化，其他与温度相关的现象也会发生。这些会影响增殖因数，从而导致与温度相关的反应性反馈效应。

本章研究反应堆堆芯的能量输运，对功率密度和确定温度分布的相关物理量给出定义。在本章的后半部分，使用这些量来研究施加在反应堆运行上的热限制。第 9 章将温度分布与反应堆栅格的中子物理相结合，研究反应性反馈效应。

8.2 堆芯功率分布

中子物理与热传输需求的相互作用可以在广义上理解如下。设 P 表示反应堆功率，V 表示堆芯体积，则定义堆芯平均功率密度为

$$\bar{P}''' = P/V \tag{8.1}$$

最大功率密度与平均功率密度之比定义为功率峰值因子

$$F_q = P'''_{\max}/\bar{P}''' \tag{8.2}$$

消去这些定义之间的 $\bar{P}'''$，可以对反应堆堆芯设计的跨学科特征提供一些见解

$$P = \frac{P'''_{\max}}{F_q}V \tag{8.3}$$

通常，反应堆是按照产生规定数量的功率设计的，在其他变量保持不变的条件下，建造成本随着堆芯体积而急剧增加。从而，比率 $P'''_{\max}/F_q$ 的最大化是堆芯设计的核心优化问

题。可实现的最大功率密度主要取决于材料特性以及燃料、冷却剂和其他堆芯成分能够承受的温度和压力。最小化峰值因子更多地涉及反应堆物理领域，原因在于，燃料富集度的非均匀分布、控制棒和其他中子毒物的布置以及其他中子学上需要考虑的事项在很大程度上决定了 F_q 的值。最终选择的堆芯体积也对反应堆物理有影响，最重要的是对堆芯平均燃料富集和不泄漏概率的影响。表 8.1 列出了主要类型动力堆的典型特性。

表 8.1　3000MW(t) 动力反应堆近似堆芯特性

	PWR 压水堆	BWR 沸水堆	PHWR CANDU 重水堆	HTGR 石墨慢化堆	SFR 钠冷快堆	GCFR 氦冷快堆
平均功率密度 $\bar{P}'''/(\mathrm{MW/m^3})$	102	56	7.7	6.6	217	115
平均线热功率密度 $\bar{q}'/(\mathrm{kW/m})$	17.5	20.7	24.7	3.7	22.9	17
堆芯体积 $V/\mathrm{m^3}$	29.4	53.7	390	455	13.8	26.1
徙动长度的高度与直径之比 H/M	43.9	55.0	40.8	68.8	13.5	12.6
燃料棒的数量 N	51244	35474	15344	97303	50365	54903
中子不泄漏概率 P_{NL}	0.956	0.972	0.950	0.982	0.676	0.644

资料来源：数据由阿贡国家实验室的 W. S. Yang 提供。

8.2.1　有限圆柱形堆芯

功率密度的分布对于反应堆物理与热工水力现象的相互作用极为重要。在反应堆中任意点 r 的功率密度 (W/cm³、kW/L 或 MW/m³) 为

$$P'''(\boldsymbol{r}) = \gamma \Sigma_{\mathrm{f}}(\boldsymbol{r})\phi(\boldsymbol{r}) \tag{8.4}$$

其中，γ 是每次裂变释放的能量 (W·s/裂变)，$\Sigma_{\mathrm{f}}\phi$ 是单位时间、单位体积内的裂变数 [裂变/(cm³·s)]。裂变截面和中子通量密度取燃料、冷却剂和其他堆芯成分在栅格单元上的空间平均值，平均值的确定采用在第 4 章中讨论的方法。我们具体地考虑一个圆柱形反应堆，高度为 H，半径为 R，反应堆的中心为原点 $(r = z = 0)$。我们进一步对功率分布进行假设，式 (8.4) 中的 Σ_{f} 和 ϕ 是 r 和 z 的可分离函数。有了这个限制条件，可以将功率密度分布表示为

$$P'''(r,z) = \bar{P}''' f_r(r) f_z(z) \tag{8.5}$$

由于体积积分

$$\bar{P}''' = \frac{1}{V}\int P'''(\boldsymbol{r})\mathrm{d}V \tag{8.6}$$

定义了堆芯平均功率密度，则将 $P'''(r,z)$ 代入此式，来确定 $f_r(r)$ 和 $f_z(Z)$ 的归一化条件。对于圆柱几何，将体积积分写为

$$\frac{\mathrm{d}V}{V} = \frac{2\pi r\mathrm{d}r}{\pi R^2}\frac{\mathrm{d}z}{H} \tag{8.7}$$

并获得

$$\bar{P}''' = \bar{P}'''\frac{2}{R^2}\int_0^R f_r(r)r\mathrm{d}r\frac{1}{H}\int_{-H/2}^{H/2} f_z(z)\mathrm{d}z \tag{8.8}$$

因此，式 (8.5) 和 (8.6) 也满足归一化条件

$$\frac{2}{R^2}\int_0^R f_r(r)r\mathrm{d}r = 1 \tag{8.9}$$

和

$$\frac{1}{H}\int_{-H/2}^{H/2} f_z(z)\mathrm{d}z = 1 \tag{8.10}$$

功率峰值因子是径向和轴向分量的乘积

$$F_q = F_r F_z$$

其中, 径向和轴向峰值因子分别为

$$F_r = f_r(r)_{\max} \tag{8.11}$$

和

$$F_z = f_z(z)_{\max} \tag{8.12}$$

通常作法还包括考虑燃料元件制造公差的局部峰值因子 F_l、控制和仪表的局部扰动, 以及其他影响功率密度的局部效应。在这种情况下

$$F_q = F_r F_z F_l \tag{8.13}$$

在寻求展平功率分布和降低峰值因子的过程中, 经常在两个或更多个径向区域中使用不同富集度的燃料, 用于降低径向峰值因子。

径向功率分布曲线可能如图 8.1 所示, 其中功率分布的不连续性是由于裂变截面的不连续性造成的。在轴向上, 如果部分插入的控制棒组从堆芯的一端进入, 如图 7.11 所示, 则功率发生畸变。其中, 控制棒束从顶部进入, 导致功率倾斜, 造成中子通量密度在趋向堆芯上端时降低, 而在下半部分达到顶峰, 结果使 F_z 增加。图 7.11(a) 和 (b) 的比较表明, 这种畸变的大小有随着反应堆的尺寸 (以徙动长度来衡量) 增加而增大的倾向。

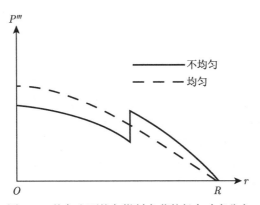

图 8.1 均匀和不均匀燃料负荷的径向功率分布

8.2.2 均匀圆柱形堆芯的例子

对于均匀堆芯, 式 (8.4) 中的裂变截面是常数。因此, 功率密度与中子通量密度成正比。式 (7.30) 表明, 对于均匀堆芯, 空间中子通量密度依存关系为 $\mathrm{J}_0(2.405r/R)\cos(\pi z/H)$。因此, 我们取 $f_r(r)$ 和 $f_z(z)$ 的形式分别为

$$f_r(r) = C_r \mathrm{J}_0(2.405r/R) \tag{8.14}$$

和

$$f_z(z) = C_z \cos(\pi z/H) \tag{8.15}$$

其中，C_r 和 C_z 是归一化系数，通过将这些表达式代入式 (8.9) 和 (8.10) 来确定

$$C_r \frac{2}{R^2} \int_0^R \mathrm{J}_0(2.405r/R)r\mathrm{d}r = 1 \tag{8.16}$$

和

$$C_z \frac{1}{H} \int_{-H/2}^{H/2} \cos(\pi z/H)\mathrm{d}z = 1 \tag{8.17}$$

这里的积分与式 (7.26) 和 (7.27) 中的积分相同，我们已经求解过，故得到

$$f_r(r) = 2.32\mathrm{J}_0(2.405r/R) \tag{8.18}$$

和

$$f_z(z) = 1.57 \cos(\pi z/H) \tag{8.19}$$

因为贝塞尔函数和余弦函数都具有最大值 1，所以径向和轴向峰值因子是

$$F_r = 2.32 \tag{8.20}$$

和

$$F_z = 1.57 \tag{8.21}$$

再由式 (8.13) 得出

$$F_q = 3.63F_1 \tag{8.22}$$

8.3　热输运

如第 4 章所述，栅格结构极大地影响着反应堆的增殖因数，同样，在很大程度上决定了从反应堆中导出的热输运。在下文中，我们提出简单的燃料–冷却剂模型，其适用于液体冷却剂兼作慢化剂的快堆和热堆。在使用固体慢化剂 (最常见的是石墨) 的热堆中，三区域模型是必需的，用来考虑慢化剂以及冷却剂中的温度。在本节中我们考虑稳态传热，然后在 8.4 节中简略讨论热瞬态。

8.3.1　热源的特性描述

考虑上面讨论的圆柱形反应堆，其高度为 H，半径为 R。取反应堆的中心作为坐标系的原点，用自变量 (r,z) 指定某处的特性，此处在沿着栅格单元的轴距离为 z 处，而此轴的中心线与堆芯中心线的径向距离为 r。为简单起见，假设反应堆的功率分布在 r 和 z 方向上，是可分离变量的，能够用式 (8.5) 描述。

设 $q'(r,z)$ 是位于 (r,z) 处栅格单元中的燃料元件单位长度产生的热功率，q' 被称为线热功率密度，单位是 W/cm 或 kW/m。相关的量是表面热流密度 $q''(r,z)$，单位是 W/cm²

或 kW/m^2。后者针对位于 (r, z) 处的栅格单元,表达热流穿过燃料元件表面并进入冷却剂的速率。对于半径为 a 的圆柱形燃料元件,表面热流密度与线热功率密度的关系为

$$q''(r, z) = \frac{1}{2\pi a} q'(r, z) \tag{8.23}$$

设 A_{cell} 为包含一个燃料元件的栅格单元的横截面积,则在该点单位体积堆芯产生的热功率 (即功率密度) 为

$$P'''(r, z) = q'(r, z)/A_{\text{cell}} \tag{8.24}$$

将此表达式与式 (8.5) 组合,则线热功率密度可以用功率密度的径向和轴向功率分量来表示

$$q'(r, z) = A_{\text{cell}} \bar{P}''' f_r(r) f_z(z) \tag{8.25}$$

由于 $\bar{P}''' = P/V$,则相应地可以用反应堆功率表示为

$$q'(r, z) = \frac{A_{\text{cell}}}{V} P f_r(r) f_z(z) \tag{8.26}$$

如果反应堆由 N 个相同的栅格单元组成,每个栅格单元的横截面积都是 A_{cell},那么我们可以将反应堆的体积近似地表示为

$$V = \pi R^2 H = N A_{\text{cell}} H \tag{8.27}$$

将此表达式与式 (8.26) 结合,得到

$$q'(r, z) = \frac{1}{NH} P f_r(r) f_z(z) \tag{8.28}$$

注意,NH 恰好是反应堆堆芯中包含的 N 个燃料元件的总长度。

8.3.2 稳态温度

下面我们建立几个近似表达式,用来根据反应堆功率估算燃料和冷却剂的温度分布。从燃料到冷却剂的温降与线热功率密度成正比

$$T_{\text{fe}}(r, z) - T_{\text{c}}(r, z) = R'_{\text{fe}} q'(r, z) \tag{8.29}$$

其中,$T_{\text{fe}}(r, z)$ 是在燃料元件横截面 πa^2 上的燃料元件平均温度,$T_{\text{c}}(r, z)$ 是在与栅格单元相关的冷却剂通道的横截面面积上的冷却剂平均温度。我们指定比例常数 R'_{fe} 为燃料元件的热阻。

附录 D 包含了关于 R'_{fe} 的简单表达式的推导,并说明:圆柱形燃料元件的 R'_{fe} 几乎与燃料棒的直径无关,但与燃料的导热系数成反比。式 (8.28) 和 (8.29) 的组合用反应堆功率来表示温降

$$T_{\text{fe}}(r, z) - T_{\text{c}}(r, z) = R_{\text{f}} P f_r(r) f_z(z) \tag{8.30}$$

其中

$$R_{\text{f}} = \frac{1}{NH} R'_{\text{fe}} \tag{8.31}$$

定义为反应堆堆芯的热阻。我们可以应用积分，在堆芯上对燃料和冷却剂温度进行体积平均，由式 (8.7)~(8.30) 定义

$$\overline{T}_f - \overline{T}_c = R_f P \tag{8.32}$$

其中，使用了式 (8.9) 和 (8.10) 的归一化条件来简化结果。

设入口温度 T_i 在堆芯横截面上是均匀的，在这样的规定条件下，对冷却剂的平均温度 $\overline{T}_c$ 和出口温度 $T_o(r)$ 进行建模。位于离反应堆中心线的距离为 r 的栅格单元的冷却剂热平衡表明：加入冷却剂的热量等于燃料元件中产生的热量

$$W_{ch} c_p [T_o(r) - T_i] = \int_{-H/2}^{H/2} q'(r, z') dz' \tag{8.33}$$

其中，W_{ch} 是质量流量，单位是 kg/s；c_p 是冷却剂的定压比热容，单位是 $J/(kg \cdot K)$。把式 (8.28) 代入，用反应堆功率表示方程的右侧。求解 $T_o(r)$，得到

$$T_o(r) = \frac{1}{W c_p} \frac{P}{NH} f_r(r) \int_{-H/2}^{H/2} f_z(z) dz + T_i \tag{8.34}$$

接着，定义

$$W = N W_{ch} \tag{8.35}$$

为通过 N 个相同通道的堆芯质量流量。然后，利用式 (8.10) 消去 $f_z(z)$，有

$$T_o(r) = \frac{1}{W c_p} P f_r(r) + T_i \tag{8.36}$$

堆芯出口平均温度是通过在堆芯的横截面上对此关系式进行积分得到的，即通过取 $2r dr / R^2$，并应用式 (8.9) 的归一化，得到

$$\overline{T}_o = \frac{1}{W c_p} P + T_i \tag{8.37}$$

在堆芯体积上平均的冷却剂温度取决于轴向功率分布。然而，如果功率分布没有明显偏离轴对称条件

$$f_z(z) \approx f_z(-z) \tag{8.38}$$

那么冷却剂平均温度的合理近似为

$$\overline{T}_c = \frac{1}{2} \left(\overline{T}_o + T_i \right) \tag{8.39}$$

利用此近似，我们可以使用式 (8.37) 来获得用已知的入口温度和反应堆功率来表示的冷却剂平均温度

$$\overline{T}_c = \frac{1}{2 W c_p} P + T_i \tag{8.40}$$

同样，将此表达式代入式 (8.32)，得到平均燃料温度

$$\overline{T}_f = \left(R_f + \frac{1}{2 W c_p} \right) P + T_i \tag{8.41}$$

在第 9 章讨论的对反应性反馈效应建模，需要冷却剂和燃料的平均温度。然而，热限制与燃料和冷却剂的最高温度以及线热功率密度和表面热流密度的最大值更密切相关。冷却剂的最高温度出现在堆芯出口，可以直接从式 (8.36) 得到

$$T_o|_{\max} = \frac{1}{Wc_p} PF_r + T_i \tag{8.42}$$

其中，F_r 是由式 (8.11) 定义的径向峰值因子。通过使用 F_r 和 F_z 的定义，从燃料到冷却剂的最大温降由式 (8.30) 确定

$$[T_{\mathrm{fe}}(r,z) - T_c(r,z)]|_{\max} = R_f PF_r F_z \tag{8.43}$$

但是，确定 $T_{\mathrm{fe}}|_{\max}$ 需要知道在其发生位置的冷却剂温度。从式 (8.42) 取最高出口温度，得到的值会太大。更接近的估计是从具有最大输出功率的通道获取冷却剂的平均温度，即 $F_r \overline{T}_c$。将式 (8.41) 和 (8.43) 与这个近似相结合，得到燃料的最高温度

$$T_f|_{\max} = \left(R_f F_r F_z + \frac{1}{2Wc_p} F_r \right) P + T_i \tag{8.44}$$

对于液体冷却的反应堆，特别是那些使用氧化物或碳化物燃料的反应堆，从燃料到冷却剂的温降比冷却剂中的温升大得多。这样，由式 (8.32) 和 (8.40)，可得

$$\frac{\overline{T}_f - \overline{T}_c}{\overline{T}_c - T_i} = 2Wc_p R_f \gg 1 \tag{8.45}$$

由于 $R_f \gg 1/Wc_p$，用式 (8.43) 在确定冷却剂温度时作的近似，对燃料最高温度的影响相对较小。更重要的是以下内容：堆芯热阻 R_f 是在燃料棒的横截面上对 T_{fe} 求平均值得到的。燃料棒的最热点 (沿着其中心线) 的温度决定线热功率密度的极限。如附录 D 所示，中心线温度可以通过用从中心线到冷却剂的热阻 R_{cl} 替换式 (8.44) 中的 R_f 来获得，对于圆柱形燃料元件，近似有

$$R_{\mathrm{cl}} \approx 2R_f \tag{8.46}$$

8.3.3 压水堆示例

下面，关于使用加压水作为冷却剂和慢化剂的反应堆的简化设计分析，展示了中子学与热工水力学之间的相互作用。最初的设计研究假设，均匀的圆柱形堆芯，高度与直径之比为 1，没有显著的反射层节省。假设以下技术参数：

功率	$P = 3000\,\mathrm{MW(t)}$
慢化剂/燃料的比例	$V_{\mathrm{H_2O}}/V_{燃料} = 1.9$
线热功率密度	$q'|_{\max} = 400\,\mathrm{W/cm}$
表面热流密度	$q''|_{\max} = 125\,\mathrm{W/cm^2}$
冷却剂进口温度	$T_i = 290\,℃$
冷却剂出口温度	$T_o|_{\max} = 330\,℃$

反应堆的所有者决定反应堆必须运行的功率，慢化剂与燃料之比的选取主要基于反应堆物理考虑。燃料特性 (如热导率和熔化温度) 决定了最大线热功率密度。当发生沸腾危机时，在燃料与冷却剂的界面处形成蒸汽层，从而使燃料与冷却剂被隔离。为了防止这种可能性，压水堆中的表面热流密度受到限制。冷却剂入口温度由发电厂的热力学分析决定，而出口温度必须受到限制，以防止冷却剂在反应堆的设计压力下运行时发生沸腾。

上述技术参数 (其中仅慢化剂与燃料的体积比主要取决于中子学) 决定了反应堆的许多物理特性：

(a) 燃料半径；

(b) 栅格间距；

(c) 堆芯体积和尺寸；

(d) 堆芯平均功率密度；

(e) 燃料元件的数量；

(f) 冷却剂质量流量；

(g) 冷却剂平均速度。

下面我们依次确定其中的每一项。

燃料的半径由式 (8.23) 确定

$$(a) \quad a = \frac{q'|_{\max}}{2\pi q''|_{\max}} = \frac{400}{2\pi \cdot 125} = 0.509 \,(\text{cm})$$

假设栅格单元为正方形，栅格间距由 $V_{H_2O}/V_{\text{fuel}} = (p^2 - \pi a^2)/(\pi a^2)$ 确定，或者

$$(b) \quad p = \sqrt{\pi(V_{H_2O}/V_{\text{fuel}} + 1)}a = \sqrt{2.9\pi} \times 0.509 = 1.536 \,(\text{cm})$$

对于堆芯体积，在线热功率密度最大的点求式 (8.26) 的值，获得 $V = A_{\text{cell}}PF_rF_z/\,q'|_{\max}$，其中 $A_{\text{cell}} = p^2$。对于均匀裸堆堆芯，式 (8.20) 和 (8.21) 规定了 $F_r = 2.32$ 和 $F_z = 1.57$。从而

$$V = p^2PF_rF_z/q'|_{\max} = 1.536^2 \times 3000 \times 10^6 \times 2.32 \times 1.57/400$$
$$= 6.445 \times 10^7 (\text{cm}^3) = 64.45 \,(\text{m}^3)$$

由于高度与直径之比为 1，则 $V = \pi(H/2)^2H$。因此，

$$(c) \quad H = (4V/\pi)^{1/3} = (4 \times 6.445 \times 10^7/\pi)^{1/3} = 434 \,(\text{cm}) = 4.34 \,(\text{m})$$

堆芯平均功率密度为

$$(d) \quad \bar{P}''' = P/V = 3000 \times 10^6/6.445 \times 10^7 = 46.5 \,(\text{W/cm}^3) = 46.5 \,(\text{MW/m}^3)$$

燃料元件的数量通过堆芯横截面积除以栅格单元的面积来确定

$$(e) \quad N = \frac{\pi R^2}{A_{\text{cell}}} = \frac{\pi(H/2)^2}{p^2} = \frac{\pi(434/2)^2}{1.536^2} = 62702$$

因为最高出口温度限制在 330℃，我们由式 (8.42) 确定质量流量；取在冷却剂运行温度下水的比热为 $c_p = 6.4 \times 10^3 \, \mathrm{J/(kg \cdot ℃)}$，得到

$$(f) \quad W = \frac{1}{c_p} \frac{PF_r}{(T_o|_{\max} - T_i)} = \frac{1}{6.4 \times 10^3} \times \frac{3000 \times 10^6 \times 2.32}{(330 - 290)} \, \mathrm{kg/s}$$
$$= 27.2 \times 10^3 \, \mathrm{kg/s} = 27.2 \times 10^6 \, \mathrm{g/s}$$

由 $W = \rho A_{\mathrm{flow}} \bar{v}$ 确定冷却剂的平均速度，其中 $A_{\mathrm{flow}} = N \times (p^2 - \pi a^2)$；取加压水在 300℃ 下的密度为 $0.676 \, \mathrm{g/cm^3}$，这样

$$(g) \quad \bar{v} = \frac{W}{\rho N(p^2 - \pi a^2)} = \frac{27.2 \times 10^6}{0.676 \times 62702 \times (1.536^2 - \pi \times 0.509^2)} \, \mathrm{cm/s}$$
$$= 415 \, \mathrm{cm/s} = 4.15 \, \mathrm{m/s}$$

最后，一旦确定了上述参数，为了获得可接受的中子增殖因数 k，就必须指定燃料富集度和对控制毒物的要求。

这个分析中采用的简化建模假设没有考虑到一些重要的因素。例如，它们没给控制棒或结构支撑留出空间，这可能使核心体积增加 10% 或更多。同样地，它们不包括局部峰值因子 F_1，也没有考虑到由降低燃料元件的富集度或增加设置在堆芯的中子通量密度最高区域内可燃毒物棒的数量造成的 F_r 的大幅度减小。在实际设计中，峰值因子的减小大大增加了平均功率密度，并减小了堆芯体积，使其趋向于表 8.1 中关于压水堆的数据。然而，此模型展示了动力反应堆堆芯的中子学设计必须进行的实质性限制。此外，上述计算模型只是尝试获得一组可行的堆芯参数；实际上，设计是一个迭代过程。例如，如果计算出来的冷却剂流量需要太大的冷却剂平均流速，或者导致在堆芯上的压降过大，则需要减少流量，并调整其他堆芯参数以适应此减少。

8.4 热瞬态

如式 (8.32) 所示，在稳态条件下，从燃料传递到冷却剂的热量恰好是 $P = (\overline{T}_f - \overline{T}_c)/R_f$。相反，如果完全切断冷却，产生的所有热量将在绝热条件下加热燃料

$$M_f c_f \frac{\mathrm{d}}{\mathrm{d}t} \overline{T}_f(t) = P(t) \tag{8.47}$$

其中，M_f 和 c_f 分别是燃料的总质量和比热。可以通过组合这两个表达式来获得热瞬态的近似集总参数模型

$$M_f c_f \frac{\mathrm{d}}{\mathrm{d}t} \overline{T}_f(t) = P(t) - \frac{1}{R_f} \left[\overline{T}_f(t) - \overline{T}_c(t) \right] \tag{8.48}$$

为了证明这个方程，考虑两个边界情况。在稳定状态下，左边的导数消失，式 (8.32) 即为结果。如果所有冷却都丧失 (比如，通过把从燃料到冷却剂的对流设置为零，相当于 $R_f \to \infty$)，那么最后一项消失，式 (8.47) 即为结果。这个模型更方便的形式是通过除以 $M_f c_f$ 得到

$$\frac{\mathrm{d}}{\mathrm{d}t} \overline{T}_f(t) = \frac{1}{M_f c_f} P(t) - \frac{1}{\tau} \left[\overline{T}_f(t) - \overline{T}_c(t) \right] \tag{8.49}$$

右边的第一项是绝热加热速率，即当保持功率 P 不变而所有冷却都被切断时，燃料温度上升的速率。最后一项包括堆芯热时间常数

$$\tau = M_f c_f R_f \tag{8.50}$$

这是热量从燃料传递到冷却剂所需时间的量度。

热时间常数对于瞬态分析是有用的，将其与其他时间常数 (如瞬发和缓发中子寿命、控制棒插入速率等) 进行比较，常用于判断不同现象相互作用的程度。对于使用液体冷却剂的堆芯，τ 值通常是几秒的量级，对于氧化物燃料比对于金属燃料更大。如图 4.1(d) 所示，对于高温气冷堆来说，它要大得多，其中热量在到达冷却剂通道之前必须通过石墨慢化剂。

8.4.1 燃料温度瞬态的例子

由于在第 5 章讨论的缓发中子的动力学效应，反应堆功率水平不能瞬时改变。然而，理想化的阶跃变化有助于将注意力集中在热时间常数的重要性上。我们考虑这样两种假设情况。在第一种情况下，以稳态功率 P_0 运行的反应堆在 $t = 0$ 时刻瞬时关闭。式 (8.32) 规定燃料温度的初始条件是 $\overline{T}_f(0) = R_f P_0 + \overline{T}_c$。假设冷却剂温度保持常数，则式 (8.49) 化简为

$$\frac{\mathrm{d}}{\mathrm{d}t}\overline{T}_f(t) = -\frac{1}{\tau}\left[\overline{T}_f(t) - \overline{T}_c\right], \qquad t > 0 \tag{8.51}$$

应用附录 A 中所述的积分因子法，得到解

$$\overline{T}_f(t) = \overline{T}_c + R_f P_0 \exp(-t/\tau) \tag{8.52}$$

这样，燃料温度呈指数衰减，导致燃料在 $t = 0.693\tau$ 的时间内损失其储存热量的一半。

接下来考虑相反的情况，其中功率突然从 0 跳变到 P_0。现在初始条件是 $\overline{T}_f(0) = \overline{T}_c$，并且冷却剂温度恒定，则式 (8.49) 采用的形式为

$$\frac{\mathrm{d}}{\mathrm{d}t}\overline{T}_f(t) = \frac{P_0}{M_f c_f} - \frac{1}{\tau}\left[\overline{T}_f(t) - \overline{T}_c\right], \qquad t > 0 \tag{8.53}$$

此方程可以使用积分因子来求解，得到解

$$\overline{T}_f(t) = \overline{T}_c + R_f P_0[1 - \exp(-t/\tau)] \tag{8.54}$$

在很长时间后，指数消失，导致 $\overline{T}_f(\infty)$ 服从式 (8.32) 给出的稳态条件。在短时间 (尺度为 $t \ll \tau$) 内，可以将指数展开为 $\exp(-t/\tau) \approx 1 - t/\tau$，把结果化简为

$$\overline{T}_f(t) \approx \overline{T}_c + R_f P_0 t/\tau = \overline{T}_c + \frac{P_0 t}{M_f c_f} \tag{8.55}$$

这恰好是绝热加热速率。因此，我们看到，与热时间常数相比，在较短的时间尺度上，堆芯表现为绝热；对于与时间常数相比较慢的瞬态，堆芯表现为准稳态方式。

8.4.2 冷却剂温度瞬态

为简单起见，假设冷却剂温度在上述方程中保持恒定。因为如果冷却剂是液体，则其中的温度变化一般比燃料中的温度变化小得多，所以这通常是合理的近似。将式 (8.32) 给出的燃料和冷却剂之间的温降与式 (8.37) 给出的冷却剂的温升进行比较，得

$$\frac{\overline{T}_f - \overline{T}_c}{\overline{T}_o - T_i} = R_f W c_p \tag{8.56}$$

典型地，对于使用氧化物或碳化物燃料的液体冷却反应堆，$R_f W c_p \gg 1$。

鉴于冷却剂平均温度的时间依赖性很重要，下面推导近似其性质的微分方程。出现在式 (8.32) 和 (8.40) 中的功率 P，分别代表从燃料流到冷却剂的热量和被冷却剂带走的热量。在稳态条件下，它们是相等的。但是，如果式 (8.32) 中的 P 大于其在式 (8.40) 中的值，那么差值一定会呈现为堆芯中冷却剂内能增加的速率。如果 M_c 是堆芯内冷却剂的质量，c_p 是其比热容，那么内能增加的速率是

$$M_c c_p \frac{\mathrm{d}}{\mathrm{d}t}\overline{T}_c(t) = \frac{1}{R_f}\left[\overline{T}_f(t) - \overline{T}_c(t)\right] - 2W c_p \left[\overline{T}_c(t) - T_i\right] \tag{8.57}$$

可以用两个额外的时间常数重写这个等式

$$\frac{\mathrm{d}}{\mathrm{d}t}\overline{T}_c(t) = \frac{1}{\tau'}\left[\overline{T}_f(t) - \overline{T}_c(t)\right] - \frac{1}{\tau''}\left[\overline{T}_c(t) - T_i\right] \tag{8.58}$$

这里

$$\tau' = \frac{M_c c_p}{M_f c_f}\tau \tag{8.59}$$

但是，$\tau' \ll \tau$，因为即使对于液体冷却剂，堆芯内冷却剂的热容量一般远小于燃料。剩下的时间常数可以用冷却剂从堆芯入口到出口所需的时间 t_c 表达。假设 A_{flow} 是堆芯的流动面积，ρ_c 和 $\bar{v}_c$ 分别是冷却剂的密度和平均速度，则 $W = \rho_c A_{flow} \bar{v}_c$，$M_c = \rho_c A_{flow} H$。因此，有

$$\tau'' = \frac{M_c c_p}{2W c_p} = \frac{\rho_c A_{flow} H c_p}{2\rho_c A_{flow} \bar{v}_c c_p} = \frac{H}{2\bar{v}_c} = \frac{1}{2}t_c \tag{8.60}$$

这个时间常数也明显小于燃料时间常数。因此，冷却剂能够非常迅速地跟踪燃料表面的瞬态，以至于在大多数情况下式 (8.57) 左侧的储能项可以忽略。

在前述假设成立的范围内，可以通过将式 (8.57) 的左侧设置为零来对冷却剂进行建模，则有

$$\overline{T}_c(t) = \frac{1}{1 + 2R_f W c_p}[2R_f W c_p T_i + T_f(t)] \tag{8.61}$$

将此结果与式 (8.49) 结合，可以得到

$$\frac{\mathrm{d}}{\mathrm{d}t}\overline{T}_f(t) = \frac{1}{M_f c_f}P(t) - \frac{1}{\tilde{\tau}}\left[\overline{T}_f(t) - T_i\right] \tag{8.62}$$

式中

$$\tilde{\tau} = \frac{2R_f W c_p}{1 + 2R_f W c_p}\tau \tag{8.63}$$

但是，因为对于大多数反应堆 $R_{\rm f}Wc_p \gg 1$，我们可以经常作近似 $\tilde{\tau} \approx \tau$ 和

$$\overline{T}_{\rm c}(t) \approx T_{\rm i} + \frac{1}{2R_{\rm f}Wc_p}T_{\rm f}(t) \tag{8.64}$$

等式 (8.62) 和 (8.64) 提供了用于分析反应堆瞬态的简单热模型。在这些瞬态中，热时间常数 (通常是几秒的量级) 经常与瞬发和缓发中子寿命的影响相互作用。通过温度引起的反应性反馈，中子效应和热效应强烈地耦合在一起。我们将在下一章讨论这些反馈效应。

参考文献

Bonella, Charles F., *Nuclear Engineering*, McGraw-Hill, NY, 1957.

El-Wakil, M. M., *Nuclear Power Engineering*, McGraw-Hill, NY, 1962.

Glasstone, Samuel, and Alexander Sesonske, *Nuclear Reactor Engineering*, 3rd ed., Van Nostrand Reinhold, NY, 1981.

Knief, Ronald A., *Nuclear Energy Technology: Theory and Practice of Commercial Nuclear Power*, McGraw-Hill, NY, 1981.

Lewis, E. E., *Nuclear Power Reactor Safety*, Wiley, NY, 1977.

Raskowsky, A., Ed., *Naval Reactors Physics Handbook*, U.S. Atomic Energy Commission, Washington, D.C., 1964.

Todreas, M. E., and M. S. Kazimi, *Nuclear Systems I&II*, Hemisphere, Washington, D.C., 1990.

习题

8.1 动力反应堆的泄漏概率为 0.08。作为新反应堆的一级近似，工程师估计，如果功率增加 20%，相同的功率密度可以实现。假设圆柱形堆芯的高度与直径之比保持相同：

a. 在功率增加 20% 的新反应堆中泄漏概率是多少？

b. 如果 k_∞ 与燃料富集度成比例，那么为了适应 20% 的功率增长，堆芯的富集度需要改变百分之多少？

8.2 设计钠冷快堆栅格，其徙动长度为 20 cm，最大功率密度为 500 W/cm³。将建造三个高度与直径之比为 1 的圆柱形裸堆芯，额定功率为 300 MW(t)、1000 MW(t) 和 3000 MW(t)。对于三个堆芯中的每一个，确定下列各项：

a. 堆芯高度 H；

b. 曲率 B^2；

c. 不泄漏概率 $P_{\rm NL}$。

8.3 考虑非均匀圆柱形反应堆，其堆芯半径为 R，高度为 H。当控制棒部分插入时，功率密度分布近似为

$$P'''(r,z) = A[1 - (r/R)^4][\cos(\pi z/H) - 0.25\sin(2\pi z/H)]$$

假设 (r,z) 的原点位于反应堆的中心。

a. 求出用堆功率 P 来表示的 A；

b. 确定 $f_r(r)$ 和 $f_z(z)$；

c. 确定 F_r、F_z 和 F_q(设 $F_{\rm l} = 1.1$)；

d. 绘制曲线 $f_r(r)$ 和 $f_z(z)$。

8.4 考虑非均匀圆柱形反应堆，其堆芯半径为 R，高度为 H。使用两个燃料区域，在径向外围配置较高的富集度以降低径向峰值因子。因此，功率密度为

$$P'''(r,z) = \begin{cases} A[1-(r/R)^4]\cos(\pi z/H), & 0 \leqslant r \leqslant \dfrac{3}{4}R \\ 1.7A[1-(r/R)^4]\cos(\pi z/H), & \dfrac{3}{4}R \leqslant r \leqslant R \end{cases}$$

假设 (r,z) 的原点位于反应堆的中心。
a. 求出用堆功率 P 来表示的 A；
b. 确定 $f_r(r)$ 和 $f_z(z)$；
c. 确定 F_r、F_z。

8.5 从热平衡 $W_{\mathrm{ch}}c_p\mathrm{d}T_c(r,z) = q'(r,z)\mathrm{d}z$ 开始，证明：如果功率分布是轴对称的，$q'(r,-z) = q'(r,z)$，那么式 (8.39) 对于冷却剂平均温度是准确的。

8.6 设计一个 $3000\,\mathrm{MW(t)}$ 压水堆，此堆是均匀圆柱形裸堆，高度与直径之比为 1；在正方形栅格中，冷却剂与燃料的体积比为 2:1；控制和结构材料占据的体积以及外推距离可以忽略不计；堆芯入口温度为 $290\,^\circ\mathrm{C}$。反应堆必须在三个热约束条件下运行：① 最大功率密度等于 $250\,\mathrm{W/cm^3}$，② 包壳表面最大热流密度等于 $125\,\mathrm{W/cm^2}$，③ 堆芯出口最高温度等于 $330\,^\circ\mathrm{C}$。确定下列各项：
a. 反应堆的尺寸和体积；
b. 燃料元件的直径和栅格间距；
c. 燃料元件的近似数目；
d. 质量流量和冷却剂的平均流速。

8.7 均匀圆柱形反应堆堆芯的高度与直径之比为 1，此堆具有径向和轴向反射层，径向和轴向反射层节省均等于堆芯成分的徙动长度 M。
a. 证明功率峰值因子 $(F_l = 1.0)$ 由

$$F_q = \frac{1.889(1+R/M)^{-2}(R/M)^2}{J_1[2.405(1+R/M)^{-1}R/M]\sin[(\pi/2)(1+R/M)^{-1}R/M]}$$

给出；
b. 在 $R/M=5$ 至 $R/M=50$ 之间，绘制 F_q 与 R/M 的关系曲线，以及无反射层的相同反应堆的结果。

8.8* 假设习题 8.7 中的带反射的反应堆是钠冷快堆，其徙动长度为 $M=18.0\,\mathrm{cm}$，功率为 $2000\,\mathrm{MW(t)}$。如果热设计限制最大允许功率密度为 $450\,\mathrm{W/cm^3}$，
a. (1) 堆芯半径的最小值是多少？(2) 相应的堆芯体积是多少？(3) 维持临界所需的 k_∞ 是多少？
b. 假设：为了增加热安全裕度，决定将最大允许功率密度降低 10%，则带反射的反应堆的半径、体积和 k_∞ 的变化百分率是多少？(假设 M 保持相同)

8.9 在没有反射层的情况下重做习题 8.8。

8.10 考虑在 8.3 节结尾的 PWR 设计。假设通过改变燃料组件中的富集度并以非均匀模式分配控制毒物，设计者能够将径向和轴向峰值因子降低到 $F_r=1.30$ 和 $F_z=1.46$。使用这些峰值因子，通过求解 8.3.3 节压水堆示例中 (c) 到 (g) 部分来重新设计反应堆。

8.11 一个无法实现的理想反应堆，具有完全平坦的中子通量密度分布：$F_r=1.00$，$F_z=1.00$。对此理想化反应堆，重做习题 8.10。

8.12 假设在 8.3 节中探讨的压水堆的设计者得出结论：必须通过把冷却剂流速降低 10%，把冷却剂最高温度降低 $5\,^\circ\mathrm{C}$，来保证热工水力设计具有更大的安全裕度。这要求反应堆物理学家通过降低径向峰值因子来适应这些变化，需要减少的百分比是多少？

8.13 初始运行在功率 P_0 的反应堆，周期为 T，则功率可以近似为 $P(t)=P_0\exp(t/T)$。假设冷却剂温度

维持在其初始值 $T_c(0)$，求解式 (8.48) 并说明燃料温度将是

$$T_f(t) = T_c(0) + \frac{P_0 R_f}{1 + \tau/T}[\exp(t/T) + (\tau/T)\exp(-t/\tau)]$$

8.14 在棱柱块形式的石墨慢化气冷反应堆中，热量在到达冷却剂之前通过慢化剂，图 4.1(d) 和图 4.2(c) 显示了这样的配置。建立一套由形式上与式 (8.49) 和 (8.57) 类似的三个耦合微分方程构成的方程组，来描述这个反应堆中的瞬态传热。假设在燃料与慢化剂之间、慢化剂与冷却剂之间的传热分别由 $P(t) = [\overline{T}_f(t) - \overline{T}_m(t)]/R_1$ 和 $P(t) = [\overline{T}_m(t) - \overline{T}_c(t)]/R_2$ 来描述。假设 W 是质量流量，燃料、慢化剂和冷却剂的质量、比热和密度分别由 M_i、c_i 和 ρ_i 给出，其中 $i =$ f, m 和 c。

8.15* 钠冷快堆具有下列特征参数：

$$P = 2400\,\text{MW(t)}, \qquad W = 14000\,\text{kg/s}$$
$$\tau = 4.0\,\text{s}, \qquad c_p = 1250\,\text{J/(kg}\cdot\text{°C)}$$
$$M_f c_f = 13.5 \times 10^6\,\text{J/°C}, \qquad M_c c_p = 1.90 \times 10^6\,\text{J/°C}$$
$$T_i = 360\,\text{°C}$$

假设反应堆经历突然停堆，这可以通过设定功率为零来近似。假设入口温度保持在其初始值，求出堆芯出口温度并绘制结果的曲线图。

8.16* 假设上述问题中的反应堆发生控制故障并经历功率瞬态 $P(t) = P(0)[1 + 0.25t]$，其中 t 以秒为单位。如果出口温度上升超过 40°C，则停堆系统关闭反应堆。

a. 确定冷却剂出口温度的瞬态，并绘制直到温度升高 40°C 为止的曲线图；

b. 反应堆停堆系统何时终止瞬态？

第9章

反应性反馈

9.1 引言

在第 5~7 章中，研究了反应堆内中子的时间和空间分布，读者可以了解到，采用一组指定的反应截面，临界方程允许反应堆在任何功率下运行，而不影响增殖因数；功率水平仅仅提供了中子通量密度解的归一化形式。然而，仅当中子通量密度很小时，功率水平与增殖因数的独立性才能保持。在较高功率水平下，燃料和冷却剂的温度升高。热膨胀和其他现象 (例如多普勒展宽) 会导致反应截面的变化及伴随 k 值的变化。在第 8 章中，研究了与功率水平变化相关的温度效应，本章将通过研究由温度变化引起的反应性反馈来完成这个循环。

本章我们首先定义反应性系数，进而考虑单一地由燃料温度变化和慢化剂温度变化引起的反应性系数。在此基础上，研究在不同工况 (比如，从室温加热到运行条件、功率水平变化、瞬态等) 下发生的反应性效应。在研究剩余反应性、温度、功率亏损的概念，以及反应性控制之后，以讨论反应堆瞬态结束。

9.2 反应性系数

第 5 章中对反应堆动力学的探讨表明，反应堆产生的功率是由时间相关的增殖因数 $k(t)$ 或相应的反应性

$$\rho(t) = \frac{k(t) - 1}{k(t)} \tag{9.1}$$

决定的。在某些情况下，可以确定预设的反应性与时间的关系。例如通常的工况：在以非常低的中子通量密度水平运行的反应堆中，已知特性的控制棒以规定的方式移动时。然而，一旦反应堆产生足够的功率使堆芯中的温度上升高于周围环境水平，材料密度以及一些微观截面就会受到影响。因为堆芯增殖因数依赖于这些密度，所以建立起来的反应性反馈回路中的 k 和 ρ 依赖于温度和密度，而温度和密度又由反应堆功率的历史决定。理解反应性反馈机制的本质，对于分析动力反应堆行为是至关重要的。

在将反应性增量变化与反应堆增殖因数联系起来时，下面的近似几乎是通用的：

$$\mathrm{d}\rho = \mathrm{d}k/k^2 \approx \mathrm{d}k/k = \mathrm{d}(\ln k) \tag{9.2}$$

因为 k 与 1 的差别很少超过几个百分点，所以 ρ 引入的误差很小。而且，式 (9.2) 的对数形式有助于分析反应性效应：因为 k 经常用四因子公式近似表示，所以 $\mathrm{d}\rho = \mathrm{d}(\ln k)$ 的写法允许因子从乘法形式转换为加法形式。此外，我们广泛使用式 (3.2)，将增殖因数表达为无限介质增殖因数和不泄漏概率的乘积

$$k = k_\infty P_{\mathrm{NL}} \tag{9.3}$$

取 k 的对数微分，并利用式 (7.49) 给出的不泄漏概率的定义，得出无限介质和泄漏效应的加法项的形式

$$\frac{\mathrm{d}k}{k} = \frac{\mathrm{d}k_\infty}{k_\infty} - \frac{M^2 B^2}{1 + M^2 B^2}\left(\frac{\mathrm{d}M^2}{M^2} + \frac{\mathrm{d}B^2}{B^2}\right) \tag{9.4}$$

而且，由于大型动力反应堆的泄漏概率通常很小，则

$$P_{\mathrm{L}} = \frac{M^2 B^2}{1 + M^2 B^2} \ll 1 \tag{9.5}$$

在大型松散耦合的堆芯中，k_∞ 的变化常常占主导地位，这解释了下面的近似：

$$\frac{\mathrm{d}k}{k} \approx \frac{\mathrm{d}k_\infty}{k_\infty} \tag{9.6}$$

对于热堆，将式 (9.2) 与 4.4 节中引入的四因子公式 $k_\infty = \varepsilon p f \eta_{\mathrm{T}}$ 相结合，进一步把反应性效应细分为加法项的形式

$$\frac{\mathrm{d}k_\infty}{k_\infty} = \frac{\mathrm{d}\varepsilon}{\varepsilon} + \frac{\mathrm{d}p}{p} + \frac{\mathrm{d}f}{f} + \frac{\mathrm{d}\eta_{\mathrm{T}}}{\eta_{\mathrm{T}}} \tag{9.7}$$

下面我们研究增殖因数仅随平均燃料温度 $\overline{T}_{\mathrm{f}}$ 和平均冷却剂温度 $\overline{T}_{\mathrm{c}}$ 变化的简化模型

$$k_\infty = k_\infty(\overline{T}_{\mathrm{f}}, \overline{T}_{\mathrm{c}}) \tag{9.8}$$

接着，可以用偏导数来表示

$$\frac{\mathrm{d}k_\infty}{k_\infty} = \frac{1}{k_\infty}\frac{\partial k_\infty}{\partial \overline{T}_{\mathrm{f}}}\mathrm{d}\overline{T}_{\mathrm{f}} + \frac{1}{k_\infty}\frac{\partial k_\infty}{\partial \overline{T}_{\mathrm{c}}}\mathrm{d}\overline{T}_{\mathrm{c}} \tag{9.9}$$

假设冷却剂和慢化剂是相同的，那么可以简单地用 $\overline{T}_{\mathrm{m}}$ 替换 $\overline{T}_{\mathrm{c}}$，并应用四因子公式

$$\frac{1}{k_\infty}\frac{\partial k_\infty}{\partial \overline{T}_x} = \frac{1}{\varepsilon}\frac{\partial \varepsilon}{\partial \overline{T}_x} + \frac{1}{p}\frac{\partial p}{\partial \overline{T}_x} + \frac{1}{\eta_{\mathrm{T}}}\frac{\partial \eta_{\mathrm{T}}}{\partial \overline{T}_x} + \frac{1}{f}\frac{\partial f}{\partial \overline{T}_x} \tag{9.10}$$

其中，$x = \mathrm{f}, \mathrm{m}$ 分别表示燃料和慢化剂。对于慢化剂与冷却剂不同的反应堆，在第 4 章中引入的四因子公式可以进行适当的修改，以兼顾慢化剂和冷却剂的温度及 $k_\infty(\overline{T}_{\mathrm{f}}, \overline{T}_{\mathrm{c}}, \overline{T}_{\mathrm{m}})$，然后将式 (9.10) 应用到三个温度上。然而，如果冷却剂是气体，由于密度太小，其温度对反应性没有明显的影响，那么通常仅考虑燃料和慢化剂温度系数就足够了。

9.2.1 燃料温度系数

可裂变材料共振俘获截面的多普勒展宽的变化是低富集度热中子动力堆中燃料温度系数的主导因素，并且该因素在快堆中也有相当大的影响。在热堆系统中此效应表现为，随着燃料温度升高，逃脱共振俘获概率降低。对于 ε 来讲，多普勒效应起到的作用不大，因为快中子裂变发生的能量段远高于共振吸收截面的能量段。在大量钚-239 存在的情况下，因为其共振仅略高于热中子能量，所以 η_{T} 和 f 可能会有相对较小的变化。然而，后者的影响在下文中被忽略，因为与逃脱共振俘获概率的变化相比，它们往往是很小的。

多普勒效应起因于中子截面对中子与原子核之间相对速度的依赖性。共振截面在能量上有尖峰，例如图 4.6。对于给定的中子速度，反应截面必须在由燃料原子的热运动造成的相对速度范围内取平均值，这构成了在第 2 章中讨论的麦克斯韦–玻尔兹曼分布。这种平均的净效应是在能量上稍微展平共振，使它们看起来更宽、尖峰更少。当燃料温度升高时，展平变得更加明显，如图 4.6(a) 中夸张的反应截面曲线所示。这样，可以近似表示燃料温度系数为

$$\alpha_{\mathrm{f}} = \frac{1}{k}\frac{\partial k}{\partial \overline{T}_{\mathrm{f}}} \approx \frac{1}{p}\frac{\partial p}{\partial \overline{T}_{\mathrm{f}}} \tag{9.11}$$

在动力堆堆芯中，燃料中共振吸收剂的浓度非常大。其影响是在空间上和在能量上都抑制燃料内的中子通量密度，对于前者，使得 $\varphi_{\mathrm{f}}(E)/\varphi_{\mathrm{m}}(E) < 1$；对于后者，如图 4.6(b) 所示，这种中子通量密度压低的现象称为能量自屏效应，在共振截面最大处最为显著。更严格的分析表明，随着燃料温度的升高，中子通量密度压低或自屏效应变得不那么明显，如图 4.6(b) 所示。净效应是增加吸收率和共振积分。通过将表达逃脱共振俘获概率的式 (4.40) 代入式 (9.11)，并通过微分运算获得

$$\alpha_{\mathrm{f}} = -\frac{V_{\mathrm{f}} N_{\mathrm{fe}}}{V_{\mathrm{m}} \xi^{\mathrm{m}} \Sigma_{\mathrm{s}}^{\mathrm{m}}}\frac{\partial I}{\partial \overline{T}_{\mathrm{f}}} = -\ln\left(\frac{1}{p}\right)\frac{1}{I}\frac{\partial I}{\partial \overline{T}_{\mathrm{f}}} \tag{9.12}$$

用于热堆分析的共振积分的温度依赖性的近似由

$$I \approx I(T_0)\left[1 + \tilde{\gamma}\left(\sqrt{\overline{T}_{\mathrm{f}}} - \sqrt{T_0}\right)\right] \tag{9.13}$$

给出，其中 $\overline{T}_{\mathrm{f}}$ 和 T_0 是绝对温度，单位为 K；参考温度取为 $T_0 = 300\mathrm{K}$。系数是直径为 $D(\mathrm{cm})$ 的圆柱形燃料元件的表面积与质量之比 $[S/M = 4/(\rho D)]$ 的函数

$$\tilde{\gamma} = C_1 + C_2(4/\rho D) \tag{9.14}$$

表 9.1 列出了其中的常数。对式 (9.13) 求导数，得

$$\frac{1}{I}\frac{\partial I}{\partial \overline{T}_{\mathrm{f}}} = \frac{\tilde{\gamma}}{2\sqrt{\overline{T}_{\mathrm{f}}}}\frac{I(T_0)}{I(\overline{T}_{\mathrm{f}})} \tag{9.15}$$

其中，$I(T_0)/I(\overline{T}_{\mathrm{f}}) \approx 1$[①]，将上式代入式 (9.12)，则获得

$$\alpha_{\mathrm{f}} = -\frac{\tilde{\gamma}}{2\sqrt{\overline{T}_{\mathrm{f}}}}\ln[1/p(T_0)] \tag{9.16}$$

[①] 原文疑似有误，原文为 $I(T_0)/I(\overline{T}_{\mathrm{f}}) \approx /$。——译者注

表 9.1　式 (9.14) 中的常数 C_1、C_2

燃料	C_1	C_2
金属铀	0.0048	0.0064
UO$_2$	0.0061	0.0047

资料来源: Pettus, W. G., and M. N. Baldwin, "Resonance Absorption in U^{238} Metal and Oxide Rods," Babcock and Wilcox Company Report No. BAW-1244, 1962.

其他因素对燃料温度系数的影响较小。例如，燃料膨胀会导致四因子的扰动；然而，相对于多普勒展宽，这些效应在低富集度反应堆中往往较小。

9.2.2　慢化剂温度系数

在慢化剂是液体的那些热堆中，对慢化剂系数

$$\alpha_{\mathrm{m}} = \frac{1}{k}\frac{\partial k}{\partial \overline{T}_{\mathrm{m}}} \tag{9.17}$$

的影响主要来自密度变化，热中子能谱的变化起次要作用。为了进一步说明，首先展开 α_{m} 并用慢化剂原子密度 N_{m} 表示

$$\alpha_{\mathrm{m}} = \frac{1}{k_{\infty}}\frac{\partial k_{\infty}}{\partial N_{\mathrm{m}}}\frac{\partial N_{\mathrm{m}}}{\partial \overline{T}_{\mathrm{m}}} \tag{9.18}$$

反过来，原子密度的变化又通过定压体积热膨胀系数

$$\beta_{\mathrm{m}} = -\frac{1}{N_{\mathrm{m}}}\frac{\partial N_{\mathrm{m}}}{\partial \overline{T}_{\mathrm{m}}} \tag{9.19}$$

与温度系数相联系。将这两个方程结合在一起，得到

$$\alpha_{\mathrm{m}} = -\beta_{\mathrm{m}}N_{\mathrm{m}}\frac{1}{k_{\infty}}\frac{\partial k_{\infty}}{\partial N_{\mathrm{m}}} \tag{9.20}$$

接下来，考虑四因子对 N_{m} 的依赖性。因为中子没有被有效地慢化到快中子裂变发生的能量范围以下，所以随着慢化剂密度的降低，快中子裂变因数略微增加。然而，与对 η_{T} 的影响一样，相对于逃脱共振俘获概率和热中子利用系数相比，此效果很小。因此，我们近似

$$\frac{1}{k_{\infty}}\frac{\partial k_{\infty}}{\partial N_{\mathrm{m}}} \approx \frac{1}{p}\frac{\partial p}{\partial N_{\mathrm{m}}} + \frac{1}{f}\frac{\partial f}{\partial N_{\mathrm{m}}} \tag{9.21}$$

对式 (4.54) 和 (4.55) 给出的 p 和 f 的表达式关于 N_{m} 求导数，可得

$$\frac{1}{p}\frac{\partial p}{\partial N_{\mathrm{m}}} = \frac{1}{N_{\mathrm{m}}}\ln(1/p) \tag{9.22}$$

和

$$\frac{1}{f}\frac{\partial f}{\partial N_{\mathrm{m}}} = -\frac{1}{N_{\mathrm{m}}}(1-f) \tag{9.23}$$

结合式 (9.20)~(9.23)，可以获得

$$\frac{1}{k_{\infty}}\frac{\partial k_{\infty}}{\partial T_{\mathrm{m}}} = -\beta_{\mathrm{m}}[\ln(1/p) - (1-f)] \tag{9.24}$$

慢化剂密度的减小降低了中子通过共振区慢化的效率。因此共振吸收增加，导致逃脱共振俘获概率降低。然而，较低的慢化剂密度引起热中子利用系数增加，导致了式 (9.24) 中第二项的正温度效应。

虽然在某些条件下可能会出现例外，但通常在液体慢化的反应堆中，慢化剂密度的减小是主要影响因素，导致慢化剂温度系数为负。慢化剂温度的升高也会引起热中子能谱的硬化，如图 3.5 所示。在液体慢化的反应堆中，与降低的慢化剂密度相比，能谱硬化的影响很小。然而，在固体慢化的反应堆中，热膨胀的影响较小，并且能谱硬化主导了温度系数的确定。中子谱效应取决于固体晶体结构中热中子散射的复杂相互作用和某些同位素吸收截面的非 $1/v$ 依赖性。因此，在某些温度范围内，固态慢化系统中的慢化剂温度系数可能是正的。在这种情况下，反应堆的稳定性要求负的燃料温度系数有更大的数值。

9.2.3 快堆温度系数

快堆的温度系数在许多方面与热堆的温度系数不同。使用徙动长度来度量，快堆的尺寸比热堆小得多。这是由较高的功率密度设计和快中子的中子截面比热中子的中子截面更小的实际情况造成的。因此，式 (9.4) 中的泄漏项对反应性有更大的影响。

在快堆以及热堆中，俘获共振的多普勒展宽构成了负燃料温度系数的主要部分。然而，它的量级较小，原因在于，如图 3.6 中的中子谱所示，在快堆中只有一小部分中子慢化到在可裂变材料中大的俘获共振发生的能量范围。

快堆中的冷却剂温度系数更难以用基本模型来预测，这是因为它们源于两种竞争效应之间的差值。随着温度升高，冷却剂密度降低。因为在液体冷却的快堆中，冷却剂倾向于将中子能谱降低到较低的能量，所以冷却剂原子的移除会使中子能谱硬化。因此，如图 3.2 所示，在更高的中子能量下，更大的 $\eta(E)$ 值引起冷却剂温度升高，从而增加 k_∞ 的值。相反，由冷却剂温度升高造成的密度降低，增加了徙动长度。由式 (9.4) 可知，M 的增加也会增加中子泄漏，降低不逃脱概率并降低反应性。确定这些影响中哪个更大所需的计算模型不在本书中讨论。

9.3 综合系数

第 8 章提供了用燃料和冷却剂的平均温度 $\overline{T}_f$ 和 $\overline{T}_c$ 表示的反应堆模型。我们可以通过扩展它建立用这些温度来表示的反应性反馈模型

$$d\rho_{fb} = \frac{1}{k}\frac{\partial k}{\partial \overline{T}_f}d\overline{T}_f + \frac{1}{k}\frac{\partial k}{\partial \overline{T}_c}d\overline{T}_c \tag{9.25}$$

其中，对于低泄漏堆芯，系数的建模可以仅用 k_∞ 来表示，而几乎没有损失准确性。反应性系数在三种截然不同的情况下与这些温度耦合。这些引出了瞬发系数、等温温度系数和功率系数的定义。

9.3.1 瞬发系数

引入大的反应性将导致反应堆的功率在短时间内显著变化，与从燃料传递热量到冷却剂所需的秒数相比，此时间跨度较短。在如此短的时间跨度内，传递到冷却剂的热量不足以

明显地提高其温度。结果是，主导的反馈反应性直接来自燃料的加热。因此，我们取 $\mathrm{d}\overline{T}_\mathrm{c} \approx 0$，化简式 (9.25) 得

$$\mathrm{d}\rho_\mathrm{fb} = \frac{1}{k}\frac{\partial k}{\partial \overline{T}_\mathrm{f}}\mathrm{d}\overline{T}_\mathrm{f} \tag{9.26}$$

进而

$$\alpha_\mathrm{f} = \frac{\mathrm{d}\rho_\mathrm{fb}}{\mathrm{d}\overline{T}_\mathrm{f}} = \frac{1}{k}\frac{\partial k}{\partial \overline{T}_\mathrm{f}} \tag{9.27}$$

称为燃料温度系数，因为此量在功率突然变化的情况下提供迅速的反馈，所以它又称为瞬发系数。为使反应堆稳定，它必须是负的。

另外一种机制确实会引起一些冷却剂的瞬间加热，与冷却剂原子发生弹性碰撞的中子数量增加，这会将它们的一些动能转移到冷却剂原子上。然而，与可裂变物质共振的多普勒展宽效应相比，仅对于采用高浓缩铀作为燃料、铀-238 的含量大大减少的系统，此效应才是显著的，比如在海军舰艇推进用的反应堆中能够找到这样的系统。

9.3.2 等温温度系数

在许多动力反应堆中，通过在非常低的功率下运行反应堆，或者通过使用另一种热源(比如冷却剂泵产生的热量)，整个堆芯会非常缓慢地从室温提升到冷却剂入口工作温度。在这样的操作中，合理的近似是假设堆芯在温度 $\overline{T}$ 下呈等温状态，也就是说

$$\overline{T}_\mathrm{f} = \overline{T}_\mathrm{c} = T_\mathrm{i} = \overline{T} \tag{9.28}$$

式 (9.25) 除以 $\mathrm{d}\overline{T}$，得到等温温度系数

$$\alpha_T \equiv \frac{\mathrm{d}\rho_\mathrm{fb}}{\mathrm{d}\overline{T}} = \frac{1}{k}\frac{\partial k}{\partial \overline{T}_\mathrm{f}} + \frac{1}{k}\frac{\partial k}{\partial \overline{T}_\mathrm{c}} \tag{9.29}$$

或者等价为

$$\alpha_T = \alpha_\mathrm{f} + \alpha_\mathrm{c}$$

这就解释了在这种情况下的反应性反馈。

9.3.3 功率系数

反应堆在超过其额定功率一小部分的水平上运行，则燃料温度明显高于冷却剂的温度，冷却剂平均温度高于堆芯入口处的温度。这样，$\overline{T}_\mathrm{f} > \overline{T}_\mathrm{c} > T_\mathrm{i}$，我们必须把等温温度系数替换为适用于带功率运行反应堆的反应性系数。为了获得功率系数，用式 (9.25) 除以功率增量 $\mathrm{d}P$，得

$$\alpha_P \equiv \frac{\mathrm{d}\rho_\mathrm{fb}}{\mathrm{d}P} = \frac{1}{k}\frac{\partial k}{\partial \overline{T}_\mathrm{f}}\frac{\mathrm{d}\overline{T}_\mathrm{f}}{\mathrm{d}P} + \frac{1}{k}\frac{\partial k}{\partial \overline{T}_\mathrm{c}}\frac{\mathrm{d}\overline{T}_\mathrm{c}}{\mathrm{d}P} \tag{9.30}$$

如果功率变化以准静态方式执行，即与从燃料到堆芯出口移除热量所需的时间相比，功率变化较慢，则在第 8 章中得出的稳态传热关系是适用的。式 (8.41) 和 (8.40) 关于功率求导数，得

$$\frac{\mathrm{d}\overline{T}_\mathrm{f}}{\mathrm{d}P} = R_\mathrm{f} + \frac{1}{2Wc_p} \tag{9.31}$$

和

$$\frac{\mathrm{d}\overline{T}_\mathrm{c}}{\mathrm{d}P} = \frac{1}{2Wc_p} \tag{9.32}$$

把这些表达式代入式 (9.30) 中，则功率系数表示为

$$\alpha_P = \left(R_\mathrm{f} + \frac{1}{2Wc_p}\right) \frac{1}{k}\frac{\partial k}{\partial \overline{T}_\mathrm{f}} + \frac{1}{2Wc_p}\frac{1}{k}\frac{\partial k}{\partial \overline{T}_\mathrm{c}} \tag{9.33}$$

或者等价为

$$\alpha_P = R_\mathrm{f}\alpha_\mathrm{f} + \frac{1}{2Wc_p}(\alpha_\mathrm{f} + \alpha_\mathrm{c})$$

9.3.4 温度和功率亏损

温度和功率系数的大小以及符号强烈地影响动力反应堆中反应性的控制。温度和功率亏损的概念使它们的影响变得清晰。

假如我们问：要把反应堆堆芯从室温提升到入口工作温度，控制系统必须添加多少反应性。控制反应性必须恰好补偿负反馈反应性。通过对式 (9.29) 的等温温度系数，从室温 T_r 到入口工作温度 T_i 进行积分

$$D_T = \int_{T_\mathrm{r}}^{T_\mathrm{i}} \alpha_T(\overline{T})\mathrm{d}\overline{T} \tag{9.34}$$

在这里，这个量定义为温度亏损。在温度系数是负数的条件下，温度亏损也是负的。为了补偿它，必须通过提升控制棒或其他方式向反应堆中加入等量的反应性，来使反应堆从室温升高到运行温度。通常，这两种状态分别称为冷临界和热零功率临界。

在热零功率状态以上，当反应堆功率增加到其额定水平，负的功率系数导致反应性进一步减少，减少的量通过燃料和冷却剂温度系数在入口条件和满功率条件之间积分确定

$$D_P = \int_{T_\mathrm{i}}^{\overline{T}_\mathrm{f}(P)} \alpha_\mathrm{f}(\overline{T}_\mathrm{f})\mathrm{d}\overline{T}_\mathrm{f} + \int_{T_\mathrm{i}}^{\overline{T}_\mathrm{c}(P)} \alpha_\mathrm{c}(\overline{T}_\mathrm{c})\mathrm{d}\overline{T}_\mathrm{c} \tag{9.35}$$

其中

$$\overline{T}_\mathrm{f}(P) = \left[R_\mathrm{f} + (2Wc_p)^{-1}\right]P + T_\mathrm{i}$$

$$\overline{T}_\mathrm{c}(P) = (2Wc_p)^{-1}P + T_\mathrm{i}$$

这个量被定义为功率亏损。如果温度系数是负的，那么功率亏损也是负的，因此，控制系统必须添加等量的反应性以使反应堆从零升到满功率。如果此系数是不依赖于温度的，那么有简单的形式

$$D_P = \alpha_\mathrm{R}D$$

9.4　剩余反应性和停堆裕度

对于任意一个物理含义明确的状态，我们将剩余反应性 ρ_{ex} 定义为当所有可移动的控制毒物被从堆芯瞬间除去时 ρ 的值。大的剩余反应性是不可取的，因为这需要大量的中子毒物存在于堆芯中以补偿它们。堆芯内存在的控制毒物越多，必须注意的事项越严重：控制毒物中足够大的份额迅速弹出会导致反应堆接近瞬发临界，诱发这种情况的事件发生的可能性必须被消除。设计必须证明：反应堆能够经受得住许多假想事故而没有损坏，这包括控制棒的弹出、控制棒组不受控制的提出、水冷却剂中可溶性硼毒物的快速稀释等。因此，任何一个控制棒以及任何一个控制棒组允许的反应性的最大值受到严格的限制。这样，对大的剩余反应性的需要，要求增加控制棒组的数量和/或每组中更多棒的数量，这使得控制系统设计复杂化。因为控制棒占据了宝贵的空间，并增加了系统的机电复杂性，所以这种要求反过来又增加了堆芯的成本。

虽然负的温度和功率系数对于确保反应堆运行时的稳定性是必要的，但是这些量过度大会产生问题——控制系统必须能够克服增加的剩余反应性。在图 9.1 中，从堆芯的寿期初 (BOL) 到寿期末 (EOL) 剩余反应性与时间的曲线图，通过描绘堆芯寿期从开始直到结束反应堆的四种状态 (冷停堆、冷临界、热零功率临界、满功率) 之间的过渡来阐明这一点。"冷"意思是环境温度或室温；"热零功率"规定整个反应堆已经被加热到在满功率条件下的冷却剂入口温度，但本质上没有功率产生，因此堆芯是等温的。当反应堆从冷停堆过渡到满功率时，温度负反馈导致剩余反应性降低，这意味着必须移除控制毒物以保持反应堆临界。相反，当反应堆停堆时，温度降低，导致剩余反应性增加，因此必须加入控制毒物。

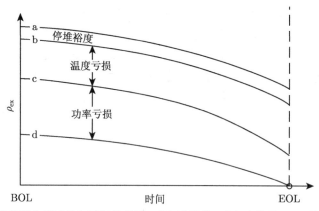

图 9.1　不同堆芯状态的剩余反应性与时间的关系：(a) 冷停堆，(b) 冷临界，(c) 热零功率，(d) 满功率

反应堆从最初的室温下的停堆状态提升到临界，则剩余反应性从曲线 a 降低到 b。由监管机构制定的最小停堆裕度必须被纳入控制毒物的规范。接着，堆芯从冷临界加热到热零功率，则剩余反应性从曲线 b 减少到 c，这个差值就是温度亏损的大小。室温与热零功率温度之间的过渡进行得相当缓慢，这通常受到机械特性的限制——如果施加太快的温度瞬变，则会在压力容器或管道中引起过度的热应力。当反应堆从热零功率到满功率时，必

须取出更多的控制毒物以补偿从曲线 c 移动到 d 的功率亏损。注意,在满功率下,堆芯中仍存在剩余反应性,因此控制毒物必须存在。曲线随时间变化的形状是由堆芯寿期内燃料消耗和裂变产物的积累决定的。在堆芯寿期末,在满功率下没有剩余反应性——所有的可移动控制毒物都已被取出来,因此,反应堆必须降低功率,或者停堆换料。当然,采用在线换料,曲线 d 大致是水平的,剩余反应性非常接近于零,并且没有指定的堆芯寿期末。

在关闭反应堆的过程中,我们将剩余反应性曲线往回移动。从任意功率水平开始,反应堆都可以处于次临界状态,或者如同表达式所述紧急停堆。此时,所有的控制毒物都被插入了。但是,必须始终保证:即使反应堆冷却到环境温度,仍有足够的控制毒物来克服剩余反应性,并保持停堆裕度。

9.5 反应堆瞬态

前述部分隐含假设:在室温、热零功率和满功率之间的过渡进行地非常缓慢。这种准静态过渡要求反应堆所处的时间段,比裂变产生的热量传递到冷却剂并通过对流从堆芯传送出去所需的时间长得多。于是,当反应堆通过一系列物理含义明确的状态 (剩余反应性非常接近于被控制毒物抵消) 时,我们可以对传热应用稳态关系式。然而,存在需要较快地改变中子数量的情况。例如,在反应堆从冷临界启动时,初始功率比在运行工况下小许多个数量级。因此,温度反馈是微不足道的,反应堆周期可以根据第 5 章的动力学方程来选择。在较高的功率水平下,为了满足电力需求或由于其他原因,功率运行水平的变化往往比准静态模型所描述的要快得多,从而温度反馈变得重要了。最后,关于假想反应堆事故的研究经常涉及瞬态过程,其发生的时间跨度与从燃料向冷却剂传递热量所需的时间相当或更短。

9.5.1 反应堆动态特性模型

为了研究反应堆的瞬态,我们采用简单的模型:正反应性由 $\rho_i(t)$ 引入;反馈分别由燃料和冷却剂温度系数 α_f 和 α_c 构成,假设它们是负常数。如果反应堆是临界的并且在瞬态初始化时处于稳态运行,那么总反应性为

$$\rho(t) = \rho_i(t) - |\alpha_f|[\overline{T}_f(t) - \overline{T}_f(0)] - |\alpha_c|[\overline{T}_c(t) - \overline{T}_c(0)] \tag{9.36}$$

这里,我们利用绝对值符号来表示负的温度系数。为了分析瞬态,我们将此表达式代入式 (5.47) 和 (5.48) 给出的动力学方程。以反应堆功率的形式写出来,外部中子源设为零,则方程变为

$$\frac{\mathrm{d}}{\mathrm{d}t}P(t) = \frac{[\rho(t) - \beta]}{\Lambda}P(t) + \sum_i \lambda_i \tilde{C}_i(t) \tag{9.37}$$

和

$$\frac{\mathrm{d}}{\mathrm{d}t}\tilde{C}_i(t) = \frac{\beta_i}{\Lambda}P(t) - \lambda_i \tilde{C}_i(t), \qquad i = 1, 2, 3, 4, 5, 6 \tag{9.38}$$

使用式 (8.62) 和 (8.64) 给出的瞬态传热模型估算温度

$$\frac{\mathrm{d}}{\mathrm{d}t}\overline{T}_f(t) = \frac{1}{M_f c_f}P(t) - \frac{1}{\tilde{\tau}}[\overline{T}_f(t) - T_i] \tag{9.39}$$

和

$$\overline{T}_{c}(t) = T_{i} + \frac{1}{2R_{f}Wc_{p}}\overline{T}_{f}(t) \tag{9.40}$$

倘若把热时间常数近似为 $\tilde{\tau} \approx \tau = M_{f}c_{f}R_{f}$，则式 (9.40) 允许从式 (9.36) 中消去冷却剂温度，得

$$\rho(t) = \rho_{i}(t) - |\alpha|[\overline{T}_{f}(t) - \overline{T}_{f}(0)] \tag{9.41}$$

其中

$$|\alpha| = |\alpha_{f}| + \frac{1}{2R_{f}Wc_{p}}|\alpha_{c}| \tag{9.42}$$

如果在瞬态开始之前反应堆是临界的，那么 $\tilde{C}_{i}(0) = [\beta_{i}/(\lambda_{i}\Lambda)]P(0)$，并且初始温度由式 (8.40) 和 (8.41) 的稳态条件给出

$$\overline{T}_{f}(0) = \left(R_{f} + \frac{1}{2Wc_{p}}\right)P(0) + T_{i} \tag{9.43}$$

和

$$\overline{T}_{c}(0) = \frac{1}{2Wc_{p}}P(0) + T_{i} \tag{9.44}$$

9.5.2 瞬态分析

首先，将前述模型应用于非常缓慢的瞬态，即其中增加的反应性增量 $\rho_{i}(t) = \rho_{o} \ll \beta$ 非常小，使得在没有反馈的情况下得到的反应堆周期明显长于燃料时间常数 τ。在这种情况下，可以忽略式 (9.39) 左边的温度导数，并使用得到的准稳态传热方程

$$\overline{T}_{f}(t) = \left(R_{f} + \frac{1}{2Wc_{p}}\right)P(t) + T_{i} \tag{9.45}$$

结合式 (9.40)，得到

$$\overline{T}_{c}(t) = \frac{1}{2Wc_{p}}P(t) + T_{i} \tag{9.46}$$

将式 (9.45) 和 (9.46) 代入式 (9.36)，得到近似的反应性

$$\rho(t) \approx \rho_{o} - \left[R_{f}|\alpha_{f}| + \frac{1}{2Wc_{p}}(|\alpha_{f}| + |\alpha_{c}|)\right][P(t) - P(0)] \tag{9.47}$$

但是请注意，括号内的项恰好等于式 (9.33) 定义的功率系数的大小。因此有

$$\rho(t) \approx \rho_{o} - |\alpha_{P}|[P(t) - P(0)] \tag{9.48}$$

在充分缓慢的瞬态中，功率会有一个小的初始瞬跳，但是堆芯温度的上升补偿了 ρ_{o}，使得 $\rho(t) \to 0$，功率将达到平衡。新的平衡功率将是

$$P(\infty) = \frac{\rho_{o}}{|\alpha_{P}|} + P(0) \tag{9.49}$$

如果以非常缓慢的速率连续加小的反应性增量，那么可以用 $\dot{\rho}t$ 代替 ρ_o，其中 $\dot{\rho}$ 称为递增率。这样，得到随时间线性增加的反应堆功率

$$P(t) = \frac{\dot{\rho}t}{|\alpha_P|} + P(0) \tag{9.50}$$

必须强调的是，前述的准静态分析仅适用于非常小的阶跃反应性引入，或极小递增率的反应性引入。否则，瞬态描述需要完整的方程组 (9.36)~(9.42)，式 (9.49) 和 (9.50) 仅适用于长时间的工况和平衡能够重新建立的工况。

现在继续讨论用简单的准静态模型无法预测的结果，它们需要利用完整的动态特性模型 (9.36)~(9.42)。使用代表大型压水反应堆的参数获得的结果如图 9.2 和图 9.3 所示。

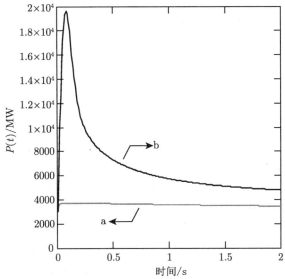

图 9.2   对于阶跃反应性引入，从满功率开始的对时间的功率瞬态：(a) 引入 0.20 元 ($)，(b) 引入 0.95 元 ($)

在图 9.2 中，将 0.20 元和 0.95 元的阶跃反应性，即 $\rho_o = 0.2\beta$ 和 $\rho_o = 0.95\beta$，引入到满功率运行的反应堆中，分别演示了在正常操作的瞬态和接近瞬发临界的瞬态 (这是对假想事故进行分析的典型情况) 过程中可能看到的情况。注意，由 0.20 元瞬态产生的曲线 a，经历一个小的瞬跳，然后逐渐下降到由式 (9.49) 确定的平衡值。在曲线 b 中，对于 0.95 元的引入，在燃料获得足够的温度来形成负反馈并抵消最初的反应性引入之前，反应堆在持续非常短的时间内展示出很大的功率峰。在如此短的时间内，热量没有时间从燃料中传出。因此，在短的时间内，可以通过设置式 (9.39) 中最后一项为零来确定燃料温度，从而得到

$$\overline{T}_f(t) \approx \frac{1}{M_f c_f} \int_0^t P(t')\mathrm{d}t' + \overline{T}_f(0) \tag{9.51}$$

其中，$\overline{T}_c(t) \approx \overline{T}_c(0)$。将此表达式代入到式 (9.36)，得出

$$\rho(t) \approx \rho_o - \frac{|\alpha_f|}{M_f c_f} \int_0^t P(t')\mathrm{d}t' \tag{9.52}$$

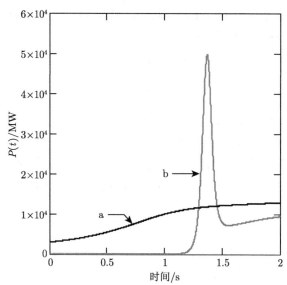

图 9.3　在反应性引入速率为 1.0 $/s 的条件下，对时间的功率瞬态：(a) 初始状态为满功率，(b) 初始状态为低功率

式中，α_f 恰好等于式 (9.27) 给出的瞬发系数 (燃料温度系数)。这样，在相对于热时间常数较短的时间跨度上，反馈与瞬态产生的能量成比例。从长期来看，只有在瞬态变化不产生沸腾或其他中断使这里提出的简单模型无效的情况下，功率才会倾向于由式 (9.49) 确定的值。在较长的时间内，只有当瞬态没有产生沸腾或其他破坏而使这里提出的简单模型失效时，功率才会趋向于由式 (9.49) 确定的值。

　　在实践中，引入反应性的速率，无论是由计划中的提出控制棒引起的，还是由假设事故场景中毒物突然从堆芯中弹出造成的，此速率也通常与可获得的反应性总量同样重要。实际上，在比瞬发中子寿命短的时间尺度上"瞬时"注入大量反应性，实现这样的物理机制是困难的，因此，更现实的分析通常集中在反应性可能增加的速率上。

　　图 9.3 说明了两个功率瞬态，两者都是由以非常快的速率 $\dot{\rho} = \beta$ (即 1.0 $/s) 引入反应性造成的，但初始条件不同。我们应用相同的模型，在前述方程中简单地用 $\dot{\rho}t$ 替换 ρ_o。在没有温度反馈的情况下，这两个瞬态都会在一秒钟内经历瞬发临界。然而，在两者中反馈都发生了，因此，瞬态的严重程度强烈地依赖于初始条件。通过把式 (9.52) 给出的短时间近似修改为功率攀升

$$\rho(t) \approx \dot{\rho}t - \frac{|\alpha_f|}{M_f c_f} \int_0^t P(t')\mathrm{d}t' \tag{9.53}$$

两个瞬态的差异变得很明显。因为我们使用的燃料热时间常数是 $\tau = 4.5\,\mathrm{s}$，所以此式合理地适用于最初的一秒或两秒。在曲线 a 中，瞬态开始于满功率 $P(0) = 3000\,\mathrm{MW(t)}$，允许负反馈迅速积累。这样，$\rho(t)$ 永远不会接近瞬发临界，因此功率增加的速率相当温和。然而，曲线 b 是从热零功率 $P(0) = 1.0\,\mathrm{MW(t)}$ 开始的瞬态的结果。因此，式 (9.53) 右侧的积分以慢得多的速率构建，允许反应性在被负的反应性反馈消减之前超过瞬发临界。因此，在燃料中储存足够的能量以使反应性为负并终止瞬态之前，功率尖峰出现。

　　图 9.3 中曲线 a 和 b 之间的差异对反应堆运行具有重要意义。在反应堆处于满功率状态时，如果功率上升几个百分点，则通常启动事故保护停堆。如图 9.3 所示，曲线 a 在几分之一秒内达到这一点。因此，如果控制棒组在接下来的几秒钟内插入，则功率仅极小地升高一点反应堆就关闭。然而，在较低的功率下，停堆水平不能保持太接近初始功率，因为如果太接近，则没有空间来调度功率以满足增加的需求。即使有，曲线 b 表明，直到进入瞬态一秒之后，都几乎没有产生停堆信号的可能性。因为功率峰的持续时间远远少于一秒，所以控制棒不可能足够快地插入以限制其后果。由于此原因和一些其他原因，在极低功率下操作反应堆，负的温度反馈很少或没有，这就需要格外小心，以消除所谓的启动事故的可能性。

参考文献

Bell, George I., and Samuel Glasstone, *Nuclear Reactor Theory*, Van Nostrand-Reinhold, NY, 1970.

Duderstadt, James J., and Louis J. Hamilton, *Nuclear Reactor Analysis*, Wiley, NY, 1976.

Hetrick, David, *Dynamics of Nuclear Systems*, American Nuclear Society, 1993.

Keepin, G. R., *Physics of Nuclear Kinetics*, Addison-Wesley, Reading, MA, 1965.

Lamarsh, John R., *Introduction to Nuclear Reactor Theory*, AddisonWesley, Reading, MA, 1972.

Lewis, E. E., *Nuclear Power Reactor Safety*, Wiley, NY, 1977.

Ott, Karl O., and Robert J. Neuhold, *Introductory Nuclear Reactor Dynamics*, American Nuclear Society, 1985.

Schultz, M. A., *Control of Nuclear Reactors and Power Plants*, McGrawHill, NY, 1961.

Steward, H. B., and M. H. Merril, "Kinetics of Solid-Moderator Reactors," *Technology of Nuclear Reactor Safety*, T. J. Thompson and J. G. Beckerley, Eds., Vol. 1, MIT Press, Cambridge, MA, 1966.

习题

9.1　表 4.2 列出了在 300 K 下压水堆的四个因子。假设反应堆用 UO_2 作燃料，燃料棒的直径为 1.1 cm，密度为 $11.0\,\mathrm{g/cm^3}$。

　　a. 确定燃料温度系数并在 300~1000 K 之间绘制其值的曲线图。

　　b. 估算冷却剂温度系数，假设水的热膨胀系数为 $\beta_{\mathrm{m}} = 0.004\,\mathrm{K^{-1}}$。

9.2　考虑假想的反应堆，其中所有材料具有相同的体积热膨胀系数。因此，所有的核数密度根据相同的比率降低：$N'/N = $ 常数 < 1。

　　a. 说明随温度升高的膨胀对 k_∞ 没有影响。

　　b. 利用堆芯质量 NV 保持不变且 $M \propto N^{-1}$ 的事实，从式 (9.4) 出发，证明：膨胀引起的反应性变化是负的，其值为

$$\frac{\mathrm{d}k}{k} = -\frac{4}{3}P_L\frac{\mathrm{d}V}{V}$$

9.3　假设压水堆具有在 8.3 节末尾的示例中规定的参数。设堆芯的热阻为 $R_{\mathrm{f}} = 0.50\,\mathrm{^\circ C/MW(t)}$。如果反应堆的燃料和慢化剂温度系数是 $\alpha_{\mathrm{f}} = -3.2 \times 10^{-5}\mathrm{^\circ C^{-1}}$ 和 $\alpha_{\mathrm{m}} = -1.4 \times 10^{-5}\mathrm{^\circ C^{-1}}$。

　　a. 确定等温温度系数；

　　b. 确定功率系数。

9.4　在满功率下，1000 MW(t) 钠冷快堆的冷却剂入口和出口温度分别为 350℃ 和 500℃，燃料平均温度为 1150℃。燃料和冷却剂温度系数分别为 $\alpha_f = -1.8 \times 10^{-5}$℃$^{-1}$ 和 $\alpha_c = +0.45 \times 10^{-5}$℃$^{-1}$。

　　a. 取钠的比热 $c_p = 1250$ J/(kg·℃)，估算堆芯热阻和质量流量；

　　b. 假设"冷"温度为 180℃，估算温度和功率亏损。

9.5* 3000 MW(t) 压水堆具有下列技术参数：堆芯热阻 0.45℃/MW(t)，冷却剂流量 68×10^6 kg/h，冷却剂比热 6.4×10^3 J/(kg·℃)。燃料温度系数是

$$\frac{1}{k}\frac{\partial k}{\partial \overline{T}_f} = -\frac{7.2 \times 10^{-4}}{\sqrt{273 + \overline{T}_f}} \, (\text{℃}^{-1})$$

冷却剂温度系数是

$$\frac{1}{k}\frac{\partial k}{\partial \overline{T}_c} = \left(30 + 1.5\overline{T}_c - 0.010\overline{T}_c^2\right) \times 10^{-6} \, (\text{℃}^{-1})$$

　　a. 堆芯在什么温度范围内过慢化？

　　b. 设室温为 21℃，冷却剂入口工作温度为 290℃，温度亏损的值是多少？

　　c. 功率亏损的值是多少？

9.6　经设计，钠冷快堆栅格具有下列性能：徒动长度 18.0 cm，最大功率密度 450 W/cm^3。部分钠空泡导致下列反应性效应：

$$\Delta k_\infty/k_\infty = +0.002, \qquad \Delta M/M = +0.01$$

将建造三个高度与直径之比为 1 的圆柱形裸堆堆芯，额定功率为 300 MW(t)、1000 MW(t) 和 3000 MW(t)。

　　a. 求出每个堆芯的高度 H、曲率 B^2 和 k_∞；

　　b. 分别确定在三个堆芯中由空泡引起的反应性变化；

　　c. 简要解释 b 部分的结果。

9.7　对于习题 9.4 中规定的反应堆，功率维持在 1000 MW(t)，同时进行下列准稳态变化：

　　a. 入口温度缓慢降低 10℃；

　　b. 流速缓慢增加 10‰。

对于每种情况，为了保持反应堆以恒定功率运行，确定必须增加或减少多少反应性。

9.8　在棱柱块形式的石墨慢化气冷反应堆中，热量在到达冷却剂之前通过慢化剂，图 4.1(d) 显示了这样的配置。设 R_1 和 R_2 分别是燃料与慢化剂之间和慢化剂与冷却剂之间的热阻，W 和 c_p 是冷却剂的质量流量和比热。

　　a. 通过建立一套由式 (8.40) 和 (8.41) 类似的三个耦合方程构成的方程组来对稳态传热进行建模；

　　b. 根据燃料、慢化剂与冷却剂温度系数确定等温温度系数；

　　c. 根据同样的温度系数确定功率系数。

9.9　假设动力反应堆的燃料和冷却剂温度系数 α_f、α_c 是负值。使用在第 8 章导出的热工水力模型。

　　a. 证明：如果冷却剂的入口温度和质量流量发生非常缓慢的变化，而没有增加或减少控制毒物，那么功率将经历准稳态变化

$$dP = \frac{|\alpha_f + \alpha_c|\left(\frac{P}{2W^2 c_p}dW - dT_i\right)}{\left|\left(R_f + \frac{1}{2Wc_p}\right)\alpha_f + \frac{1}{2Wc_p}\alpha_c\right|}$$

　　b. 如果流量增加，功率是增加还是减少？为什么？

　　c. 如果入口温度升高，功率是增加还是减少？为什么？

9.10* 对于使用铀作燃料的反应堆，采用大型压水堆的典型参数值：$\Lambda = 50 \times 10^{-6}\,\text{s}$，$\alpha = -4.2 \times 10^{-5}\,°\text{C}^{-1}$，$M_{\text{f}}c_{\text{f}} = 32 \times 10^6\,\text{J}/°\text{C}$，$\tau = 4.5\,\text{s}$，$R_{\text{f}}Wc_p \gg 1$，使用适当的软件求解式 (9.37)~(9.42)。设初始稳态功率为 $10\,\text{MW}$，绘制下列功率与时间的曲线图：

　　a. 反应性阶跃增加 10 分 (cents)；

　　b. 反应性阶跃增加 20 分 (cents)；

　　c. 反应性阶跃减少 10 分 (cents)；

　　d. 反应性阶跃减少 20 分 (cents)。

9.11* 使用习题 9.10 中的数据和初始条件，并应用适当的软件，

　　a. 确定反应性引入的递增率为多少时会引起峰值功率超过 $100\,\text{MW(t)}$ 的功率尖峰。

　　b. 确定反应性引入的递增率为多少时会引起峰值功率超过 $1000\,\text{MW(t)}$ 的功率尖峰。

9.12 对具有下列参数的使用钚作燃料的钠冷快堆，重复习题 9.10：

　　$\Lambda = 0.5 \times 10^{-6}\,\text{s}$，$\alpha = -1.8 \times 10^{-5}\,°\text{C}^{-1}$，$M_{\text{f}}c_{\text{f}} = 5.0 \times 10^6\,\text{J}/°\text{C}$，$\tau = 4.0\,\text{s}$。

9.13 $2400\,\text{MW(t)}$ 的使用钚作燃料的钠冷快堆具有以下特征参数：

$$W = 14{,}000\,\text{kg/s}, \qquad \alpha_{\text{f}} = -1.8 \times 10^{-5}\,°\text{C}^{-1}$$
$$M_{\text{f}}c_{\text{f}} = 13.5 \times 10^6\,\text{J}/°\text{C}, \qquad c_p = 1250\,\text{J}/(\text{kg} \cdot °\text{C})$$
$$\Lambda = 0.5 \times 10^{-6}\,\text{s}, \qquad T_{\text{i}} = 360\,°\text{C}$$
$$\tau = 4.0\,\text{s}, \qquad \alpha_{\text{c}} = +0.45 \times 10^{-5}\,°\text{C}^{-1}$$
$$M_{\text{c}}c_p = 1.90 \times 10^6\,\text{J}/°\text{C}$$

反应堆经历流动瞬态损失 $W(t) = W(0)/(1 + t/t_0)$，其中 $t_0 = 5.0\,\text{s}$。使用适当的软件求解式 (9.36)~(9.40) 来分析瞬态，并绘制反应堆的功率、燃料温度和冷却剂出口温度在 $0 < t < 20\,\text{s}$ 区间的曲线图。(提示：须注意，在此问题中 $\tilde{\tau}$ 不能近似为 τ)

第10章

长期的堆芯特性

10.1 引言

本章论述在动力反应堆堆芯的寿期内较长期的变化，这些都与作为时间函数的燃料成分及其副产品的演化直接相关，它们分为三类：① 放射性裂变产物的积累和衰变，② 燃料消耗，③ 由易裂变和可裂变材料内中子俘获造成的锕系元素的积累。在大多数情况下，这些现象发生的时间尺度比迄今为止详细论述的时间尺度要长得多。裂变产物的半衰期从几秒到几十年，许多更重要的裂变产物，如氙和钐，其半衰期长达数小时甚至更长。燃料消耗的影响要在更长的时间尺度上度量，常用的是周、月或年，这些时间比前几章中讨论的要长得多。在反应堆动力学中，涉及的瞬态中子寿命只有一秒的很小一部分，而缓发中子寿命不到几分钟。在能量输运中，最常用的热时间常数是从几秒到几分钟，这些时间尺度上的差异往往有助于简化分析。例如，在反应堆动力学中，不需要考虑燃料消耗，这个过程太慢了。相反，在燃料管理研究中，可以假设反应堆动力学的效应是瞬时的，也忽略了热瞬态的影响。

10.2 反应性控制

在动力反应堆运行的过程中，由于燃料消耗和裂变产物积累，有效增殖因数随时间减小。为了分析这些影响，我们利用式 (4.24) 给出的四因子公式来对热中子反应堆建模，再通过乘以不泄漏概率来考虑堆芯的有限尺寸

$$k = \eta_T f \varepsilon p P_T NL \tag{10.1}$$

燃料燃耗和裂变产物积累的影响主要体现在热中子截面上，因此影响到 η_T 和 f。利用式 (4.48) 和 (4.49) 可以把这些写得更明确，得到

$$k = \frac{\nu \Sigma_f^f}{\Sigma_a^f + \varsigma(V_m/V_f)\Sigma_\gamma^m} \varepsilon p P_{NL} \tag{10.2}$$

这里，去掉了表示热中子截面的下标 T，下文同此。

燃料消耗导致裂变截面变得具有时间依赖性，$\Sigma_f^f \to \Sigma_f^f(t)$。燃料消耗也导致燃料的吸收截面变得具有时间依赖性，此外在燃料中产生的裂变产物增加了俘获截面。因此，$\Sigma_a^f \to$

$\Sigma_{\mathrm{a}}^{\mathrm{f}}(t) + \Sigma_{\mathrm{a}}^{\mathrm{fp}}(t)$。当然，在燃料燃烧和裂变产物积累的同时，反应堆必须保持临界，即 $k = 1$。为了达到这个目的，控制棒或其他中子毒物在堆芯的寿期初必须存在，然后取出这些控制毒物以维持电力产生的临界状态。这些毒物表现为控制俘获截面 $\Sigma_{\gamma}^{\mathrm{con}}(t)$ 添加到式 (10.2) 的分母中。因此，如第 9 章所详述的那样，为维持临界，必须有

$$1 = \frac{\nu \Sigma_{\mathrm{f}}^{\mathrm{f}}(t)}{\Sigma_{\mathrm{a}}^{\mathrm{f}}(t) + \Sigma_{\gamma}^{\mathrm{fp}}(t) + \varsigma(V_{\mathrm{m}}/V_{\mathrm{f}})\Sigma_{\gamma}^{\mathrm{m}} + \Sigma_{\gamma}^{\mathrm{con}}(t)} \varepsilon p P_{\mathrm{NL}} \tag{10.3}$$

然而，普遍的做法是计算从堆芯中撤出所有可移动的控制毒物后的有效增殖因数

$$k(t) = \frac{\nu \Sigma_{\mathrm{f}}^{\mathrm{f}}(t)}{\Sigma_{\mathrm{a}}^{\mathrm{f}}(t) + \Sigma_{\gamma}^{\mathrm{fp}}(t) + \varsigma(V_{\mathrm{m}}/V_{\mathrm{f}})\Sigma_{\gamma}^{\mathrm{m}}} \varepsilon p P_{\mathrm{NL}} \tag{10.4}$$

于是，剩余反应性被定义为

$$\rho_{\mathrm{ex}}(t) = \frac{k(t) - 1}{k(t)} \approx k(t) - 1 \tag{10.5}$$

到堆芯寿期末，所有可移动的控制毒物都已经被取出，在此之前，$k(t)$ 保持大于 1。

为了延长换料周期，在反应堆启动时设置了大量的剩余反应性。然而，正如第 9 章所指出的那样，大量的剩余反应性给反应堆控制系统的设计带来了困难。控制棒是补偿剩余反应性最常用的手段。但是，在大型的中子松散耦合的堆芯中，必须非常小心地确保它们的存在，防止中子通量密度的过度扭曲造成功率峰因子过高。在压水堆中，将可溶性中子吸收剂溶解在冷却剂中并随时间改变浓度，用于补偿剩余反应性。嵌入燃料或其他堆芯成分中的可燃毒物提供了限制剩余反应性以及缓解局部功率峰值的额外手段。

裂变产物累积和燃料消耗都会导致反应性的降低，但是两者作用的时间尺度不同。如 1.7 节所述，裂变产物趋向于形成饱和值，然后保持在恒定的浓度。俘获截面最大的两种裂变产物是氙-135 和钐-149，其半衰期以小时计，因此，在启动或停堆后的几天内可以达到平衡。燃料消耗的演变更为缓慢，其时间跨度以周或月来计。因此，在很大程度上，可以把这两种现象解耦合，分开处理。首先处理裂变产物，然后讨论燃料消耗和超铀核素的积累；最后，以简短地论述可燃毒物结束。

在继续分析之前，注意到也可以用类似于式 (10.4) 的形式来分析快堆

$$k(t) = \frac{\nu \Sigma_{\mathrm{f}}^{\mathrm{f}}(t)}{\Sigma_{\mathrm{a}}^{\mathrm{f}}(t) + (V_{\mathrm{c}}/V_{\mathrm{f}})\Sigma_{\gamma}^{\mathrm{c}}} P_{\mathrm{NL}} \tag{10.6}$$

这里，因子 ε、p 和 ς 被去掉，反应截面是在所有中子的能量上取平均值，而不仅仅是热中子能量范围。我们也用 c 代替了 m，所以这个方程既适用于快堆，也适用于热堆。但是，因为裂变产物仅对热中子有大的俘获截面，所以在快堆中裂变产物积累的影响要小得多。

10.3 裂变产物的累积和衰变

如第 1 章所述，裂变反应平均产生两个放射性裂变碎片，每个裂变碎片会经历一次或多次放射性衰变。许多由此产生的裂变产物具有可测量的热吸收截面，因此它们的积累产

生了中子毒物。毒物的重要性取决于裂变产物的产生和衰变的速率。正如我们在第 1 章中所看到的，如果放射性同位素以恒定的速率产生，那么最终就会达到平衡，这是因为经过几个半衰期之后，衰变速率将等于产生速率。然而，在追踪运行中的反应堆内的裂变产物时，还必须考虑到由中子吸收造成的破坏速率。

设 $N(t)$ 为反应堆启动后在 t 时刻某一特定裂变产物同位素的浓度，并指定裂变率为 $\bar{\Sigma}_{\mathrm{f}}\phi$。如果裂变的某些部分 γ_{fp} 导致了裂变产物的产生，那么产生率将是 $\gamma_{\mathrm{fp}}\bar{\Sigma}_{\mathrm{f}}\phi$。裂变产物将以速率 $\lambda N(t)$ 衰变，其中 λ 是同位素的衰变率。另外，如果同位素的热中子吸收截面为 σ_{a}，则它将以 $\sigma_{\mathrm{a}}N(t)\phi$ 的速率被破坏。因此，其存量净增长的速率为

$$\frac{\mathrm{d}}{\mathrm{d}t}N(t) = \gamma_{\mathrm{fp}}\bar{\Sigma}_{\mathrm{f}}\phi - \lambda N(t) - \sigma_{\mathrm{a}}N(t)\phi \tag{10.7}$$

注意到，两个损失项都与 $N(t)$ 成正比。因此，可以把这个方程写成紧凑的形式

$$\frac{\mathrm{d}}{\mathrm{d}t}N(t) = \gamma_{\mathrm{fp}}\bar{\Sigma}_{\mathrm{f}}\phi - \lambda' N(t) \tag{10.8}$$

其中

$$\lambda' = \lambda + \sigma_{\mathrm{a}}\phi \tag{10.9}$$

并把相关量 $t'_{1/2} = 0.693/\lambda'$ 称为有效半衰期。

由于方程 (10.8) 具有与方程 (1.39) 相同的形式，因此我们采用相同的积分因子法，得到

$$N(t) = \frac{\gamma_{\mathrm{fp}}\bar{\Sigma}_{\mathrm{f}}\phi}{\lambda'}\left[1 - \exp(-\lambda' t)\right] \tag{10.10}$$

相对于 λ' 和 $\sigma_{\mathrm{a}}\phi$ 的值，每个裂变产物的浓度强烈依赖于反应堆已经运行的时间 t。如果 $\lambda' t \ll 1$，那么浓度将随时间线性增加：$N(t) \approx \gamma_{\mathrm{fp}}\bar{\Sigma}_{\mathrm{f}}\phi t$。但是，在较长的时间内，当 $\lambda' t \gg 1$ 时，浓度将达到饱和值 $\gamma_{\mathrm{fp}}\bar{\Sigma}_{\mathrm{f}}\phi/\lambda'$，并且不再增加。

注意到，在反应堆中已经达到饱和的那些同位素的存量与 $\bar{\Sigma}_{\mathrm{f}}\phi$ 成正比，因此也正比于反应堆运行的功率；然而，对于 $\lambda' t \ll 1$，同位素的存量与 $\bar{\Sigma}_{\mathrm{f}}\phi t$ 成正比，因此也正比于反应堆已经产生的总能量。因为碘-131 的半衰期是 8.0 天，所以它迅速达到其饱和值，其后的存量将与反应堆功率成正比。相对而言，铯-137 的半衰期是 30.2 年，在燃料存在于反应堆中的几年内，铯-137 随时间线性增加，且其存量与燃料已经产生的总能量成正比。

10.3.1　氙中毒

对反应堆运行影响最大的裂变产物是同位素氙-135，它具有极大的吸收截面，其测量值为 2.65×10^6 b。氙既可以直接产生，也可以由其他裂变产物的衰变产生，其中最重要的裂变产物是碘-135。产生氙的 β 衰变的序列可以概括为

$$\begin{array}{ccc} \text{裂变}, \gamma_{\mathrm{T}} & \text{裂变}, \gamma_{\mathrm{I}} & \text{裂变}, \gamma_{\mathrm{X}} \\ \downarrow & \downarrow & \downarrow \end{array}$$

$$^{135}_{52}\mathrm{Te} \xrightarrow[11\,\mathrm{s}]{\beta^-} {}^{135}_{53}\mathrm{I} \xrightarrow[6.7\,\mathrm{h}]{\beta^-} {}^{135}_{54}\mathrm{Xe} \xrightarrow[9.2\,\mathrm{h}]{\beta^-} {}^{135}_{55}\mathrm{Cs} \xrightarrow[2.3\times10^6\,\mathrm{a}]{\beta^-} {}^{135}_{56}\mathrm{Ba} \tag{10.11}$$

其中包括了半衰期。在处理以小时为单位的时间跨度时，可以假设碲-135 的衰变是瞬时的，并将碲和碘的同位素的产额合并成 γ_{I}。表 10.1 给出了 γ_{I} 和 γ_{X} 的值。同样，由于铯的半衰期是上百万年，我们可以忽略它的衰变。

表 10.1 原子每次裂变的热裂变产物产量

同位素	铀-235	钚-239	铀-233
$^{135}\mathrm{I}$	0.0639	0.0604	0.0475
$^{135}\mathrm{Xe}$	0.00237	0.0105	0.0107
$^{149}\mathrm{Pm}$	0.01071	0.0121	0.00795

资料来源：M. E. Meek and B. F. Rider, "Compilation of Fission Product Yields," General Electric Company Report NEDO-12154, 1972.

通过这些简化，只需要两个速率方程即可表达上述过程。设 I 和 X 表示碘和氙的同位素的浓度，则可以得到

$$\frac{\mathrm{d}}{\mathrm{d}t}I(t) = \gamma_{\mathrm{I}}\bar{\Sigma}_{\mathrm{f}}\phi - \lambda_{\mathrm{I}}I(t) \tag{10.12}$$

和

$$\frac{\mathrm{d}}{\mathrm{d}t}X(t) = \gamma_{\mathrm{X}}\bar{\Sigma}_{\mathrm{f}}\phi + \lambda_{\mathrm{I}}I(t) - \lambda_{\mathrm{X}}X(t) - \sigma_{\mathrm{a,X}}X(t)\phi \tag{10.13}$$

因为即使在高中子通量密度水平下，碘的吸收与其衰变相比也是微不足道的，所以在式 (10.12) 中没有中子吸收项 $\sigma_{\mathrm{a,I}}I(t)\phi$。

在反应堆启动后，碘和氙的浓度在几个半衰期内从零上升到平衡值。由于半衰期是以小时计，经过几天就达到平衡。平衡浓度是将方程 (10.12) 和 (10.13) 左边的导数设为零的结果

$$I(\infty) = \gamma_{\mathrm{I}}\bar{\Sigma}_{\mathrm{f}}\phi/\lambda_{\mathrm{I}} \tag{10.14}$$

和

$$X(\infty) = \frac{(\gamma_{\mathrm{I}} + \gamma_{\mathrm{X}})\bar{\Sigma}_{\mathrm{f}}\phi}{\lambda_{\mathrm{X}} + \sigma_{\mathrm{a,X}}\phi} \tag{10.15}$$

注意：对于非常高的中子通量密度水平，$\sigma_{\mathrm{a,X}}\phi \gg \lambda_{\mathrm{X}}$，中子吸收超过放射性衰变，氙的最大浓度可能是 $(\gamma_{\mathrm{I}} + \gamma_{\mathrm{X}})\bar{\Sigma}_{\mathrm{f}}/\sigma_{\mathrm{a,X}}$。

接下来考虑反应堆停堆后会发生什么。设 I_0 和 X_0 是停堆时碘和氙的浓度。如果反应堆被施加了一个很大的负周期，对于初步近似我们可以假设，与碘和氙的浓度演变的数小时的时间跨度相比，停堆是瞬时的。这个假设可以通过在方程 (10.12) 和 (10.13) 中设定 $\phi = 0$ 来确定同位素的浓度。由方程 (10.12) 的解得出碘的指数衰减

$$I(t) = I_0 \exp(-\lambda_{\mathrm{I}}t) \tag{10.16}$$

其中，t 是自停堆到现在经过的时间。将这个表达式代入方程 (10.13)，设 $\phi = 0$，得到

$$\frac{\mathrm{d}}{\mathrm{d}t}X(t) = \lambda_I I_0 \exp(-\lambda_I t) - \lambda_X X(t) \tag{10.17}$$

采用在附录 A 中详述的积分因子法，得到解

$$X(t) = X_0 \mathrm{e}^{-\lambda_X t} + \frac{\lambda_I}{\lambda_I - \lambda_X} I_0(\mathrm{e}^{-\lambda_X t} - \mathrm{e}^{-\lambda_I t}) \tag{10.18}$$

第一项是氙衰变的结果，第二项表征停堆后碘衰变引起的氙的产生以及随后氙的衰变。如果反应堆已经运行了几天，时间的长度足以使碘和氙达到平衡，则可以用式 (10.14) 和 (10.15) 给出的 $I(\infty)$ 和 $X(\infty)$ 的值代替 I_0 和 X_0

$$X(t) = \bar{\Sigma}_f \phi \left[\frac{\gamma_I + \gamma_X}{\lambda_X + \sigma_{a,X}\phi} \mathrm{e}^{-\lambda_X t} + \frac{\gamma_I}{\lambda_I - \lambda_X} \left(\mathrm{e}^{-\lambda_X t} - \mathrm{e}^{-\lambda_I t} \right) \right] \tag{10.19}$$

对反应性的影响表现为 $\sigma_{a,X} X(t)$ 对式 (10.4) 分母中裂变产物项所起的作用。它引起负的反应性，初步近似与 $\sigma_{a,X} X(t)$ 成正比。图 10.1 包含了在四种不同中子通量密度水平下运行的典型热中子反应堆的负反应性与时间的关系曲线。这些曲线对停堆后氙所引起的困

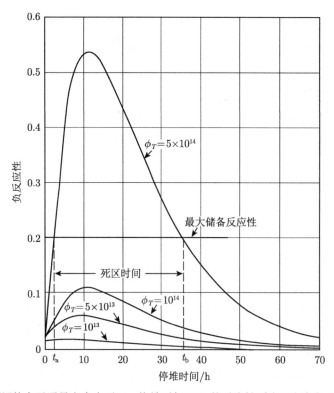

图 10.1   在四种不同的中子通量密度水平下，停堆后氙-135 的反应性瞬态 (改编自 John R. Lamarsh 的 *Introduction to Nuclear Reactor Theory*, 1972，位于 La Grange Park, IL 的美国核协会版权所有)

难给出了解释。对于运行中足够大的中子通量密度来说，实际上氙浓度在停堆后上升；对于使用铀作燃料的反应堆，这个中子通量密度约为 4×10^{11} 中子/(cm$^2 \cdot$s)。峰值浓度出现在停堆后 11.3 小时。由于氙具有大的吸收截面，这一增加导致反应性损失，如果反应堆要重新启动，必须克服这一损失。图 10.1 还描述了死亡时间——在室温下，由控制系统提供的剩余反应性的储备是 0.2，在此段时间内反应堆不能重新启动。

氙中毒在其他时候也可能会造成困难。如果反应堆以周期性的方式运行，例如，为了跟随电力负荷需求，在夜间的运行功率低于在白天，则氙的积累和衰变中的时间延迟必须通过运用控制毒物的周期性插入来补偿。在存在控制棒局部效应的大型中子松散耦合堆芯中，氙可能引起空间-时间振荡。如果没有足够的阻尼，它们可能导致堆芯局部区域的功率峰值增加，并违反对局部功率密度的热限制。

10.3.2 钐中毒

具有大的热中子吸收截面处于第二位的裂变产物是钐-149，它的截面为 41000 b，虽然比氙小，但还是必须考虑的。钐是稳定的，其产生来自裂变产物链

$$
\text{裂变}, \gamma_N
$$
$$
\downarrow
$$
$$
^{149}_{60}\text{Nd} \xrightarrow[1.7\,\text{h}]{\beta^-} {}^{149}_{61}\text{Pm} \xrightarrow[53\,\text{h}]{\beta^-} {}^{149}_{62}\text{Sm} \tag{10.20}
$$

由于钕的半衰期比钷的短得多，作为很好的近似，可以假定钷是由裂变直接产生的，表 10.1 给出了 γ_P 的值。从而

$$
\frac{\mathrm{d}}{\mathrm{d}t}P(t) = \gamma_P \bar{\Sigma}_f \phi - \lambda_P P(t) \tag{10.21}
$$

和

$$
\frac{\mathrm{d}}{\mathrm{d}t}S(t) = \lambda_P P(t) - \sigma_{a,S}S(t)\phi \tag{10.22}
$$

反应堆在运行几个半衰期后达到饱和活度，这可以通过将上述方程左侧的导数设为 0 来得到：$P(\infty) = \gamma_P \bar{\Sigma}_f \phi / \lambda_P$，$S(\infty) = \gamma_P \bar{\Sigma}_f / \sigma_{a,S}$。停堆后方程组 (10.21) 和 (10.22) 的解为

$$
P(t) = P_0 \exp(-\lambda_P t) \tag{10.23}
$$

和

$$
S(t) = S_0 + P_0(1 - \mathrm{e}^{-\lambda_P t}) \tag{10.24}
$$

其中，t 是停堆后经过的时间。如果钐和钷在停堆时已经达到饱和值，综合上述方程，得到

$$
S(t) = \frac{\gamma_P \bar{\Sigma}_f}{\sigma_{a,S}} + \frac{\gamma_P \bar{\Sigma}_f \phi}{\lambda_P}(1 - \mathrm{e}^{-\lambda_P t}) \tag{10.25}
$$

与氙中毒类似，钐引起的反应性损失与 $\sigma_{a,S}S(t)$ 近似成正比。图 10.2 说明了与图 10.1 中使用同一组反应堆参数的反应性损失。停堆后钐浓度上升，长时间之后大于饱和值 $\gamma_P \bar{\Sigma}_f \phi / \lambda_P$。因此，在长时间停堆后重新启动反应堆，必须有足够的额外反应性来克服由于钷衰变而增加的钐。

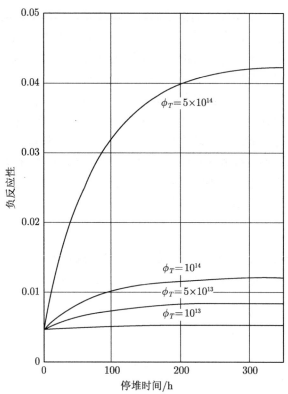

图 10.2　在四种不同的中子通量密度水平下，停堆后钐-149 的反应性瞬变 (改编自 John R. Lamarsh 的 *Introduction to Nuclear Reactor Theory*, 1972，位于 La Grange Park, IL 的美国核协会版权所有)

10.4　燃料消耗

迄今为止，我们已经将功率密度简写为 $P''' = \gamma \Sigma_f \phi$。然而，为了研究动力堆堆芯的长期特性，必须把此项按照它的组成部分分开讨论。最常见的反应堆燃料是由天然铀或部分浓缩铀组成。在少数情况下，新燃料可能是钍和铀的混合物。在大多数反应堆中，铀-238 对裂变的贡献是相当小的，此处将其忽略。从式 (1.28) 可以观察到，如果可裂变材料 (比如铀-238) 大量存在，它将俘获中子，然后经历放射性衰变，变成可以发生裂变的易裂变材料。因此，对于以铀为燃料的反应堆，必须考虑铀-235 和钚-239(根据 1.6 节引入的惯例，分别称之为 "25" 和 "49") 中的裂变。这样，计算由两种易裂变同位素产生的功率，有

$$P''' = \gamma \left[\sigma_f^{25} N^{25}(t) + \sigma_f^{49} N^{49}(t) \right] \phi(t) \tag{10.26}$$

注意，当易裂变材料被消耗时，同位素浓度随时间变化，所以中子通量密度也一定是与时间有关的，为了使反应堆功率在长时间段内保持恒定，需要逐渐增加中子通量密度。

10.4.1　裂变核素浓度

类似于前面讨论的裂变产物的积累和衰变的速率方程，支配着易裂变材料和可裂变材料浓度的演化。对于铀同位素

$$\frac{\mathrm{d}}{\mathrm{d}t}N^{25}(t) = -N^{25}(t)\sigma_{\mathrm{a}}^{25}\phi(t) \tag{10.27}$$

和

$$\frac{\mathrm{d}}{\mathrm{d}t}N^{28}(t) = -N^{28}(t)\sigma_{\mathrm{a}}^{28}\phi(t) \tag{10.28}$$

比较起来，钚的速率方程必须包括产生项以及消失项，因为它是方程 (1.28) 给出的衰变链

$$\mathrm{n} + {}^{238}_{92}\mathrm{U} \longrightarrow {}^{239}_{92}\mathrm{U} \xrightarrow[23\,\mathrm{min}]{\beta} {}^{239}_{93}\mathrm{Np} \xrightarrow[2.36\,\mathrm{d}]{\beta} {}^{239}_{94}\mathrm{Pu} \tag{10.29}$$

的产物。

在大多数反应堆中，构成大部分燃料核素的铀-238 俘获中子，并首先衰变成镎，再衰变为钚-239。因为这些过程的半衰期与进行燃料消耗研究的周、月或年相比很短，所以假定在铀-238 俘获中子之后钚立即出现，精度损失不大。相反，尽管钚具有放射性，但是其半衰期很长，在反应堆堆芯的寿期内钚衰变掉的份额可以忽略不计。因此，我们假定钚是在铀-238 俘获中子后立即产生的，并且只能被中子吸收破坏，要么引起裂变，要么产生钚-240。无论哪种情况，速率方程都是

$$\frac{\mathrm{d}}{\mathrm{d}t}N^{49}(t) = \sigma_{\gamma}^{28}\phi(t)N^{28}(t) - \sigma_{\mathrm{a}}^{49}\phi(t)N^{49}(t) \tag{10.30}$$

下面求解铀和钚的三个速率方程。首先直接对方程 (10.27) 进行积分，得

$$N^{25}(t) = N^{25}(0)\mathrm{e}^{-\sigma_{\mathrm{a}}^{25}\varPhi(t)} \tag{10.31}$$

其中，中子注量定义为

$$\varPhi(t) = \int_0^t \phi(t')\mathrm{d}t' \tag{10.32}$$

以同样的方式，方程 (10.28) 的解是

$$N^{28}(t) = N^{28}(0)\mathrm{e}^{-\sigma_{\mathrm{a}}^{28}\varPhi(t)} \tag{10.33}$$

然而，因为铀-238 的吸收截面与这些方程中出现的裂变截面相比是相当小的，所以假设其浓度的变化可以被忽略

$$N^{28}(t) \approx N^{28}(0) \tag{10.34}$$

而准确性没有大的损失。应用这个近似，将方程 (10.30) 简化为

$$\frac{\mathrm{d}}{\mathrm{d}t}N^{49}(t) = \sigma_{\gamma}^{28}\phi(t)N^{28}(0) - \sigma_{\mathrm{a}}^{49}\phi(t)N^{49}(t) \tag{10.35}$$

使用附录 A 的积分因子法可以很容易地求解此方程。假设在反应堆的寿期初不存在钚，因此 $N^{49}(0) = 0$，得到

$$N^{49}(t) = \sigma_\gamma^{28} N^{28}(0) \mathrm{e}^{-\sigma_\mathrm{a}^{49}\Phi(t)} \int_0^t \mathrm{e}^{\sigma_\mathrm{a}^{49}\Phi(t')} \phi(t')\mathrm{d}t' \tag{10.36}$$

使用方程 (10.32) 和微分变换 $\mathrm{d}\Phi = \phi(t')\mathrm{d}t'$，可以求出积分，得

$$N^{49}(t) = \frac{\sigma_\gamma^{28}}{\sigma_\mathrm{a}^{49}} N^{28}(0) \left[1 - \mathrm{e}^{-\sigma_\mathrm{a}^{49}\Phi(t)}\right] \tag{10.37}$$

图 10.3 显示了在水冷反应堆中典型的低浓缩燃料的长期演变。除了在我们的简单模型中探讨的两种易裂变核素之外，图中还显示了由连续的中子俘获造成的钚和铀的较重同位素的积累。通常用来评价燃料性能的量是转换比，定义为产生的易裂变材料与所消耗的易裂变材料的比值。如果这个比值大于 1，那么通常称之为增殖比，即反应堆正在生产更多的易裂变材料，超过其消耗的数量。在只包括铀和钚-239 的简化模型中，转换率是

$$CR(t) = \frac{\sigma_\gamma^{28} N^{28}(0)}{\sigma_\mathrm{a}^{25} N^{25}(t) + \sigma_\mathrm{a}^{49} N^{49}(t)} \tag{10.38}$$

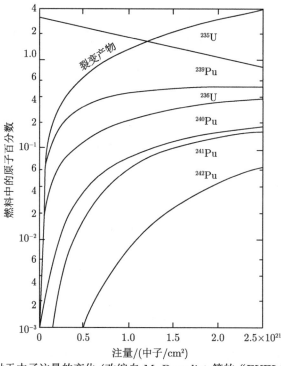

图 10.3　燃料成分相对于中子注量的变化 (改编自 M. Benedict 等的 "FUELCYC, a New Computer Code for Fuel Cycle Analysis," *Nucl. Sci. Eng.*, 11, 386 (1961)，位于 La Grange Park, IL 的美国核学会版权所有)

此等式表明增加燃料富集度会导致初始转换比 $CR(0)$ 的值降低。此后，堆芯内就有了钚同位素。当这种情况发生时，越来越多的裂变来自钚。当达到图 10.3 右边的时候，堆芯中三分之一以上的裂变材料是钚-239。

通过将式 (10.4) 中的燃料截面用核数密度来表示

$$k(t) = \frac{\nu\sigma_f^{25}N^{25}(t) + \nu\sigma_f^{49}N^{49}(t)}{\sigma_a^{25}N^{25}(t) + \sigma_a^{49}N^{49}(t) + \Sigma_\gamma^{28} + \Sigma_\gamma^{fp}(t) + \varsigma(V_m/V_f)\Sigma_a^m}\varepsilon p P_{NL} \tag{10.39}$$

说明了铀-235 的消耗和钚的积累对反应性的影响。一般来说，铀-235 的消耗和裂变产物的积累将压倒钚-239 的积累。因此，有效增殖因数的值将随时间而减少。这些竞争现象的净效应的形式类似于图 10.4 中标有"无可燃毒物"的例子。

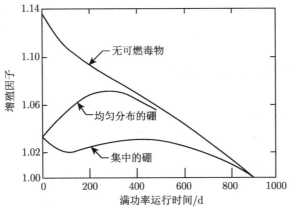

图 10.4　可燃毒物对反应堆增殖的影响 (改编自 H. B. Steward and M. H. Merrill, "Kinetics of Solid-Moderator Reactors," *Technology of Nuclear Reactor Safety*, Vol. 1, 1965, T. J. Thompson and J. G. Beckerley, Eds. Countesy of the MIT Press)

10.4.2　可燃毒物

在压水堆中，将可溶性中子吸收剂溶解在冷却剂中，并随时间改变浓度，补偿了大部分的剩余反应性。嵌入燃料或其他堆芯成分中的可燃毒物提供了限制剩余反应性以及缓解局部功率峰值的额外手段。

可燃毒物是具有较大中子俘获截面的同位素，被嵌入在燃料或其他堆芯成分中，用来限制在堆芯寿期初期的剩余反应性，常用的可燃毒物材料有硼和钆。可燃毒物的浓度受到与上述类似的速率方程

$$\frac{d}{dt}N^{BP}(t) = -N^{BP}(t)\sigma_\gamma^{BP}\phi(t) \tag{10.40}$$

的限制，其解为

$$N^{BP}(t) = N^{BP}(0)e^{-\sigma_\gamma^{BP}\Phi(t)} \tag{10.41}$$

通过将可燃毒物的俘获截面添加到式 (10.39) 的分母上

$$k(t) = \frac{\nu\sigma_{\mathrm{f}}^{25}N^{25}(t) + \nu\sigma_{\mathrm{f}}^{49}N^{49}(t)}{\sigma_{\mathrm{a}}^{25}N^{25}(t) + \sigma_{\mathrm{a}}^{49}N^{49}(t) + \Sigma_{\gamma}^{28} + \Sigma_{\gamma}^{\mathrm{fp}}(t) + \varsigma(V_{\mathrm{m}}/V_{\mathrm{f}})\Sigma_{\mathrm{a}}^{\mathrm{m}} + \sigma_{\gamma}^{\mathrm{BP}}N^{\mathrm{BP}}(t)}\varepsilon p P_{\mathrm{NL}} \quad (10.42)$$

其效果很明显。因为与在此表达式中出现的其他反应截面相比,可燃毒物的俘获截面很大,所以式 (10.41) 中的指数衰减迅速,导致它对有效增殖因数的影响集中在堆芯寿期的初期。图 10.4 中标记为 "均匀分布的硼" 的曲线说明了这一点。选择可燃毒物应该做到:由中子俘获产生的同位素具有小的俘获截面,从而避免随后链式反应中毒。

相比于可燃毒物均匀地分布在燃料中,可燃毒物集中成块可以使剩余反应性曲线进一步趋于均匀。有了这样集中的强吸收体,类似于在第 4 章中讨论的共振俘获,空间自屏蔽就发生了。结果是,可燃毒物内的中子俘获在燃料寿期的初期受到限制,并导致在较长的时间内毒物对剩余反应性的抑制变平滑。如图 10.4 中标记为 "集中的硼" 的曲线所示,毒物的集中化将最大剩余反应性进一步最小化,因此便于控制系统的设计。这种集中的巧妙设计还有助于在堆芯寿期内使功率密度的空间分布变平坦。

10.5   裂变产物和锕系元素存量

裂变产物和锕系元素会影响动力反应堆堆芯的反应性,我们已经研究了两者的产生。在动力反应堆运行过程中产生的放射性产物会对健康造成潜在的危害,因此也引起了人们的关注。这里简要地提及关注的两类基本问题:在反应堆运行期间发生灾难性事故时,防止放射性物质进入环境;在从反应堆中取出燃料后,对放射性存量进行长期处置。最重要的同位素的存量、半衰期、化学特性和其他性质的差异,取决于考虑的是堆芯寿期内的反应堆安全,还是停堆后放射性废物的长期处置。

在堆芯寿期内,裂变产物浓度建立并达到饱和水平,取决于其产额和特征半衰期。回顾前面的讨论可知,经过几个半衰期后,裂变产物的存量达到饱和值。与燃料的使用寿命相比,反应堆内半衰期较短的同位素的存量将与反应堆运行一段时间后的功率成正比;相反,与反应堆堆芯寿期相比,半衰期较长的同位素 (比如说 10 年或更长时间) 随着时间线性积累,其形成的存量与反应堆已经产生的能量成比例。

反应堆安全包括防止裂变产物或其他放射性物质意外释放到环境中,短半衰期和长半衰期的裂变产物都必须被施加保护措施。同样重要的是它们产生的数量、它们所呈现的化学形态的挥发性、它们穿透反应堆安全壳和其他防止它们释放到环境中的专设屏障的能力,最后是它们造成生物损伤的机制。在关于假想反应堆事故的分析中,放射性碘、稀有气体、锶和铯是被详细研究的最重要的同位素。

因为半衰期为几年或更短的同位素很容易储存到其放射性耗尽,相比之下,废物处置只关心半衰期长的同位素。更持久的裂变产物有几十年的半衰期,它们必须被隔离数百年。锕系元素 (钚、镎、镅以及在反应堆运行期间铀及其裂变产物连续俘获中子而产生的其他核素) 造成了在废物处置上真正的长期困难。虽然在产生的数量上锕系元素比裂变产物少,但是其半衰期是以千年或更长的时间为尺度。图 10.5 显示了卸出的燃料相对于铀矿石的放射性毒性。注意,在反应堆关闭后的一个多世纪里,几乎所有的放射性都是由锕系元素造成的,而不是裂变产物。为了进行循环利用,对反应堆燃料的再处理受到更多的重视。相对于已产生的半衰期长的放射性废物的质量，让铀-238 俘获所产生的钚更多地发生裂变，就大大增加了所产生的能量。

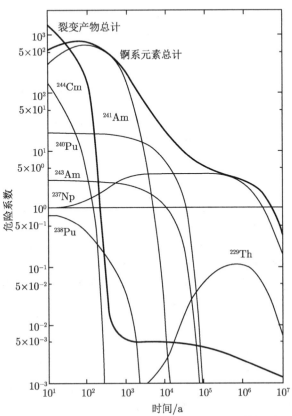

图 10.5 未经再处理而储存的乏燃料所产生废物的危险系数的时间依赖性，归一化到生产压水堆燃料所需的铀矿石 (改编自 L. Koch, "Formation of Recycling of Minor Actinides in Nuclear Power Stations," in *Handbook of the Physics of Chemistry of Actinides*, Vol. 4, 1986. Courtesy of Elsevier Science, Amsterdam)

参考文献

Benedict, M., et al., "FUELCYC, a New Computer Code for Fuel Cycle Analysis", *Nucl. Sci. Eng.*, 11, 386 (1961).

Bonalumi, R. A., "In-Core Fuel Management in CANDU-PHR Reactors," *Handbook of Nuclear Reactors Calculations, II*, Yigan Ronen, Ed., CRC Press, Boca Raton, FL, 1986.

Cember, H., *Introduction to Health Physics*, 3rd ed., McGraw-Hill, NY, 1996.

Cochran, Robert G., and Nicholas Tsoulfanidis, *The Nuclear Fuel Cycle: Analysis and Management*, 2nd ed., American Nuclear Society, La Grange Park, IL, 1999.

Koch, L., "Formation and Recycling of Minor Actinides in Nuclear Power Stations," in *Handbook of the Physics and Chemistry of Actinides*, Vol. 4, A. J. Freeman and C. Keller, Eds., Elsevier Science Publishers,Amsterdam, 1986.

Lamarsh, John R., *Introduction to Nuclear Reactor Theory*, Addison-Wesley, Reading, MA, 1972.

Levine, Samuel H., "In-Core Fuel Management for Four Reactor Types," *Handbook of Nuclear Reactors Calculations, II*, Yigan Ronen, Ed., CRC Press, Boca Raton, FL, 1986.

Lewis, E. E., *Nuclear Power Reactor Safety*, Wiley, NY, 1977.

Salvatores, Max, "Fast Reactor Calculations," *Handbook of Nuclear Reactors Calculations, III*, Yigan Ronen, Ed., CRC Press, Boca Raton, FL, 1986.

Stacey, Weston M., *Nuclear Reactor Physics*, Wiley, NY, 2001.

Steward, H. B., and M. H. Merril, "Kinetics of Solid-Moderator Reactors," *Technology of Nuclear Reactor Safety*, T. J. Thompson and J. G. Beckerley, Eds., Vol. 1, MIT Press, Cambridge, MA, 1966.

Turinsky, Paul J., "Thermal Reactor Calculations," *Handbook of Nuclear Reactors Calculations, III*, Yigan Ronen, Ed., CRC Press, Boca Raton, FL, 1986.

习题

10.1 证明：对于在高中子通量密度水平运行的反应堆，氙-135 的最大浓度发生在停堆后大约 11.3 小时。

10.2 在中子通量密度范围 $10^{10} \leqslant \phi \leqslant 10^{15}$ 中子/(cm²·s) 内绘制氙-135 的有效半衰期的对数曲线。

10.3 以铀为燃料的热中子反应堆已经在恒定功率下运行了数天，绘制反应堆中氙-135 与铀-235 的原子浓度比与其平均中子通量密度的曲线图，确定此比值能够达到的最大值。

10.4 满功率压水堆的平均功率密度为 $\bar{P}''' = 80\,\mathrm{MW/m^3}$，峰值因子为 $F_q = 2.0$。在反应堆运行数天后，

    a. 平均氙浓度是多少？

    b. 最大氙浓度是多少？

    c. 平均钐浓度是多少？

    d. 最大钐浓度是多少？

    (设裂变截面 $\bar{\Sigma}_f = 0.203\,\mathrm{cm^{-1}}$)

10.5 反应堆启动并在恒定功率下运行，解方程 (10.12) 和 (10.13)，并确定碘和氙浓度关于时间的函数。

10.6 钐-157 的产生率是 7.0×10^5 原子/裂变，其经历衰变：

$$^{157}_{62}\mathrm{Sm} \xrightarrow[0.5\,\mathrm{min}]{\beta} {}^{157}_{63}\mathrm{Eu} \xrightarrow[15.2\,\mathrm{h}]{\beta} {}^{157}_{64}\mathrm{Gd}$$

虽然钐和铕的吸收截面可以忽略不计，但是钆的热中子吸收截面为 240000 b。设反应堆运行的功率密度为 $100\,\mathrm{MW/m^3}$，中子通量密度为 8.0×10^{12} 中子/(cm²·s)。

    a. 求解衰变方程来获得在反应堆启动后 t 时刻钆的原子密度 $G(t)$；

    b. 估算 $G(\infty)$；

    c. 如果反应堆运行数周后停堆，那么反应堆停堆数周后钆的浓度是多少？

    (设每次裂变产生的能量是 $3.1 \times 10^{-11}\,\mathrm{W \cdot s}$)

10.7 证明式 (10.18) 和 (10.19)。

10.8 某反应堆以恒定功率运行数周，达到由式 (10.14) 和 (10.15) 给出的碘和氙的平衡浓度 I_0 和 X_0。在 $t = 0$ 时，功率降低，中子通量密度水平从 ϕ 下降到 $\tilde{\phi}$。求解方程 (10.12) 和 (10.13)，并证明：功率降低后，碘和氙的浓度为

$$I(t) = \frac{\gamma_\mathrm{I}}{\lambda_\mathrm{I}} \bar{\Sigma}_f \left[\tilde{\phi} + \left(\phi - \tilde{\phi} \right) \mathrm{e}^{-\lambda_\mathrm{I} t} \right]$$

和

$$X(t) = \frac{\gamma_\mathrm{I} + \gamma_\mathrm{X}}{\lambda_\mathrm{X} + \sigma_{\mathrm{a,X}}\phi} \bar{\Sigma}_f \phi \mathrm{e}^{-(\lambda_\mathrm{X} + \sigma_{\mathrm{a,X}}\tilde{\phi})t} + \frac{\gamma_\mathrm{I} + \gamma_\mathrm{X}}{\lambda_\mathrm{X} + \sigma_{\mathrm{a,X}}\phi} \bar{\Sigma}_f \tilde{\phi} \left[1 - \mathrm{e}^{-(\lambda_\mathrm{X} + \sigma_{\mathrm{a,X}}\tilde{\phi})t} \right]$$
$$+ \frac{\gamma_\mathrm{I}}{\lambda_\mathrm{X} - \lambda_\mathrm{I} + \sigma_{\mathrm{a,X}}\tilde{\phi}} \bar{\Sigma}_f (\phi - \tilde{\phi}) \left[\mathrm{e}^{-\lambda_\mathrm{I} t} - \mathrm{e}^{-(\lambda_\mathrm{X} + \sigma_{\mathrm{a,X}}\tilde{\phi})t} \right]$$

10.9 在负荷跟踪条件下，反应堆每天满功率运行 12 小时，停堆 12 小时，计算在 24 小时时间跨度内碘的浓度 $I(t)$。使用周期边界条件 $I(24\text{h}) = I(0)$。

10.10 在负荷跟踪条件下，反应堆每天满功率运行 12 小时，停堆 12 小时，计算在 24 小时时间跨度内钷的浓度 $P(t)$。使用周期边界条件 $P(24\text{h}) = P(0)$。

10.11 考虑钚-239 和钚-240 的中子俘获，

　　a. 写出钚-240 浓度的速率方程；

　　b. 使用式 (10.37) 求解由 a 得到的方程来获得钚-239 的浓度。

10.12 铀-238 的热中子吸收截面是 33 b，我们在推导方程 (10.30) 时忽略了它。在以中子通量密度水平 $\phi = 5 \times 10^{14}$ 中子/(cm^2·s) 运行的反应堆中，铀俘获中子而不是衰变为钚-239 的比例是多少？

10.13 考虑热中子反应堆中的铀燃料，初始富集度为 4‰。

　　a. 在堆芯寿期初的转换比 (CR) 是多少？

　　b. 在铀-235 的一半被消耗后，转换比是多少？

　　c. 在铀-235 的一半被消耗之后，由钚-239 产生的功率占总功率的比例是多少？

　　提示：利用式 (10.31) 和 (10.37) 中的近似。

10.14 钍-232 是可裂变材料，可以通过以下反应嬗变为易裂变的铀-233：

$$^{232}_{90}\text{Th} \xrightarrow{\ \text{n}\ } {}^{233}_{90}\text{Th} \xrightarrow[22\,\text{min}]{\beta} {}^{233}_{91}\text{Pa} \xrightarrow[27.4\,\text{d}]{\beta} {}^{233}_{92}\text{U}$$

式中标明了半衰期。假设新的堆芯投入运行时仅包含钍-232 和铀-235。其后，钍中的中子俘获以恒定的速率 $\Sigma_a^{\text{th}}\phi$ 发生。

　　a. 假设 $^{233}_{90}\text{Th}$ 的半衰期可以忽略不计，写出 $^{233}_{91}\text{Pa}$ 浓度的微分方程并求解；

　　b. 写出 $^{233}_{92}\text{U}$ 浓度的微分方程并求解。

　　(设 $N^{02}(t) = N^{02}(0)$ 和 $\phi(t) = \phi(0)$)

附录A

有用的数学关系

A.1 导数和积分

$$\frac{\mathrm{d}}{\mathrm{d}t}x^n = nx^{n-1}$$

$$\int x^n \mathrm{d}x = \begin{cases} \dfrac{1}{n+1}x^{n+1} + C, & n \neq -1 \\ \ln x + C, & n = -1 \end{cases}$$

$$\frac{\mathrm{d}}{\mathrm{d}t}\ln x = x^{-1}$$

$$\int \ln x \mathrm{d}x = x\ln x - x + C$$

$$\frac{\mathrm{d}}{\mathrm{d}t}\mathrm{e}^{ax} = a\mathrm{e}^{ax}$$

$$\int \mathrm{e}^{ax}\mathrm{d}x = \frac{1}{a}\mathrm{e}^{ax} + C$$

$$\frac{\mathrm{d}}{\mathrm{d}t}\sin(ax) = a\cos(ax)$$

$$\int \sin(ax)\mathrm{d}x = -\frac{1}{a}\cos(ax) + C$$

$$\frac{\mathrm{d}}{\mathrm{d}t}\cos(ax) = -\sin(ax)$$

$$\int \cos(ax)\mathrm{d}x = \frac{1}{a}\sin(ax) + C$$

$$\frac{\mathrm{d}}{\mathrm{d}t}\sinh(ax) = a\cosh(ax)$$

$$\int \sinh(ax)\mathrm{d}x = \frac{1}{a}\cosh(ax) + C$$

$$\frac{\mathrm{d}}{\mathrm{d}t}\cosh(ax) = a\sinh(ax)$$

$$\int \cosh(ax)\mathrm{d}x = \frac{1}{a}\sinh(ax) + C$$

A.2 定积分

$$\int_0^\infty x^n \mathrm{e}^{-x}\mathrm{d}x = n!$$

$$\int_0^\infty \mathrm{e}^{-x^2}\mathrm{d}x = \frac{1}{2}\sqrt{\pi}$$

$$\int_0^\infty x\mathrm{e}^{-x^2}\mathrm{d}x = \frac{1}{2}$$

$$\int_0^\infty x^2\mathrm{e}^{-x^2}\mathrm{d}x = \frac{1}{4}\sqrt{\pi}$$

$$\int_0^\infty x^{2n}\mathrm{e}^{-x^2}\mathrm{d}x = \frac{1}{2^{n+1}}[1 \times 3 \times 5 \times \cdots \times (2n-1)]\sqrt{\pi}, \quad n = 1, 2, 3, \cdots$$

A.3 双曲函数

$$\sinh(ax) = \frac{1}{2}(\mathrm{e}^{ax} - \mathrm{e}^{-ax}) \qquad \cosh(ax) = \frac{1}{2}(\mathrm{e}^{ax} + \mathrm{e}^{-ax})$$

$$\tanh(ax) = \sinh(ax)/\cosh(ax) \qquad \coth(ax) = \cosh(ax)/\sinh(ax)$$

A.4 级数展开

$$\sin x = x - \frac{x^3}{3!} + \frac{x^5}{5!} - \frac{x^7}{7!} + \cdots \qquad |x| < \infty$$

$$\cos x = x - \frac{x^2}{2!} + \frac{x^4}{4!} - \frac{x^6}{6!} + \cdots \qquad |x| < \infty$$

$$\tan x = x + \frac{x^3}{3} + \frac{2}{15}x^5 + \cdots \qquad |x| < \frac{\pi}{2}$$

$$\cot x = \frac{1}{x} - \frac{x}{3} - \frac{x^3}{45} - \cdots \qquad |x| < \pi$$

$$\mathrm{e}^x = 1 + \frac{x}{1!} + \frac{x^2}{2!} + \frac{x^3}{3!} + \frac{x^4}{4!} + \cdots \qquad |x| < \infty$$

$$\sinh x = x + \frac{x^3}{3!} + \frac{x^5}{5!} + \frac{x^7}{7!} + \cdots \qquad |x| < \infty$$

$$\cosh x = x + \frac{x^2}{2!} + \frac{x^4}{4!} + \frac{x^6}{6!} + \cdots \qquad |x| < \infty$$

$$\tanh x = x - \frac{x^3}{3} + \frac{2}{15}x^5 - \cdots \qquad |x| < \frac{\pi}{2}$$

$$\coth x = \frac{1}{x} + \frac{x}{3} - \frac{x^3}{45} - \cdots \qquad |x| < \pi$$

A.5 分部积分

$$\int_a^b f(x)\frac{\mathrm{d}}{\mathrm{d}x}g(x)\mathrm{d}x = f(b)g(b) - f(a)g(a) - \int_a^b g(x)\frac{\mathrm{d}}{\mathrm{d}x}f(x)\mathrm{d}x$$

A.6 积分的导数

$$\frac{\mathrm{d}}{\mathrm{d}c}\int_p^q f(x,c)\mathrm{d}x = \int_p^q \frac{\partial}{\partial c}f(x,c)\mathrm{d}x + f(q,c)\frac{\mathrm{d}q}{\mathrm{d}c} - f(p,c)\frac{\mathrm{d}q}{\mathrm{d}c}$$

A.7 一阶微分方程

$$\frac{\mathrm{d}}{\mathrm{d}t}y(t) + \alpha(t)y(t) = S(t)$$

其中，$\alpha(t)$ 和 $S(t)$ 是已知的。注意，

$$\frac{\mathrm{d}}{\mathrm{d}t}\left[y(t)\mathrm{e}^{\int_0^t \alpha(t')\mathrm{d}t'}\right] = \left[\frac{\mathrm{d}}{\mathrm{d}t}y(t) + \alpha(t)y(t)\right]\mathrm{e}^{\int_0^t \alpha(t')\mathrm{d}t'}$$

因此，将上式两边乘以积分因子 $\exp\left[\int_0^t \alpha(t')\mathrm{d}t'\right]$，得

$$\frac{\mathrm{d}}{\mathrm{d}t}\left[y(t)\mathrm{e}^{\int_0^t \alpha(t')\mathrm{d}t'}\right] = S(t)\mathrm{e}^{\int_0^t \alpha(t')\mathrm{d}t'}$$

在 0 和 t 之间积分，得到

$$y(t)\mathrm{e}^{\int_0^t \alpha(t')\mathrm{d}t'} - y(0) = \int_0^t S(t')\mathrm{e}^{-\int_0^{t'} \alpha(t'')\mathrm{d}t''}\mathrm{d}t'$$

求解 $y(t)$，给出

$$y(t) = y(0)\mathrm{e}^{-\int_0^t \alpha(t')\mathrm{d}t'} + \int_0^t S(t')\mathrm{e}^{-\int_{t'}^t \alpha(t'')\mathrm{d}t''}\mathrm{d}t'$$

如果 α 是常数，则解化简为

$$y(t) = y(0)\mathrm{e}^{-\alpha t} + \int_0^t S(t')\mathrm{e}^{-\alpha(t-t')}\mathrm{d}t'$$

如果 S 也是常数，那么

$$y(t) = y(0)\mathrm{e}^{-\alpha t} + \frac{S}{\alpha}(1 - \mathrm{e}^{\alpha t})$$

A.8 二阶微分方程

$$\frac{\mathrm{d}^2}{\mathrm{d}x^2}y(x) + a^2 y(x) = S(x)$$

和

$$\frac{\mathrm{d}^2}{\mathrm{d}x^2}y(x) - b^2 y(x) = S(x)$$

其中，a 和 b 是常数，$S(x)$ 已知。解是通解和特解的叠加

$$y(x) = y_{\mathrm{g}}(t) + y_{\mathrm{p}}(t) \tag{A.1}$$

通解是将方程的右侧设为 0 所获得的解。通过代换，可以证明

$$y_{\mathrm{g}}(t) = C_1 \sin(ax) + C_2 \cos(ax)$$

和

$$y_{\mathrm{g}}(t) = C_1 \exp(bx) + C_2 \exp(-bx)$$

分别满足方程，其中 C_1 和 C_2 是任意常数。这个解也可以用双曲函数表达

$$y_{\mathrm{g}}(t) = C_1 \sinh(bx) + C_2 \cosh(bx)$$

如果 S 是常数，则特解分别简化为 $y_{\mathrm{p}}(t) = S/a^2$ 或 $y_{\mathrm{p}}(t) = -S/b^2$。在确定特解之后，必须对式 (A.1) 应用两个边界条件来确定 C_1 和 C_2。

A.9 在各种坐标系中的 ∇^2 和 dV

笛卡儿坐标系，一维：$\quad \nabla^2 = \dfrac{\partial^2}{\partial x^2}$ $\qquad\qquad\qquad$ $\mathrm{d}V = A \times \mathrm{d}x$ (A 代表面积)

圆柱坐标系，一维：$\quad \nabla^2 = \dfrac{1}{r}\dfrac{\partial}{\partial r}r\dfrac{\partial}{\partial r}$ $\qquad\qquad$ $\mathrm{d}V = H \times 2\pi r \mathrm{d}r$ (H 代表高)

球坐标系，一维：$\quad \nabla^2 = \dfrac{1}{r^2}\dfrac{\partial}{\partial r}r^2\dfrac{\partial}{\partial r}$ $\qquad\qquad$ $\mathrm{d}V = 4\pi r^2 \mathrm{d}r$

圆柱坐标系，二维：$\quad \nabla^2 = \dfrac{1}{r}\dfrac{\partial}{\partial r}r\dfrac{\partial}{\partial r} + \dfrac{\partial^2}{\partial z^2}$ $\qquad$ $\mathrm{d}V = 2\pi r \mathrm{d}r \mathrm{d}z$

笛卡儿坐标系，三维：$\quad \nabla^2 = \dfrac{\partial^2}{\partial x^2} + \dfrac{\partial^2}{\partial y^2} + \dfrac{\partial^2}{\partial z^2}$ $\quad$ $\mathrm{d}V = \mathrm{d}x\mathrm{d}y\mathrm{d}z$

附录B

贝塞尔方程和函数

处理圆柱几何中的中子分布常常需要用到贝塞尔方程的解。n 阶贝塞尔方程为

$$\frac{\mathrm{d}^2\Phi}{\mathrm{d}r^2} + \frac{1}{r}\frac{\mathrm{d}\Phi}{\mathrm{d}r} + \left(\alpha^2 - \frac{n^2}{r^2}\right)\Phi = 0$$

这个方程的解是

$$\Phi(r) = C_1 \mathrm{J}_n(\alpha r) + C_2 \mathrm{Y}_n(\alpha r)$$

其中，C_1 和 C_2 是任意常数，$\mathrm{J}_n(\alpha r)$ 和 $\mathrm{Y}_n(\alpha r)$ 分别是第一类和第二类普通贝塞尔函数。

贝塞尔方程的第二种形式在参数 α^2 的符号改变时产生

$$\frac{\mathrm{d}^2\Phi}{\mathrm{d}r^2} + \frac{1}{r}\frac{\mathrm{d}\Phi}{\mathrm{d}r} - \left(\alpha^2 + \frac{n^2}{r^2}\right)\Phi = 0$$

这个方程的解是

$$\Phi(r) = C_1' \mathrm{I}_n(\alpha r) + C_2' \mathrm{K}_n(\alpha r)$$

其中，任意常数现在是 C_1' 和 C_2'，而 $\mathrm{I}_n(\alpha r)$ 和 $\mathrm{K}_n(\alpha r)$ 分别被称为第一类和第二类修正贝塞尔函数。

在反应堆物理计算中，零阶 $(n = 0)$ 贝叶斯方程是最常出现的。图 B.1 绘出了普通的和修正的零阶贝塞尔函数。为了应用边界条件和确定积分参数，通常需要对零阶贝塞尔函数进行微分或积分。所需的关系是

$$\frac{\mathrm{d}}{\mathrm{d}r}\mathrm{J}_0(\alpha r) = -\alpha \mathrm{J}_1(\alpha r) \qquad\qquad \frac{\mathrm{d}}{\mathrm{d}r}\mathrm{Y}_0(\alpha r) = -\alpha \mathrm{Y}_1(\alpha r)$$

$$\frac{\mathrm{d}}{\mathrm{d}r}\mathrm{I}_0(\alpha r) = \alpha \mathrm{I}_1(\alpha r) \qquad\qquad \frac{\mathrm{d}}{\mathrm{d}r}\mathrm{K}_0(\alpha r) = -\alpha \mathrm{K}_1(\alpha r)$$

$$\int \mathrm{J}_0(\alpha r) r \mathrm{d}r = \frac{r}{\alpha}\mathrm{J}_1(\alpha r) + C \qquad\qquad \int \mathrm{Y}_0(\alpha r) r \mathrm{d}r = \frac{r}{\alpha}\mathrm{Y}_1(\alpha r) + C$$

$$\int \mathrm{I}_0(\alpha r) r \mathrm{d}r = \frac{r}{\alpha}\mathrm{I}_1(\alpha r) + C \qquad\qquad \int \mathrm{K}_0(\alpha r) r \mathrm{d}r = -\frac{r}{\alpha}\mathrm{K}_1(\alpha r) + C$$

表 B.1 列出了普通的和修正的零阶和一阶贝塞尔函数的值。当自变量趋于零时，Y_n 和 K_n 的值变为无穷大

$$\mathrm{Y}_0(\alpha r) \xrightarrow[\alpha r \to 0]{} \frac{2}{\pi}[\ln(\alpha r) - 0.11593] \qquad \mathrm{Y}_1(\alpha r) \xrightarrow[\alpha r \to 0]{} \frac{2}{\pi \alpha r}$$

$$\mathrm{K}_0(\alpha r) \xrightarrow[\alpha r \to 0]{} -[\ln(\alpha r) - 0.11593] \qquad \mathrm{K}_1(\alpha r) \xrightarrow[\alpha r \to 0]{} \frac{1}{\alpha r}$$

当自变量趋于无穷大时，I_n 的值变为无穷大

$$\mathrm{I}_n(\alpha r) \xrightarrow[\alpha r \to \infty]{} \frac{1}{\sqrt{2\pi\alpha r}} \exp(\alpha r)$$

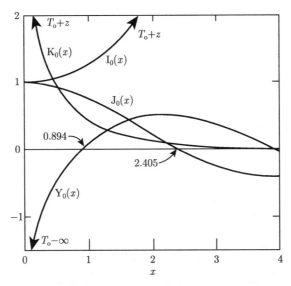

图 B.1　普通的和修正的零阶贝塞尔函数

表 B.1　零阶和一阶贝塞尔函数

x	$\mathrm{J}_0(x)$	$\mathrm{J}_1(x)$	$\mathrm{Y}_0(x)$	$\mathrm{Y}_1(x)$	$\mathrm{I}_0(x)$	$\mathrm{I}_1(x)$	$\mathrm{K}_0(x)$	$\mathrm{K}_1(x)$
0	1.0000	0.0000	$-\infty$	$-\infty$	1.000	0.0000	$-\infty$	$-\infty$
0.05	0.9994	0.0250	-1.979	-12.79	1.001	0.0250	3.114	19.91
0.10	0.9975	0.0499	-1.534	-6.459	1.003	0.0501	2.427	9.854
0.15	0.9944	0.0748	-1.271	-4.364	1.006	0.0752	2.030	6.477
0.20	0.9900	0.0995	-1.081	-3.324	1.010	0.1005	1.753	4.776
0.25	0.9844	0.1240	-0.9316	-2.704	1.016	0.1260	1.542	3.747
0.30	0.9776	0.1483	-0.8073	-2.293	1.023	0.1517	1.372	3.056
0.35	0.9696	0.1723	-0.7003	-2.000	1.031	0.1777	1.233	2.559
0.40	0.9604	0.1960	-0.6060	-1.781	1.040	0.2040	1.115	2.184
0.45	0.9500	0.2194	-0.5214	-1.610	1.051	0.2307	1.013	1.892
0.50	0.9385	0.2423	-0.4445	-1.471	1.063	0.2579	0.9244	1.656
0.55	0.9258	0.2647	-0.3739	-1.357	1.077	0.2855	0.8466	1.464
0.60	0.9120	0.2867	-0.3085	-1.260	1.092	0.3137	0.7775	1.303
0.65	0.8971	0.3081	-0.2476	-1.177	1.108	0.3425	0.7159	1.167
0.70	0.8812	0.3290	-0.1907	-1.103	1.126	0.3719	0.6605	1.050
0.75	0.8642	0.3492	-0.1372	-1.038	1.146	0.4020	0.6106	0.9496
0.80	0.8463	0.3688	-0.0868	-0.9781	1.167	0.4329	0.5653	0.8618
0.85	0.8274	0.3878	-0.0393	-0.9236	1.189	0.4646	0.5242	0.7847
0.90	0.8075	0.4059	-0.0056	-0.8731	1.213	0.4971	0.4867	0.7165
0.95	0.7868	0.4234	0.0481	-0.8258	1.239	0.5306	0.4524	0.6560
1.0	0.7652	0.4401	0.0883	-0.7812	1.266	0.5652	0.4210	0.6019

x	$J_0(x)$	$J_1(x)$	$Y_0(x)$	$Y_1(x)$	$I_0(x)$	$I_1(x)$	$K_0(x)$	$K_1(x)$
1.1	0.6957	0.4850	0.1622	−0.6981	1.326	0.6375	0.3656	0.5098
1.2	0.6711	0.4983	0.2281	−0.6211	1.394	0.7147	0.3185	0.4346
1.3	0.5937	0.5325	0.2865	−0.5485	1.469	0.7973	0.2782	0.3725
1.4	0.5669	0.5419	0.3379	−0.4791	1.553	0.8861	0.2437	0.3208
1.5	0.4838	0.5644	0.3824	−0.4123	1.647	0.9817	0.2138	0.2774
1.6	0.4554	0.5699	0.4204	−0.3476	1.750	1.085	0.1880	0.2406
1.7	0.3690	0.5802	0.4520	−0.2847	1.864	1.196	0.1655	0.2094
1.8	0.3400	0.5815	0.4774	−0.2237	1.990	1.317	0.1459	0.1826
1.9	0.2528	0.5794	0.4968	−0.1644	2.128	1.448	0.1288	0.1597
2.0	0.2239	0.5767	0.5104	−0.1070	2.280	1.591	0.1139	0.1399
2.1	0.1383	0.5626	0.5183	−0.0517	2.446	1.745	0.1008	0.1227
2.2	0.1104	0.5560	0.5208	−0.0015	2.629	1.914	0.0893	0.1079
2.3	0.0288	0.5305	0.5181	0.0523	2.830	2.098	0.0791	0.0950
2.4	0.0025	0.5202	0.5104	0.1005	3.049	2.298	0.0702	0.0837
2.5	0.0729	0.4843	0.4981	0.1459	3.290	2.517	0.0623	0.0739
2.6	−0.0968	0.4708	0.4813	0.1884	3.553	2.755	0.0554	0.0653
2.7	−0.1641	0.4260	0.4605	0.2276	3.842	3.016	0.0493	0.0577
2.8	−0.1850	0.4097	0.4359	0.2635	4.157	3.301	0.0438	0.0511
2.9	−0.2426	0.3575	0.4079	0.2959	4.503	3.613	0.0390	0.0453
3.0	−0.2601	0.3391	0.3769	0.3247	4.881	3.953	0.0347	0.0402
3.2	−0.3202	0.2613	0.3071	0.3707	5.747	4.734	0.0276	0.0316
3.4	−0.3643	0.1792	0.2296	0.4010	6.785	5.670	0.0220	0.0250
3.6	−0.3918	0.0955	0.1477	0.4154	8.028	6.793	0.6175	0.0198
3.8	−0.4026	0.0128	0.0645	0.4141	9.517	8.140	0.0140	0.0157
4.0	−0.3971	-0.0660	-0.0169	0.3979	11.302	9.759	0.0112	0.0125

附录C

中子扩散性质的推导

在考虑中子分布时，我们研究了中子能量和时间依赖性的影响。通过使用扩散方程，已经能够分析中子的空间分布，但没有明确地将中子行进的方向考虑在内。为了推导扩散系数以及与扩散理论结合使用的分中子流密度的表达式，必须分析中子的角度分布。这就要求我们利用中子输运方程，这里限定考虑的条件是与时间无关的情况，并且通过假设已经完成对反应截面的能量平均来消除能量变量。这样，可以认为所有的中子以平均速度 v 行进。首先推导与时间无关的单能输运方程。然后，将其约简到一维平板模型并导出所需的量。

C.1 输运方程

考虑位于点 r 处的体积增量 dV，处于其中的中子沿着 $\hat{\Omega}$ 方向的立体角 $d\Omega$ 行进，如图 C.1 所示。这里，$dV = dxdydz$，在极坐标系中，角 $d\Omega = \sin\theta d\theta d\omega$。因此

$$\int d\Omega = \int_0^\pi \sin\theta \int_0^{2\pi} d\omega = 4\pi \tag{C.1}$$

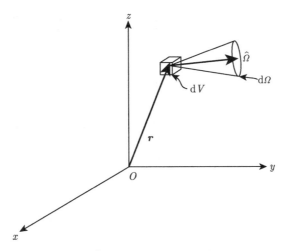

图 C.1 沿 $\hat{\Omega}$ 方向穿过体积增量的中子流动

设 $N(r, \hat{\Omega})$ 是在 r 处，沿 $\hat{\Omega}$ 方向行进的中子数。为了获得出现在扩散方程中的通量

密度 (也称为标量通量密度), 我们在所有可能的角度上积分, 并乘以中子速度 v, 得到

$$\phi(\boldsymbol{r}) = v \int N(\boldsymbol{r}, \hat{\Omega}) \mathrm{d}\Omega \tag{C.2}$$

中子流密度是矢量, 由

$$\boldsymbol{J}(\boldsymbol{r}) = v \int \hat{\Omega} N(\boldsymbol{r}, \hat{\Omega}) \mathrm{d}\Omega \tag{C.3}$$

给出。因此, 如果 $\hat{n}$ 是表面的法线, 那么

$$\hat{n} \cdot \boldsymbol{J}(\boldsymbol{r}) = v \int \hat{n} \hat{\Omega} N(\boldsymbol{r}, \hat{\Omega}) \mathrm{d}\Omega \tag{C.4}$$

是在单位时间内沿正方向穿过单位面积表面的中子的净数量 [中子/$(\mathrm{cm}^2 \cdot \mathrm{s})$]。

为了推导输运方程, 我们采用图 C.2 所示的圆柱形体积元, 其底面中心位于 $\boldsymbol{r}$ 处, 其轴线平行于中子的运动方向 $\hat{\Omega}$。如图 C.2 所示, 体积元的高为 Δu、横截面面积为 ΔA, 故体积为 $\Delta V = \Delta u \Delta A$。于是, 中子在 $\hat{\Omega}$ 方向上运动的平衡方程是

$$从右侧离开的中子数 - 从左侧进入的中子数 = -在 \Delta V 中的碰撞数$$
$$+ 在 \Delta V 中沿 \hat{\Omega} 方向发射的中子数 \tag{C.5}$$

注意, 任何碰撞都把中子从 $\hat{\Omega}$ 方向上移除, 可能是吸收, 或者是散射到不同的方向 $\hat{\Omega}'$。作为散射或直接来自中子源的结果, 中子可以被发射进入 $\hat{\Omega}$ 方向。我们可以用 $N(\boldsymbol{r}, \hat{\Omega})$ 来表示, 把式 (C.5) 写成

$$vN(\boldsymbol{r} + \Delta u, \hat{\Omega})\Delta A - vN(\boldsymbol{r}, \hat{\Omega})\Delta A = -\Sigma_{\mathrm{t}}(\boldsymbol{r})vN(\boldsymbol{r}, \hat{\Omega})\Delta u \Delta A + Q(\boldsymbol{r})\Delta u \Delta A \tag{C.6}$$

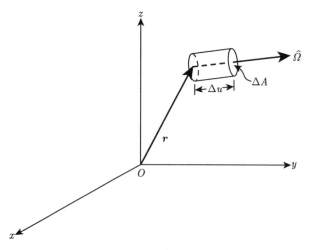

图 C.2 在体积 $\mathrm{d}V$ 内中子沿 $\hat{\Omega}$ 方向附近的锥体 $\mathrm{d}\Omega$ 行进

来自各向同性散射和中子源的中子发射可以写成

$$Q(\boldsymbol{r}) = \frac{1}{4\pi}\Sigma_{\mathrm{s}}(\boldsymbol{r})\phi(\boldsymbol{r}) + \frac{1}{4\pi}s(\boldsymbol{r}) \tag{C.7}$$

式 (C.6) 除以 $\Delta A \Delta u$，并注意到

$$\frac{vN(r+\Delta u, \hat{\Omega}) - vN(r, \hat{\Omega})}{\Delta u} \longrightarrow \frac{\mathrm{d}}{\mathrm{d}u} vN(r, \hat{\Omega}) \tag{C.8}$$

得到

$$\frac{\mathrm{d}}{\mathrm{d}u} vN(r, \hat{\Omega}) = -\Sigma_t(r)vN(r, \hat{\Omega}) + \frac{1}{4\pi}\Sigma_s(r)\phi(r) + \frac{1}{4\pi}s(r) \tag{C.9}$$

我们把方程左边的导数写成

$$\frac{\mathrm{d}}{\mathrm{d}u} = \frac{\partial}{\partial x}\frac{\mathrm{d}x}{\mathrm{d}u} + \frac{\partial}{\partial y}\frac{\mathrm{d}y}{\mathrm{d}u} + \frac{\partial}{\partial z}\frac{\mathrm{d}z}{\mathrm{d}u} = \hat{\Omega}\cdot\hat{i}\frac{\partial}{\partial x} + \hat{\Omega}\cdot\hat{j}\frac{\partial}{\partial y} + \hat{\Omega}\cdot\hat{k}\frac{\partial}{\partial z} = \hat{\Omega}\cdot\nabla \tag{C.10}$$

因此，式 (C.9) 变为

$$\hat{\Omega}\cdot\nabla vN(r, \hat{\Omega}) + \Sigma_t(r)vN(r, \hat{\Omega}) + \frac{1}{4\pi}\Sigma_s(r)\phi(r) + \frac{1}{4\pi}s(r) \tag{C.11}$$

接下来，我们把一维平板模型的对称性施加于这个方程。空间变化仅依赖于 x，角度变化仅依赖于 x 轴的方向余弦 $\mu = \hat{\Omega}\cdot\hat{i} = \cos\theta$。于是，我们有了 $N(r, \hat{\Omega}) \longrightarrow N(x, \mu)$ 和

$$\hat{\Omega}\cdot\nabla \longrightarrow \mu\frac{\partial}{\partial x} \tag{C.12}$$

使用这些替换，可以在方位角 ω 上对方程 (C.11) 进行积分，得

$$\mu\frac{\partial}{\partial x}\Psi(x, \mu) + \Sigma_t(x)\Psi(x, \mu) = \frac{1}{2}\Sigma_s(x)\phi(x) + \frac{1}{2}s(x) \tag{C.13}$$

其中

$$\Psi(x, \mu) = \int_0^{2\pi} vN(x, \mu, \omega)\mathrm{d}\omega \tag{C.14}$$

$$\phi(x) = \int_{-1}^{-1} \Psi(x, \mu)\mathrm{d}\mu \tag{C.15}$$

C.2 扩散近似

为了获得扩散系数，我们假设在 Ψ 中角度变化关于 μ 是线性的。因为，在一维平板模型中，方程 (C.4) 简化为

$$\hat{i}\cdot J(r) \equiv J(x) = \int_{-1}^{1} \mu\Psi(x, \mu)\mathrm{d}\mu \tag{C.16}$$

所以，很容易证明

$$\Psi(x, \mu) = \frac{1}{2}\phi(x) + \frac{3}{2}\mu J(x) \tag{C.17}$$

我们不能用式 (C.17) 的近似精确求解方程 (C.13)，然而，可以要求在以下加权残差意义下满足方程。将式 (C.16) 代入式 (C.13)，在对其加权 $w(\mu)$ 后，在 -1 到 1 之间对 μ 积分。结果是

$$\int_{-1}^{1} \mathrm{d}\mu w(\mu)\left[\frac{1}{2}\mu\frac{\mathrm{d}}{\mathrm{d}x}\phi(x) + \frac{3}{2}\mu^2\frac{\mathrm{d}}{\mathrm{d}x}J(x) + \frac{1}{2}\Sigma_t(x)\phi(x) + \frac{3}{2}\mu\Sigma_t(x)J(x)\right]$$

$$= \int_{-1}^{1} \mathrm{d}\mu w(\mu) \frac{1}{2} [\Sigma_{\mathrm{s}}(x)\phi(x) + s(x)] \tag{C.18}$$

我们首先取 $w(\mu) = 1$，使 μ 中的奇数项消失，得到中子平衡方程

$$\frac{\mathrm{d}}{\mathrm{d}x} J(x) + \Sigma_{\mathrm{t}}(x)\phi(x) = \Sigma_{\mathrm{s}}(x)\phi(x) + s(x) \tag{C.19}$$

相反，取 $w(\mu) = \mu$，使 μ 中的偶数项消失，得到

$$\frac{1}{3}\frac{\mathrm{d}}{\mathrm{d}x}\phi(x) + \Sigma_{\mathrm{t}}(x)J(x) = 0 \tag{C.20}$$

这恰好是菲克定律的一维形式

$$J(x) = -D(x)\frac{\mathrm{d}}{\mathrm{d}x}\phi(x) \tag{C.21}$$

比较式 (C.20) 和 (C.21)，我们看到扩散系数定义为

$$D(x) = \frac{1}{3\Sigma_{\mathrm{t}}(x)} \tag{C.22}$$

在这个推导中，我们假定了各向同性散射。对于各向异性散射，方程 (C.13) 右边的项和随后的方程包含了各向异性的影响。扩散系数变为

$$D(x) = \frac{1}{3\Sigma_{\mathrm{tr}}(x)} \tag{C.23}$$

式中，运输截面由

$$\Sigma_{\mathrm{tr}}(x) = \Sigma_{\mathrm{t}}(x) - \bar{\mu}\Sigma_{\mathrm{s}}(x) \tag{C.24}$$

给出，其中 $\bar{\mu}$ 是散射角余弦的平均值。

C.3　分中子流密度

我们将分中子流密度 $J^{\pm}(x)$ 分别定义为穿过垂直于 x 轴的平面向右和向左运动的中子数。从式 (C.17) 中定义的 $J(x)$，我们看到：当中子向右运动时，$\mu > 0$，因此

$$J^{+}(x) = \int_{0}^{1} \mu\Psi(x,\mu)\mathrm{d}\mu \tag{C.25}$$

当中子向左运动时，$\mu < 0$，从而

$$J^{-}(x) = \int_{-1}^{0} |\mu|\Psi(x,\mu)\mathrm{d}\mu \tag{C.26}$$

那么，向右通过的中子的净数量是

$$J(x) = J^{+}(x) - J^{-}(x) \tag{C.27}$$

我们采用扩散近似来推导用中子通量密度和净中子流密度来表示的分中子流密度。把式 (C.16) 代入式 (C.25) 和 (C.26) 中，并在 μ 上进行积分

$$J^{\pm}(x,\mu) = \frac{1}{4}\phi(x) \pm \frac{1}{2}J(x) \tag{C.28}$$

或者利用方程 (C.21) 消去中子流密度，得

$$J^{\pm}(x,\mu) = \frac{1}{4}\phi(x) \mp \frac{1}{2}D(x)\frac{\mathrm{d}}{\mathrm{d}x}\phi(x) \tag{C.29}$$

附录D

燃料元件的传热

圆柱形燃料元件的直径相对于其长度是非常小的，因此，沿轴向的传热可以忽略不计，而是在径向上作为一维来处理。在圆柱几何中，燃料区域的传热方程为

$$k_{\mathrm{f}}\frac{1}{\varsigma}\frac{\mathrm{d}}{\mathrm{d}\varsigma}\varsigma\frac{\mathrm{d}}{\mathrm{d}\varsigma}T(\varsigma) + q''' = 0 \tag{D.1}$$

其中，假定导热系数 k_{f} 是常数。我们还假设每单位体积的热量 q''' 在燃料区域内是径向均匀的，因此可以将其用线热功率密度 q' 来表示

$$q''' = \frac{q'}{\pi a^2} \tag{D.2}$$

其中，a 是图 D.1 所示燃料区域的半径，方程 (D.1) 被积分两次，得出

$$T(\varsigma) = -\frac{q'\varsigma^2}{4\pi a^2 k_{\mathrm{f}}} + C_1 \ln \varsigma + C_2 \tag{D.3}$$

其中，C_1 和 C_2 是积分常数。显然，$C_1 = 0$，否则在中心线上温度是无穷大；C_2 是由要求在燃料-包壳界面燃料侧的温度取值为 $T(a^-)$ 确定的。进行必要的代数运算，得出

$$T(\varsigma) = T(a^-) + \frac{q'}{4\pi k_{\mathrm{f}}}\left[1 - \left(\frac{\varsigma}{a}\right)^2\right], \quad 0 \leqslant \varsigma \leqslant a \tag{D.4}$$

我们需要燃料的平均温度和最高温度。由

$$\overline{T}_{\mathrm{f}} = \frac{2}{a^2}\int_0^a T(\varsigma)\varsigma\mathrm{d}\varsigma \tag{D.5}$$

计算圆柱体积上的径向平均值。这样，利用式 (D.4)，得到

$$\overline{T}_{\mathrm{f}} = T(a^-) + \frac{q'}{8\pi k_{\mathrm{f}}} \tag{D.6}$$

最高温度出现在中心线上，此处 $\varsigma = 0$。因此，由式 (D.4) 可得

$$T_{\mathrm{cl}} = T(0) = T(a^-) + \frac{q'}{4\pi k_{\mathrm{f}}} \tag{D.7}$$

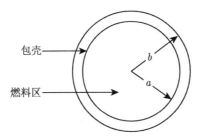

包壳

燃料区

图 D.1　圆柱形燃料元件

通常在燃料–包壳界面上存在显著的热阻，这个热阻可以表达为间隙传热系数 h_{g}，其以每单位面积的热通量 q_{g}'' 和间隙上的温降来定义

$$q_{\mathrm{g}}'' = h_{\mathrm{g}}[T(a^-) - T(a^+)] \tag{D.8}$$

因为穿过间隙的总热通量必须等于线热功率密度，即

$$q' = 2\pi a q_{\mathrm{g}}'' \tag{D.9}$$

可以写出

$$T(a^-) - T(a^+) = \frac{q'}{2\pi a h_{\mathrm{g}}} \tag{D.10}$$

我们从圆柱几何中的无源热传导方程得到穿过包壳的温度分布

$$k_{\mathrm{c}} \frac{1}{\varsigma} \frac{\mathrm{d}}{\mathrm{d}\varsigma} \varsigma \frac{\mathrm{d}}{\mathrm{d}\varsigma} T(\varsigma) = 0 \tag{D.11}$$

其中，k_{c} 是包壳的导热系数。积分两次得到

$$T(\varsigma) = C_1 \ln \varsigma + C_2, \qquad a \leqslant \varsigma \leqslant b \tag{D.12}$$

根据在 $\varsigma = a^+$ 处的热通量以及在 $\varsigma = a^+$ 处的温度确定积分常数 C_1 和 C_2。根据方程 (D.9) 和热传导的傅里叶定律，热流密度为

$$\frac{q'}{2\pi a} = -k_{\mathrm{c}} \left. \frac{\mathrm{d}}{\mathrm{d}\varsigma} T(\varsigma) \right|_{\varsigma = a^+} \tag{D.13}$$

求式 (D.12) 中的常数，然后得出

$$T(\varsigma) = T(a^+) - \frac{q'}{2\pi k_c} \ln\left(\frac{\varsigma}{a}\right), \qquad a \leqslant \varsigma \leqslant b \tag{D.14}$$

如果包壳相对于燃料半径很薄，$\tau \equiv b - a \ll a$，那么可以把对数近似为 $\ln(b/a) \approx \tau/a$，此时可以在 $\varsigma = b$ 处求式 (D.14) 的值，并写出

$$T(a^+) - T(b) = \frac{\tau}{2\pi a k_c} q' \tag{D.15}$$

包壳表面温度和冷却剂温度之间的温降 (在通道的横截面面积上平均) 可由

$$q_c'' = h[T(b) - T_c] \tag{D.16}$$

定义的热传递系数确定。因为进入冷却剂的总热通量必须等于线热功率密度 $q' = 2\pi b q_c''$，所以我们可以写出

$$T(b) - T_c = \frac{q'}{2\pi b h} \tag{D.17}$$

为了求出单位长度燃料元件的热阻 R'_{fe}，将方程 (D.6)、(D.10)、(D.15) 和 (D.17) 中的温降相加，得到

$$T_f - T_c = R'_f q' \tag{D.18}$$

其中

$$R'_{fe} = \frac{1}{8\pi k_f} + \frac{1}{2\pi a h_g} + \frac{\tau}{2\pi a k_c} + \frac{1}{2\pi b h} \tag{D.19}$$

同样，用方程 (D.7) 代替方程 (D.6)①，我们得到中心线热阻

$$R'_{cl} = \frac{1}{4\pi k_f} + \frac{1}{2\pi a h_g} + \frac{\tau}{2\pi a k_c} + \frac{1}{2\pi b h} \tag{D.20}$$

其需要满足

$$T_{cl} - T_c = R'_{cl} q' \tag{D.21}$$

根据上述方程，可以构建穿过燃料元件的温度分布图。对于陶瓷燃料 (比如最常用的UO$_2$) 和液体冷却剂，图 D.2 的温度分布图具有代表性。因为燃料的导热系数很小，所以最大的温降出现在燃料中。因此，热阻仅微弱地依赖于燃料半径，初步近似，我们可以取 $R'_{fe} \approx 1/(8\pi k_f)$。在这样的情况下，两个热阻的关系大致为 $R'_{cl} \approx 2R'_{fe}$。同样，因为与燃料的体积相比包壳的体积很小，所以用来确定热时间常数的质量可以初步近似为燃料的质量。

---

① 即将方程 (D.7)、(D.10)、(D.15) 和 (D.17) 中的温降相加。——译者

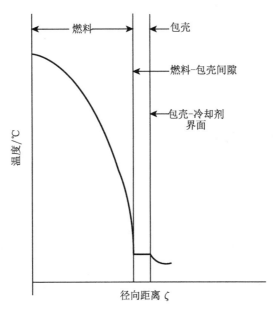

图 D.2   氧化物燃料元件的径向温度分布图

附录E

核 数 据

表 E.1　换算因数

1 eV	1.6021892×10^{19} J
1 MeV	10^6 eV
1 amu	$1.6605655 \times 10^{-27}$ kg
	931.5016 MeV
1 W	1 J/s
1 天	86400 s
1 年 (平均)	365.25 天
	8766 h
	3.156×10^7 s
1 Ci	3.7000×10^{10} 衰变/s

表 E.2　物理常量

阿伏伽德罗常量, N_A	$6.02214076 \times 10^{23}$ mol^{-1}
玻尔兹曼常量, k	1.380649×10^{-23} J/K
	8.617333×10^{-5} eV/K
电子静止质量, m_e	9.109534×10^{-31} kg
	0.5110034 MeV
基本电荷, e	$1.6021892 \times 10^{-19}$ C
气体常数, R	8.31441 J $\cdot$ mol^{-1}/K
中子静止质量, m_n	$1.6749544 \times 10^{-27}$ kg
	939.5731 MeV
普朗克常量, h	6.626176×10^{-34} J/Hz
质子静止质量, m_p	$1.6726485 \times 10^{-27}$ kg
	938.2796 MeV
光速, c	2.99792458×10^8 m/s

表 E.3　热中子微观截面 (对于选定的同位素, 参见表 3.2)

原子序数	原子或分子	符号	原子量	密度/(g/cm^3)	σ_a/b	σ_s/b
1	氢	H	1.008	气体	0.2948	47.463
	水	H_2O	18.016	1.0	0.5896	99.52
	重水	D_2O	20.030	1.1	0.0013	14.765
2	氦	He	4.003	气体	—	0.79
3	锂	Li	6.940	0.534	0.0448	0.95
4	铍	Be	9.013	1.85	0.0085	6.151
5	硼	B	10.82	2.45	767	4.27

原子序数	原子或分子	符号	原子量	密度/(g/cm³)	σ_a/b	σ_s/b
6	碳	C	12.011	1.6	0.0031	4.74
7	氮	N	14.008	气体	0.074	10.03
8	氧	O	16.00	气体	0.0002	3.761
9	氟	F	19.00	气体	0.0095	3.641
10	氖	Ne	20.183	气体	0.039	2.415
11	钠	Na	22.991	0.971	0.354	3.038
12	镁	Mg	24.32	1.74	0.0590	3.4140
13	铝	Al	26.98	2.699	0.205	1.4134
14	硅	Si	28.09	2.42	0.152	2.0437
15	磷	P	30.975	1.82	0.146	3.134
16	硫	S	32.066	2.07	0.518	0.9787
17	氯	Cl	35.457	气体	33.1	15.8
18	氩	Ar	39.944	气体	0.675	0.656
19	钾	K	39.100	0.87	2.1	2.04
20	钙	Ca	40.08	1.55	0.38	2.93
21	钪	Sc	44.96	2.5	24.1	22.4
22	钛	Ti	47.90	4.5	5.68	4.09
23	钒	V	50.95	5.96	4.47	4.95
24	铬	Cr	52.01	7.1	2.81	3.38
25	锰	Mn	54.94	7.2	11.83	2.06
26	铁	Fe	55.85	7.86	2.56	11.35
27	钴	Co	58.94	8.9	32.95	6.00
28	镍	Ni	58.71	8.90	4.49	17.8
29	铜	Cu	63.54	8.94	3.35	7.78
30	锌	Zn	65.38	7.14	0.98	4.08
31	镓	Ga	69.72	5.91	2.56	6.5
32	锗	Ge	72.60	5.36	2.20	8.37
33	砷	As	74.91	5.73	3.62	5.43
34	硒	Se	78.96	4.8	10.5	8.56
35	溴	Br	79.916	3.12	6.1	6.1
36	氪	Kr	83.80	气体	25.1	7.50
37	铷	Rb	85.48	1.53	0.38	6.4
38	锶	Sr	87.63	2.54	1.28	10
39	钇	Yt	88.92	5.51	1.13	7.66
40	锆	Zr	91.22	6.4	0.185	6.40
41	铌	Nb	92.91	8.4	1.02	6.37
42	钼	Mo	95.95	10.2	2.52	5.59
43	锝	Tc	99.0	—	20.2	5.79
44	钌	Ru	101.1	12.2	2.56	6.5
45	铑	Rh	102.91	12.5	9.39	—
46	钯	Pd	106.4	12.16	6.9	4.2
47	银	Ag	107.88	10.5	56.1	5.08
48	镉	Cd	112.41	8.65	2233	5.6
49	铟	In	114.82	7.28	193.8	2.45
50	锡	Sn	118.70	6.5	0.603	4.909
51	锑	Sb	121.76	6.69	4.96	3.88
52	碲	Te	127.61	6.24	4.6	3.74
53	碘	I	126.91	4.93	5.45	—
54	氙	Xe	131.30	气体	24.2	—
55	铯	Cs	132.91	1.873	2.3	—
56	钡	Ba	137.36	3.5	1.2	3.42

续表

原子序数	原子或分子	符号	原子量	密度/(g/cm³)	σ_a/b	σ_s/b
57	镧	La	138.92	6.19	8.01	10.08
58	铈	Ce	140.13	6.78	0.58	2.96
59	镨	Pr	140.92	6.78	3.5	2.71
60	钕	Nd	144.27	6.95	50.1	16.5
61	钷	Pm	147.0	—	—	—
62	钐	Sm	150.35	7.7	5025	38
63	铕	Eu	152.0	5.22	4046	—
64	钆	Gd	157.26	7.95	43326	172
65	铽	Tb	158.93	8.33	20.7	6.92
66	镝	Dy	162.51	8.56	836	105.9
67	钬	Ho	164.94	8.76	57.3	8.65
68	铒	Er	167.27	9.16	138.6	9.0
69	铥	Tm	168.94	9.35	93.2	6.37
70	镱	Yb	173.04	7.01	30.8	23.4
71	镥	Lu	172.99	9.74	66.4	6.70
72	铪	Hf	178.5	13.3	92.2	10.3
73	钽	Ta	180.95	16.6	18.2	6.12
74	钨	W	183.66	19.3	16.3	4.77
75	铼	Re	186.22	20.53	79.5	11.3
76	锇	Os	190.2	22.48	15.2	15.0
77	铱	Ir	192.2	22.42	376.8	14.2
78	铂	Pt	195.09	21.37	9.13	12.4
79	金	Au	197.0	19.32	87.42	7.90
80	汞	Hg	200.61	13.55	329.9	26.5
81	铊	Tl	204.39	11.85	3.04	10.01
82	铅	Pb	207.21	11.35	0.137	11.261
83	铋	Bi	209.0	9.747	0.030	9.311
84	钋	Po	210.0	9.24	—	—
85	砹	At	211.0	—	—	—
86	氡	Rn	222.0	气体	—	—
87	钫	Fr	223.0	—	—	—
88	镭	Ra	26.05	5	11.3	10.7
89	锕	Ac	227.0	—	—	—
90	钍	Th	232.05	11.3	6.51	13.5
91	镤	Pa	231.0	15.4	177.8	33.0
92	铀	U	238.07	18.9	6.623	9.15
	二氧化铀	UO$_2$	270.07	10.0	6.623	16.8

索引

A

阿尔法 (α) 粒子 alpha particle 1.2.2 节, 1.5.1 节
阿伏伽德罗常量 Avogadro's number 2.2.3 节

B

半衰期 half-life 1.2.1 节, 1.5.3 节, 1.7.1 节, 1.7.2 节, 5.4.1 节, 5.5.1 节, 10.3.1 节, 10.3.2 节
半无限介质 semi-infinite medium 6.3.1 节, 6.4.3 节
棒振荡器 rod oscillator 5.5.2 节
棒组 rod bank 7.6.3 节, 8.2.1 节, 9.5.2 节
饱和活度 saturation activity 1.7.1 节
贝塞尔函数 Bessel function 6.4.5 节, 7.3.1 节, 7.3.2 节, 7.5.2 节, 8.2.2 节, 附录 B
贝塔 (β) 粒子 beta particle 1.2.2 节, 1.5.1 节
标量通量密度 scalar flux 附录 C.1
表面热流密度 surface heat flux 8.3.1 节, 8.3.2 节, 8.3.3 节
表面源 surface source 6.4.3 节
不逃脱概率 nonescape probability 9.2.3 节
不泄漏概率 nonleakage probability 4.4.1 节, 5.2.3 节, 6.7.2 节, 7.4.1 节, 7.4.3 节
布雷特–维格纳公式 Breit-Wigner formula 2.4.2 节
钚 plutonium 2.4.4 节, 3.5.2 节, 9.2.1 节, 10.4.1 节
钚和铀的同位素 isotopes of plutonium and uranium 10.4.1 节

C

次临界装置 subcritical assembly 6.7.1 节

D

丹可夫校正 Dancoff correction 4.4.1 节
氘 deuterium 1.2.2 节, 2.5.2 节, 3.5.3 节, 4.2.2 节
倒时方程 inhour equation 5.5.1 节
等温温度系数 isothermal temperature coefficient 9.3.2 节
笛卡儿几何结构 Cartesian geometry 6.4.5 节
递增率 ramp rate 9.5.2 节
碲-135 tellurium-135 10.3.1 节
碘-131 iodine-131 1.7.1 节
碘-135 iodine-135 10.3.1 节
电磁辐射 electromagnetic radiation 1.2.1 节